放射線と安全につきあう

西澤邦秀 Kunihide Nishizawa
柴田理尋 Michihiro Shibata [編]

利用の基礎と実際

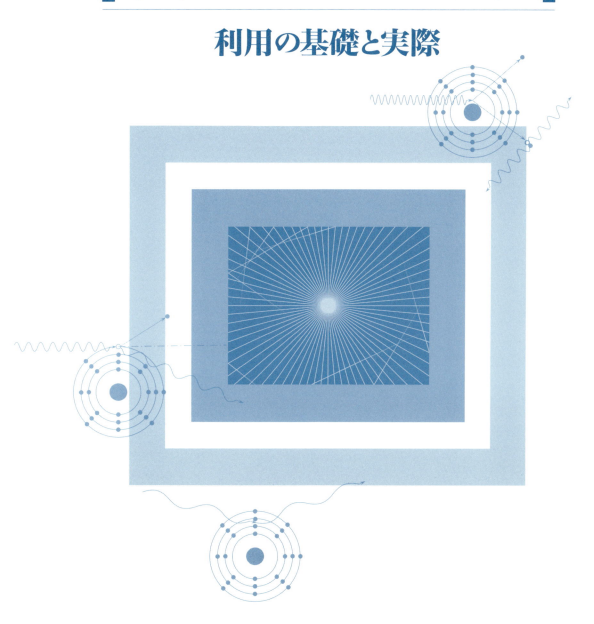

名古屋大学出版会

はじめに

　本書は，長年愛読いただいた『放射線安全取扱の基礎—アイソトープからX線・放射光まで—』の後継本であり，大学や企業などにおいて放射線障害防止法の下に放射線を取扱う資格を得るための教育訓練の講義用テキストとして，また実際に放射線を使用するときには安全取扱の技術マニュアルとなるように書かれている．同時に小中高校で放射線教育に携わる先生方の参考書として利用されることも意識している．平成23（2011）年度から中学高校において放射線教育が必須となったことに加え，平成23年3月11日に起きた東日本大震災により生じた東京電力福島第1原子力発電所の事故の影響を受けて放射線教育に対する関心が高まっているためである．

　本書は，初めて放射線を扱う人を対象に，放射線に関する基本的な知識が得られるように編集してある．わかり易さを旨とし，全体を通して図，表，イラスト，写真を多用することによって，これらを眺めるだけでそれぞれの章・節が何を伝えようとしているかを直感的に把握し，本文を読むことによって正確に内容を理解できるように編集した．また，本文の理解を助けるためのコラム（♣印）を随所に挿入してある．各部および章は単独で完結するようになっているので，必要に応じてどの章から読み始めても良い．

　本書は，放射線の人体に与える影響から始まる．これは，放射線や放射能になじみのない人に関心を持ってもらうには，わが身に直接かかわる人体影響から始めるのが良いと考えたからである．前述のように平成23年から，中学高校において放射線の基本的な教育が行われており，多くの易しい解説書なども刊行されているので，教育訓練の講義の内容もあまり易しすぎると聞く側の興味を削ぎかねない．その点を考慮して，やや詳しく記述した．

　教育訓練用テキストとしては，障害防止法が要求する教育訓練の項目である，放射線の人体影響，放射性物質および放射線発生装置の安全取扱，障害防止法，予防規程，を網羅している．法律の谷間にあって法的規制がない学生のX線の利用に対しては，教育訓練が自主的に行われているが，その水準を高め維持するために，X線に関する安全取扱と関連する法令も本書を構成する重要な一部として取り上げてある．このように本テキストは，放射性物質，放射線発生装置，X線全般にわたって幅広く放射線を安全に使いこなす知識と技術を習得する助けとなることを目指している．

　多くの場合，非密封線源を使用する者は発生装置を使用しない．非密封線源を使用する受講者を対象とする場合は，発生装置については一般的な知識程度にとどめ，非密封線源の安全取扱に重点をおいて講義することが望ましい．このような状況を想定して，主たる利用対象に対して焦点を絞った講義のみで法定の講義時間数に達するように構成してある．

　小中高校の先生方の参考書としては，I. 放射線の人体に与える影響，II. 放射線の基礎およびV. 放射線の利用例は，中学高校の教科書で簡潔に記載されている内容を体系的に深く知りたい時に活用できるように構成した．特に人体影響については個別の影響を深く知ると共に，全体像を把握する上で役立つものと思われる．III. 放射線安全取扱の実際およびIV. 放射線安全に関わる法令の章は参考書としては専門的にすぎる面があるが，わが国での放射線利用は高度な安全取扱技術と厳しい法規制によって支えられていることを漠然とでも感じていただければ幸いである．

　本書を読まれれば，放射線は基礎科学から各種産業，日常生活用品に至る多様な分野で利用されて

いること，しかしながら誤った使い方をすると放射線障害を生じ得ること，そして障害は適切な安全対策を講じることによって封じ込めることができることを理解してもらえるはずである．なお序章は，放射線と人間との関わりを広い視野から俯瞰的に把握できるように組み立ててあるので，読者が現在関心を持っている事柄が全体の中でどのような位置にあり，どのような意味があるのかを明確にしたいときにくり返し読まれることをお薦めしたい．

　本文中で◆印は一般的な注記，♣印は医療用の装置についての注記である．

　編集，刊行にあたり，大変お世話いただいた名古屋大学出版会の神舘健司氏に感謝いたします．また，貴重な写真，図面などの資料を提供いただいた関係機関，会社に御礼申し上げます．

2017 年 3 月

編集代表　西澤邦秀

目　次

はじめに　i

序　放射線とつきあう …………………………………………………………………… 1

I　放射線の人体に与える影響

I–1　人体への影響 ……………………………………………………………………… 6

1　人体に対する放射線影響の分類　6
　1.1　早期影響と晩発影響／1.2　確定的影響と確率的影響／1.3　放射線の人体への作用機構の概要

2　確定的影響　9
　2.1　被曝の仕方による影響の違い／2.2　線量・線量率の影響／2.3　線質の影響／2.4　確定的影響のしきい値／2.5　組織・臓器の放射線感受性／2.6　急性放射線症候群／2.7　造血器に対する影響／2.8　生殖腺に対する影響／2.9　眼の水晶体に対する影響／2.10　消化器系に対する影響／2.11　皮膚に対する影響

3　確率的影響　20
　3.1　放射線発癌における疫学調査／3.2　放射線による発癌／3.3　小児の放射線感受性

4　胎児への影響　23
　4.1　胎児の発育と確定的影響／4.2　胎内被曝による癌の誘発

5　遺伝的影響　25
　5.1　遺伝的影響／5.2　遺伝的影響のリスクの推定方法／5.3　動物実験による遺伝的影響のリスク／5.4　広島・長崎の調査結果

6　低線量被曝の影響　28
　6.1　低線量の範囲／6.2　科学的アプローチの限界／6.3　放射線応答の生物学的意味合い

I–2　分子・細胞レベルでの影響 ……………………………………………………… 33

1　放射線によるDNA損傷と修復　33
　1.1　放射線の生体・細胞への作用機構／1.2　放射線によってできるDNA損傷／1.3　DNA損傷の修復

2　DNA損傷の細胞への影響　39
　2.1　DNA損傷に対する細胞応答とDNA損傷の情報伝達／2.2　放射線感受性／2.3　突然変異と染色体異常

3　放射線発癌　42
　3.1　放射線の発癌性／3.2　癌における細胞増殖コントロールの異常／3.3　多段階発癌

II 放射線の基礎

II-1 放射線の性質 …… 46

1. 放射線・放射能の性質　46
   1.1 放射線・放射能の基本的性質／1.2 原子核の基本的性質
2. 放射性同位元素の壊変　47
   2.1 壊変様式／2.2 原子核の安定性／2.3 壊変法則
3. 放射性同位元素の製造　53
4. 放射線と物質の相互作用　53
   4.1 荷電粒子と物質の相互作用／4.2 γ (X) 線と物質の相互作用／4.3 中性子と物質の相互作用
5. 放射線の物質への作用機構　57
   5.1 放射線化学反応の特色／5.2 放射線の物質へのエネルギー付与／5.3 放射線重合：架橋, 材料改質／5.4 放射線架橋と放射線分解

II-2 放射線の測定 …… 63

1. 放射線測定器と原理　63
   1.1 気体の電離作用を利用した測定器／1.2 シンチレーション計数装置／1.3 半導体検出器／1.4 積算型の放射線測定器
2. 個人被曝線量測定器　69
3. 作業環境用の測定器　72
   3.1 空間線量率の測定／3.2 空気中濃度の測定
4. 体内放射能の測定　76
   4.1 体外γ線測定／4.2 排泄物の測定／4.3 その他の人体試料の測定／4.4 食物中濃度の測定計算

II-3 放射線と環境 …… 79

1. 環境放射能・放射線　79
   1.1 自然界からの被曝／1.2 環境放射能／1.3 環境放射線
2. 環境レベルの放射線測定　83
3. 福島第1原子力発電所事故による環境汚染と対策　84
   3.1 汚染拡散のメカニズムと汚染分布の特徴／3.2 事故による環境汚染の推移／3.3 除染／3.4 食品中Csの基準濃度と摂取限度

II-4 被曝低減の枠組み …… 89

1. 放射線防護の基本的な考え方　89
2. 線量と補助的な量　92
   2.1 放射線防護に関係する物理量／2.2 防護量／2.3 実用量

   3　線量限度　101
      3.1　線量限度の役割／3.2　線量限度の意味／3.3　線量限度の根拠

III　放射線安全取扱の実際

III-1　放射線を扱うに当たって　……………………………………………………………　106
  1　予防と事故対策　106
  2　使用資格　107
  3　被曝管理と防護　107
  4　管理区域入退方法　107

III-2　放射性同位元素の安全取扱　……………………………………………………………　108
  1　密封線源　108
      1.1　密封線源とは／1.2　密封小線源／1.3　密封中線源／1.4　密封大線源
  2　非密封線源　121
      2.1　非密封線源の特徴／2.2　非密封線源取扱施設／2.3　非密封線源の安全取扱／2.4　管理区域の入退／2.5　実験／2.6　汚染検査／2.7　除染／2.8　廃棄／2.9　記録

III-3　放射線発生装置の安全取扱　……………………………………………………………　139
  1　加速器　139
      1.1　加速器の種類／1.2　加速器施設の利用上の注意／1.3　放射化を伴う大型の加速器施設
  2　シンクロトロン光　144
      2.1　シンクロトロン光発生の原理と特性／2.2　シンクロトロン光施設／2.3　シンクロトロン光施設の利用上の注意

III-4　X線発生装置の安全取扱　……………………………………………………………　148
  1　X線装置の概略　148
      1.1　X線装置の構成／1.2　X線発生機構／1.3　連続X線／1.4　特性X線
  2　X線の吸収と遮蔽　151
      2.1　吸収係数／2.2　連続X線の吸収／2.3　X線の遮蔽
  3　X線装置の安全取扱　154

III-5　緊急時の対応　……………………………………………………………………………　157
  1　緊急時とは　157
  2　緊急時対応の原則　158
  3　業務従事者が取るべき具体的対応　159

IV 放射線安全に関わる法令

IV-1 法令間の関係 ……………………………………………………………………… 162
1. 法律制定の背景　162
2. 主要な法律の規制対象　162

IV-2 放射性同位元素等による放射線障害の防止に関する法律 ……………… 165
1. 障害防止法の構成　165
2. 用語　166
3. 安全管理体制　168
    3.1 使用者の役割／3.2 放射線取扱主任者とその代理者／3.3 放射線障害予防規程／3.4 記帳・記録
4. 人の安全管理　170
    4.1 教育訓練／4.2 健康診断／4.3 被曝・汚染管理／4.4 事故届／4.5 危険時の措置
5. 施設の管理　175
    5.1 許可と届出／5.2 施設の位置・構造・設備
6. 線源の管理　178
    6.1 使用の基準／6.2 保管の基準／6.3 運搬の基準

IV-3 電離放射線障害防止規則 ………………………………………………………… 182
1. 電離則と除染電離則の関係　182
2. 電離則の構成　183
3. 用語　184
4. 安全管理体制　185
    4.1 事業者の責務／4.2 X線作業主任者の選任を要する放射線作業／4.3 X線作業主任者の職務
5. 人の安全管理　186
    5.1 教育訓練／5.2 健康診断／5.3 被曝管理／5.4 管理区域の管理／5.5 緊急措置
6. 外部被曝対策　190
    6.1 X線装置／6.2 特定X線装置および非特定X線装置／6.3 工業用等の特定X線装置／6.4 非特定X線装置の安全対策／6.5 工業用等の特定X線装置の安全対策
7. 汚染の防止対策　196
8. 施設の管理　197
9. 手続　198

V 放射線の利用例

V-1 放射線利用の概要 ………………………………………………………………… 202

V-2 医　療 ……………………………………………………………………… 204
1　医療での利用　204
2　医療被曝　209

V-3 学術研究 ……………………………………………………………… 211
1　放射性同位元素の利用　211
2　放射線の利用　214
  2.1　X線／2.2　加速器・シンクロトロン光／2.3　中性子
3　自然放射性同位元素および自然放射線の利用　218
  3.1　自然放射性同位元素／3.2　自然放射線

V-4 産　業 ……………………………………………………………………… 221
1　農畜水産業　221
2　工業　223
  2.1　検査・計測／2.2　材料改質／2.3　工業用製品

V-5 市民生活 ……………………………………………………………… 228
1　セキュリティ　228
2　消費材　228

参考文献　231
索　引　235

序
放射線とつきあう

放射線の利用と安全

放射線は，学術研究のみならず医療や各種産業の幅広い分野にわたって利用されており（本書第V部），今日の便利で健康な生活を送るうえで欠かせないものとなっている．このような多くの利点にもかかわらず，放射線は，ヒトが過剰に被曝すると障害が生じる欠点を持っている（第I部）．図序-1に示すように放射線の利用は安全に支えられている．利用に当たっては，利点を最大限に引き出し，欠点が現れないように十分な安全対策を講じなければならない．

人類に限らず，地球上の生命体は誕生いらい自然放射線に曝されながら生存してきた（II-3章）．人体には放射線の影響から回復する力が備わっているので，被曝すると必ず何らかの障害が生じるわけではない．回復力を上回って放射線に過剰に被曝すると障害が生じるとされている．放射線の利用は障害が生じないような安全な環境下で進められなくてはならない．

図序-1 放射線の利用を支える安全対策

何が放射線を恐れさせているのか

放射線が不安視されるのは，目に見えないなど，人間の五感で感じとれないことに起因する点も少なからずあるが，主な理由としては二つ考えられる．一つ目は，1945年の広島，長崎における原爆での放射線被曝によって，急性放射線障害が生じたことに加えて発癌などの晩発障害が生じていることである．二つ目は一つ目と関係しており，低線量被曝領域におけるしきい値なし直線仮説に基づく，放射線はどんなに少量であっても発癌の可能性があるとの解釈から生まれる発癌への恐怖心である．

この恐怖心は，1986年のチェルノブイリの原発事故による大量の被曝者と小児甲状腺癌の増加や，1999年の東海村核燃料施設における臨界事故による急性放射線障害での作業者の死亡などによって，世代を超えて引き継がれているように思える．

放射線と人間との関わり

図序-2は，放射線と人間との関わりを表している．放射線には，正の側面と，負の側面がある．正の側面では，放射線は医療，農畜水産業，工業，学術研究，市民生活の幅広い分野にわたって積極的に利用されており，私たちの日常生活を豊かにしてくれている．

一方，負の側面には，放射線によって引き起こされる人体の放射線障害とその結果がもたらす社会

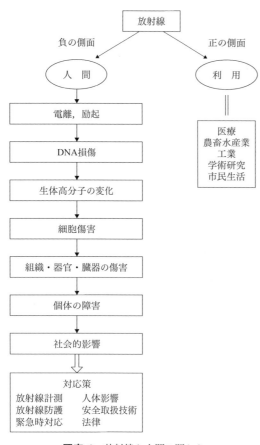

図序-2 放射線と人間の関わり

的影響がある．放射線が人体に入射し，さまざまな過程を経て放射線障害を生じさせると，大きな社会問題となるため，障害を生じさせないために社会は必要な対策を取って来た．

放射線が人体に入射すると，放射線は，まず人体を構成する元素と物理的な相互作用によって中性の原子，分子を電離または励起（以下，電離と言う）させる．電離によって放射線のエネルギーが人体へ移動することを，人体は放射線のエネルギーを吸収した，すなわち被曝したと言う．放射線の生体へのあらゆる影響は，放射線のエネルギーが電離を通して局所的に吸収されることに端を発する．放射線が細胞の核内で電離を起こし，DNAを直接損傷する直接作用，あるいは核外で電離を起こし，放射線化学反応を通してラジカルなどがDNAに作用する間接作用を経て，生体高分子に変化を生じさせる過程へと進む．さらに分子レベルの変化が細胞レベルの傷害にまで進展し，やがて組織，器官，臓器の傷害にまで進むと，いわゆる放射線障害が個体に現れ，医療の対象となる．

放射線障害を起こさない対策として，人体影響，放射線計測，放射線防護，安全取扱技術，緊急時の対応などの研究・開発が行われてきた．これらの成果を基に放射線を扱う者の安全を担保するために放射線を規制する法律も制定されている．

放射線を安全に利用するために必要とされる知識と技術

放射線を扱うに当たって，放射線にはどのような種類があり，それぞれの放射線はどのような性質を持っているのかという，放射線物理に関する基本的な知識が欠かせない（II-1章）．放射線は人間の五感では感じることができないので，放射線の存在を知るためにはどうしても放射線測定器を使用しなければならない．どの放射線にはどのような測定器が適しているのかといった放射線計測に関する知識が必要になる（II-2章）．放射線の物理的性質や放射線計測に関する知識を得て，初めて適切な防護方法を選択することができるようになる．放射線からわが身を守るための具体的な防護対策を立てるには，放射線防護の考え方を理解しておく必要がある（II-4章）．

被曝線量を最小限に抑えるためには安全取扱技術の習得が欠かせない（第III部）．放射線源が密封線源，非密封線源，加速器，シンクロトロン光，X線であるかによって特有の安全取扱技術が研究開発されており，時代と共に変化する線源の使用方法に合わせて安全取扱技術は常に進歩している．使用する線源に適した手技を身につけることが求められる．

天災は忘れたころにやってくるという．地震，火災，汚染事故のような緊急時に当たってはどのように対処すれば良いのであろうか．放射線施設の火災は通常の火災に放射線被曝や放射能汚染の可能性が加わる特殊な災害である．万一に備えて，学んでおくべき事項の一つである（III-5章）．

放射線を扱うとなると，避けて通れないのが，放射線被曝に伴う放射線障害に対する不安である．不安を払拭し，安心して放射線を使用するためには，放射線の人体影響に関する知識と被曝を防ぐ技術とを学ぶ必要がある．放射線は人体にどのように作用し，障害はどのような過程を経て現れるのか，あるいは障害にはどのような種類があるのだろうか．その疑問を解くには，放射線化学，放射線生物学の知識に裏づけられた放射線の生体影響のメカニズム（I-2章）および人体影響に関する基本的な知識（I-1章）が欠かせない．

　法律は放射線を扱う放射線業務従事者（業務従事者）と公衆の安全を担保するために社会が制度として定めた規範である．法律には，事業所の安全管理体制の整備に始まり，人や線源の管理から建物・設備の管理までの細部にわたって安全基準が設けられている．業務従事者は，法律の詳細を知る必要はないが，その精神を理解し，法律の安全基準を遵守しなければならない（第IV部）．

　1999年に起きた日本の核燃料加工施設における臨界事故では，日本国内で初めて，事故被曝による死亡者を出した．この事故では，至近距離で中性子を浴びた作業員3名中2名が死亡し，1名が重症となった他に667名の被曝者が出た．原因は管理規定に沿った正規マニュアルを無視した作業工程管理にあった．管理者にはルールに則った安全管理が，業務従事者にはルールに則った使用が求められる．

放射線を自在に使いこなす

　本書には，放射線の特徴や性質を理解し，安全取扱技術を習得するために必要な知識が盛り込まれている．本書の知識と共に実際に放射線やRIを使用する実習を通して，バランスよく安全取扱技術を学ぶことができる．

　放射線との正しいつきあい方は，無暗に恐れることなく，かといって侮らないことである．本書を活用して正しい安全取扱技術を学び，ルールに従って行動することによって過剰被曝や放射線障害は確実に防ぐことができる．放射線との正しいつきあいを通して，読者が放射線を自在に使いこなし，所期の成果をあげられることを執筆者一同心より願っている．

第Ⅰ部

放射線の人体に与える影響

　人体への放射線の影響を理解することは，放射線障害を生じさせないための放射線防護対策および安全管理体制構築の基礎となるほか，放射線の安全かつ効率的な利用につながる．

　ここでは，放射線の人体に与える影響のうち個体レベルで現れる影響にはどのような種類があり，被曝線量や被曝後の経過期間によって影響にどのような相違があるかについての基本的な知識を得ると共に，個々の臓器・器官のレベルで現れる特有な影響について理解を深める．次いで，分子レベルの放射線損傷が細胞に影響を及ぼし，さらに，この影響が個体レベルへと展開して行くメカニズムについて学ぶ．

I-1
人体への影響

本章では,放射線が人体に与える影響にはどのような種類があるのか,確定的影響と確率的影響とはどのような概念なのか,胎児への影響はどの程度あるのか,遺伝的影響はあるのかなどについて学び,最後に低線量被曝の影響に関する現状の知見について理解を深める.これらの影響の種類や程度は被曝線量,被曝した時期,被曝後の経過時間によって異なることについても学ぶ.

被曝には内部被曝と外部被曝がある.本章では,被曝線量とは内部および外部被曝の合計した値を意味するものとする(内部被曝と外部被曝についてはII-4章およびIII-1章参照).

1 人体に対する放射線影響の分類

人体に対する放射線影響 [1-3] は,ICRP [4-8] によって図 I-1-1 に示すように分類されている.影響は下記のように整理することができる(ICRP については II-4 章および IV-1 章参照).
- 影響は被曝した個人に現れる身体的影響と子孫に現れる遺伝的影響の二つに大別される.
- 身体的影響は被曝から影響が発生するまでの期間によって,早期影響と晩発影響に分けられる.
- 影響は,影響が現れる最小の放射線被曝量(しきい値)がある確定的影響としきい値のない確率

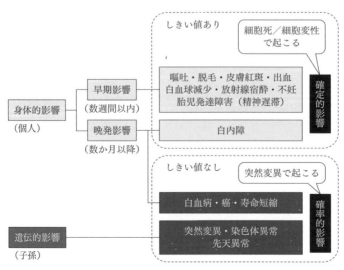

図 I-1-1 放射線の身体的影響の分類

的影響とに分けられる．
・確定的影響は主に，細胞死，細胞変性で起こり，確率的影響は突然変異で起こる．

1.1 早期影響と晩発影響

早期影響と晩発影響には，以下のような特徴がある［9］．

(1) 早期影響

・早期影響は，短期間で大量に放射線被曝したときに現れる．発症時期は1〜2時間から数週間である．
・全身または広範囲の被曝では，発熱，出血，白血球の減少，下痢，嘔吐，脱水症状，皮膚の発赤・潰瘍，脱毛などの症状が複合して現れる．
・これらの個別の症状は放射線被曝に特有ではなく，発症過程と症状の全体像の特徴から早期影響と判断される．

(2) 晩発影響

・晩発影響は，少線量被曝を長期間続けた後に現れることもあり，大量の放射線を短期間で被曝した後で早期症状が回復しても長い年月経ってから現れることもある．
・晩発影響には，発癌，白内障，および遺伝的影響がある．発症時期は通常，被曝から数ヶ月以降である．
・放射線被曝による発癌には，白血病，皮膚癌，甲状腺癌，乳癌，骨腫瘍などがある．

1.2 確定的影響と確率的影響

確定的影響と確率的影響には，以下のような特徴がある．

(1) 確定的影響

・確定的影響は，図I-1-2(a)のように，しきい値を越えて被曝したとき，受けた線量が増加するにしたがって症状の発生頻度（確率）および重篤度が増加する．
・ICRP 2007［5, 6］では，しきい値とは1％の人に影響が現れる線量であるとしている．図I-1-2(a)上図で影響のない範囲はしきい値未満となる．
・しきい値は，放射線に対する個人の感受性，臓器・組織の感受性や症状によって異なる．
・しきい値は，放射線障害を受けた細胞の割合が大きく，残存正常細胞のみでは機能の維持が困難になり，組織の機能低下となったときの放射線量である．
・細胞分裂を繰り返している組織・臓器は放射線感受性が高いことから，しきい線量の値は低くなる．
・確定的影響には，白内障，不妊，皮膚炎などがある．

(2) 確率的影響

・確率的影響は，図I-1-2(b)のように，しきい値は存在せず，線量増加にしたがって発生頻度が増

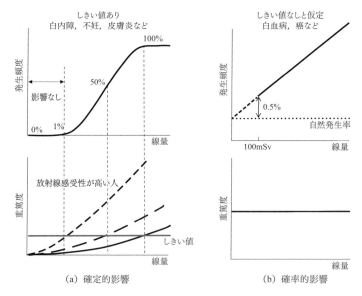

図 I-1-2 確定的影響と確率的影響（線量と発生頻度，線量と重篤度の関係）（[4] より作成）

加する影響である．
・重篤度は線量に関係なく等しい．
・確率的影響には，白血病，癌などがある．
・ICRP では LNT 仮説をもとに 100 mSv の被曝によって癌の発生頻度は 0.5 % 上昇するとしている．
  ◆ 100 mSv 以下では，喫煙・飲酒といった他の癌誘発要因の影響が大きく，放射線による影響のみを取り出して他の要因と区別することができないことから，放射線による癌の発生頻度を明らかにすることはできないが，ICRP では 100 mSv 以下の線量でも影響があると仮定して，放射線防護基準を定めている [5, 6]（本章 6 節を参照）．

> **LNT 仮説とは**
> 被曝線量と影響の間には，図 I-1-2(b) のように，しきい値がなく直線的な関係が成り立つという考え方を「しきい値なし直線仮説（linear non-threshold：LNT 仮説）」と言う（II-4 章参照）．

1.3 放射線の人体への作用機構の概要

放射線が人体へ作用する機構は，大略図 I-1-3 に示すように，DNA の損傷が，細胞へ影響を与え，その結果，人体の個体レベルで影響が現れるものとされている（詳細は I-2 章参照）．
影響のメカニズムと確定的影響および確率的影響の関係は下記のように整理することができる．
・放射線による細胞内での活性酸素，その他のラジカルなどの活性体の生成とその作用（間接作用）によって DNA が損傷される過程，および放射線が直接 DNA を損傷（直接作用）する過程とがある．これらの作用によって，細胞死あるいは遺伝子の突然変異および染色体異常が引き起こされる．
・組織および臓器を構成している細胞の一定量以上が細胞死や傷害を受けて，その機能を停止した

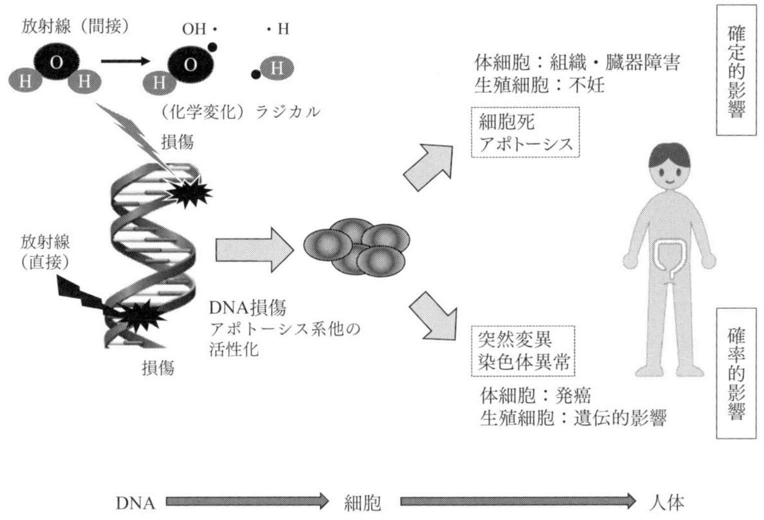

図 I-1-3 放射線の人体への作用機構の概要

とき，確定的影響として組織・臓器障害や不妊などの明らかな症状が現れる．
・体細胞の傷害が修復されず，細胞死にもならないとき，確率的影響として癌が発症し，生殖細胞に傷害が起こった場合は遺伝的影響として現れる．

2 確定的影響

本節では，被曝の仕方，被曝線量，線量率，線質が確定的影響に及ぼす影響について，組織・臓器のしきい値や放射線感受性について，さらに個々の組織・臓器における確定的影響の特徴について説明する．

2.1 被曝の仕方による影響の違い

被曝の仕方によって，その後の確定的影響の程度が異なる．被曝の仕方は，局所被曝か全身被曝，および急性被曝か慢性被曝に分けられる．

(1) 局所被曝と全身被曝

局所被曝とは体の特定の一部のみが被曝する場合を指し，全身被曝は全身が被曝する場合を指す．
局所被曝と全身被曝の影響には，下記のような相違がある．
・局所被曝と全身被曝とでは，図 I-1-4 のように線量によって影響の種類に違いがある．
・同じ線量を被曝した場合には，全身被曝の方が局所被曝より影響が大きい．
　◆例：10 Gy を局所的に手掌に被曝したとき，皮膚の紅斑や，落屑が生じるが，時間とともに回復に向かう．しかし，10 Gy を全身被曝したときには確実に死に至る．
・局所被曝では被曝した組織・臓器のみに障害が生じる．
・全身被曝では，被曝線量の増加にしたがって放射線感受性の高い組織・臓器から障害が生じ，最

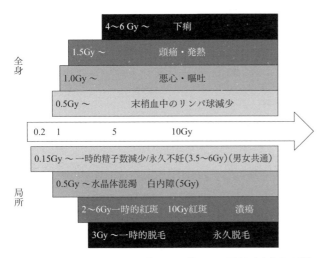

図 I-1-4 局所被曝および全身被曝と線量との関係（確定的影響）（[10] を一部改変）

図 I-1-5 被曝の形態と影響

終的にすべての組織・臓器に障害が生じる．

(2) 急性被曝と慢性被曝

急性被曝は，図 I-1-5 のように，短時間で大量に被曝することであり，慢性被曝は，長期間継続的に少量の線量を被曝することである．言い換えれば，時間あたりの放射線の量（線量率）が高く，短時間被曝のときは急性被曝となり，低い線量率で長期間被曝するときは慢性被曝となる．

線量率の影響には，下記のような特徴がある．

- 人体には放射線障害に対する回復能力が備わっており，低線量率の慢性被曝では回復の効果が大きくなる（線量率効果）（詳細は次小節参照）．
- 線量率効果は，障害の種類によって異なる．
- 急性被曝は，慢性被曝より影響の程度が大きくなる．
- 確率的影響である放射線発癌では，線量率効果によって，慢性被曝での発症率は減少する．
- 確定的影響は，線量率効果によって，症状ごとにしきい値が異なる．

> **▼低線量率被曝**
> 放射線防護の分野では，吸収線量率が 0.1 Gy/時以下の場合を低線量率被曝と言う．この線量では，障害が現れることなく回復する（本章 6 節参照）．

2.2 線量・線量率の影響

放射線の身体的影響は，同一線量であっても放射線の種類や線量率によって異なる．高線量率で短時間に被曝したときに現れる影響に比べて，低線量率で長期間被曝したときの影響とでは，明らかに後者が小さくなる．これを線量率効果と言い，同じ影響が出るのに要する線量の逆比を線量・線量率効果係数（dose and dose rate effectiveness factor : DDREF）と言う．

影響の要点は，下記の通りである．

- 国際放射線防護委員会（ICRP）の勧告 [5-8] では，DDREF を 2 としており，少しずつ被曝した場合は，一度に被曝した場合に比べて同じ線量を被曝した場合であっても影響が半分になる（表

I-1-1).DDREF は，表 I-1-1 に示すように，研究者によって若干の差異がある．

- 線量，線量率は同一でも，小線量ずつ時間を空けて複数回にわたって被曝する場合には細胞の回復によって影響は少なくなる．

表 I-1-1　線量・線量率効果係数

機関	線量・線量率効果係数
国連科学委員会（UNSCEAR）1993	< 3（1～10）
全米科学アカデミー（NAS）2005	1.5
国際放射線防護委員会（ICRP）1990, 2007（[5-8]）	2

$$線量・線量率効果係数（DDREF）= \frac{高線量・高線量率のリスク}{低線量・低線量率のリスク}$$

- 線量率効果が顕著であるのが X 線，γ 線（低 LET 放射線）である．中性子線，α 線（高 LET 放射線）では線量率効果は認められない（LET については次小節参照）．

2.3　線質の影響

線質とは，放射線の種類（α 線，β 線，γ 線，中性子線など）およびエネルギーを表す．放射線被曝による人体影響の程度は，線質によって異なる．これを線質効果と言う．荷電粒子の飛跡に沿って単位長さあたりに局所的に与えられるエネルギー量を線エネルギー付与（linear energy transfer：LET）と言い，これが放射線の線質の違いを知る指標とされている（I-2 および II-1 章参照）．

線質の影響には下記のような特徴がある．

- 同じ被曝線量を与える放射線であっても，α 線と X 線，γ 線，中性子線などとでは影響が大きく異なる．
  - ◆例：X 線，γ 線の影響を 1 とすると，α 線の影響は 20 倍大きい．
- α 線は皮膚表面で吸収されるが，X 線や γ 線では皮膚を透過し，体内まで到達する．
- 放射線の線質による生物効果の大きさの違いを量的に示す値として，生物学的効果比（relative biological effectiveness：RBE）が用いられる（RBE については I-2 章参照）．

2.4　確定的影響のしきい値

組織・臓器がしきい値を越えて被曝したとき，確定的影響が現れる．表 I-1-2 は確定的影響のしきい線量を示している．確定的影響が起こる組織・臓器は，骨髄・造血器，生殖腺，皮膚，水晶体，腸，中枢神経である．

> **♥急性・慢性被曝線量の単位**
> - 急性被曝（一度に大きな線量を被曝した場合）の線量単位には Sv ではなく Gy が用いられるが，X 線と γ 線による被曝については両者の数値に差はない．単位 Sv や Gy については II-4 章参照．
> - 慢性被曝では，放射線の種類・エネルギーの違いによってその影響が異なるため，線量単位は Sv となる（詳細は II-4 章および p. 209 コラム参照）．

2.5　組織・臓器の放射線感受性

図 I-1-6 に示すように，人体の組織・臓器では，骨髄・リンパ系の造血組織の放射線感受性が最も高く，放射線障害が生じやすい．感受性が高い組織・臓器では細胞分裂が盛んであり，低い組織・臓

表 I-1-2 確定的影響のしきい値

臓器・組織		障害	急性被曝		慢性被曝	
			潜伏期	しきい値	潜伏期	しきい値
骨髄・造血器		造血能低下	3〜7日	0.5 Gy		0.4 Sv/年
生殖腺	男性	一時的不妊	3〜9週	0.15 Gy		0.4 Sv/年
		永久不妊	3週	3.5〜6 Gy		2.0 Sv/年
	女性	一時的不妊	1週以内	0.65〜1.5 Gy		
		永久不妊		2.5〜7 Gy		0.2 Sv/年
皮膚		皮膚発赤	1〜4週	2〜6 Gy		
		皮膚熱傷	2〜3週	5〜10 Gy		
		一時的脱毛	2〜3週	3 Gy		
眼の水晶体		水晶体混濁		0.5〜2 Gy		5 Sv
		白内障		5 Gy	数年	8 Sv
腸		嘔気, 嘔吐, 全身倦怠	2〜3時間	6〜20 Gy		
		紅斑, 発熱, 下痢, 下血	数日			
		死亡（100%）	1〜2週			
中枢神経		嘔吐, 頭痛, 紅斑, 痙攣, 運動失調, 麻痺, 虚脱, 全身衰弱	直後	> 20 Gy		
		早期死（100%）	数日以内			

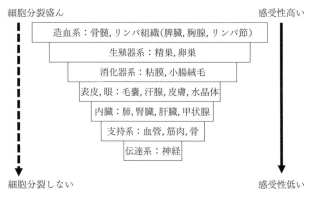

図 I-1-6 組織・臓器の放射線感受性

器では, 細胞分裂の頻度は低い.

2.6 急性放射線症候群

急性放射線症候群は, 短時間で大量の放射線被曝が全身または比較的広い部分で起こったときに見られる一連の症状であり, 前駆症状の後, 潜伏期間を経て発症する.

図 I-1-7 に示すように, 症状および障害は, 受けた線量によって異なり, 低い線量では食欲不振, 嘔気, 発熱などの前駆症状のみで回復するが, 高線量では造血器障害, 消化管障害が見られる.

症状は, 線量に応じて下記のように変化する.

- 0.5 Gy 程度の被曝線量では, 末梢血中のリンパ球数の減少および染色体異常が起こり, 1.0〜2.0 Gy では悪心, 嘔吐などの症状が現れる.
- 基本的に 1.5 Gy 以下の線量では早期死亡はほとんど見られない. 1ヶ月以内に 50% の人が放射線被曝によって死亡する可能性のある線量 (LD50) は 4 Gy とされている.
- 7 Gy 以上の線量になると骨髄障害によって, ほぼ 100% の人が死亡する. 骨髄障害での死亡原因は, 白血球と血小板の減少に伴う感染と出血である.
- 10 Gy 以上では腸粘膜上皮の崩壊による下痢, 脱水, 体液の漏失, 血清電解質の異常によって, 複合的に全身状態を悪化させ, その結果, 多臓器不全となって死に至る.
- きわめて多い線量では, 潜伏期間も短く, 数時間以内に中枢神経系の症状が現れる.
- 中枢神経系の症状としては, 被曝直後から脳血管の透過性が亢進し, 脳浮腫が起こるため, 放射線宿酔, 嘔吐, 痙攣, 運動失調, 嗜眠などの症状が比較的初期に現れる.

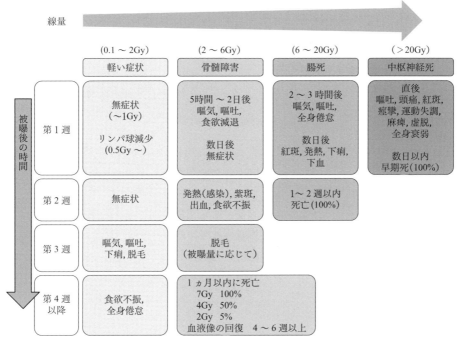

図 I-1-7 急性放射線症候群

2.7 造血器に対する影響

図 I-1-6 に示したように，造血器は最も放射線感受性の高い臓器である．造血器への放射線の影響は，末梢血の変化を検査することによって容易に検出することができる．

図 I-1-8 は，0.5 Gy 被曝後のリンパ球，顆粒球，血小板，赤血球の変化の特徴を示している．しきい値 0.5 Gy を超える急性全身被曝の場合，末梢血中の白血球数が減少する．白血球数は顆粒球とリンパ球をあわせた数であり，リンパ球の放射線感受性はきわめて高い．

0.5 Gy 被曝後の各血球の変化は下記の通りである．

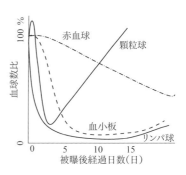

図 I-1-8 しきい値 0.5 Gy 被曝後の血球数の変動

(1) 白血球（顆粒球）

- 被曝直後に，白血球は一時的に増加するが，これは白血球のうち好中球（顆粒球の一つ）が骨髄や脾臓から末梢血へ多く流出するためである．
- 顆粒球の減少カーブはリンパ球に比べて，やや緩やかであり，被曝後 3〜4 日で最低値となる．回復はリンパ球よりも早く，2〜3 週でほぼ正常値となる．
- ◆ 1.5 Gy 以上の急性全身被曝では，白血球数の減少による感染や血小板の減少による出血のため生命危機の可能性がある．

(2) リンパ球

・被曝後2～3週間で最小値となる．
・リンパ球の回復は顆粒球よりかなり遅い．
◆ リンパ球は放射線感受性が高く，0.25 Gyからその数の減少が検出できる．

(3) 血小板

表 I-1-3 主な血液成分の寿命

血液	寿命
白血球	数時間～数日
赤血球	120日
血小板	10日

・血小板の寿命は約10日であり（表I-1-3），顆粒球系白血球と同様に，骨髄中の未分化細胞が減少し，被曝後2～3週間で最小値となる．
・血小板が減少すると出血傾向となり，皮膚に出血斑（紫斑）が見られる．放射線被曝後の血小板輸血によって出血傾向を抑制することで，症状の軽減あるいは死を免れる場合もある．
・血小板の回復は顆粒球より遅い．

> **▼紫斑と紅斑**
> 紫斑とは真皮内や皮下組織から出血した斑であり，紅斑とは血管が拡張することによって外から赤く見えている斑である．

(4) 赤血球

・被曝後5～6日で減少し，2～3週で最低となり，4週を過ぎると回復へ向かう．
・赤血球数が最低値を示す2～3週には貧血が認められる．
・赤血球数の減少は他の血球と比較して緩やかである．それは，赤血球の寿命は約120日（表I-1-3）と，白血球や血小板の寿命より10倍以上長いためである．

> **▼放射線業務従事者の血液検査の有効性と限界**
> 放射線業務従事者に対する健康診断では末梢血液検査が行われている．表I-1-4に末梢血液検査項目と基準値を示す．この検査は，放射線業務従事者として登録する際，必ず行うことと法令で定められている．
> 血球数の変化は，被曝の影響を最も鋭敏に表すので，放射線防護上大切な所見ではあるが，表I-1-2のように慢性被曝時の造血能低下による白血球減少のしきい値は400 mSv/年である．したがって，法定の50 mSv/年の線量限度以下の被曝では血液検査で異常を検出できない．
> ◆ 赤血球は組織へ酸素を運ぶための血色素（ヘモグロビン）を含んでいる．

表 I-1-4 末梢血液検査項目と基準値

検査項目	基準値
白血球数	3300～9000/μL 白血球百分率：好中球 40～70 %／好酸球 1～5 %／好塩基球 0～1 %／単球 0～10 %／リンパ球 20～50 %
血小板×10^4/μL	15～40
赤血球数×10^4/μL	男 430～570 女 380～500
血色素量 g/dL	男 13.5～17.5 女 11.5～15.0
ヘマトクリット	男 39.7～52.4 % 女 34.8～45.0 %

血球の分化

- 白血球・赤血球・血小板は骨髄で造られるが，その元となる細胞が骨髄中の多能性造血幹細胞である．多能性造血幹細胞は血球すべてに分化できる能力を有しており，自身も複製する自己複製機能を合わせ持っている．
- 図 I-1-9 のように，多能性造血幹細胞は骨髄系幹細胞とリンパ系幹細胞となり，骨髄系は赤血球系，顆粒球・単球系，血小板系の各系統に固有の前駆細胞に分化する．
- 血球の分化にはサイトカインが情報伝達物質として関与している．

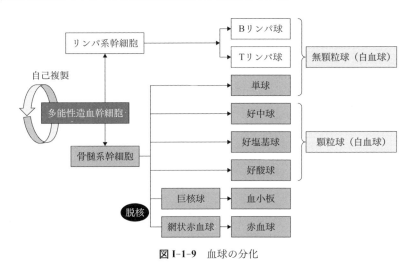

図 I-1-9　血球の分化

2.8　生殖腺に対する影響

図 I-1-6 に示したように，生殖腺は造血器に次いで放射線感受性が高い器官である．生殖腺は図 I-1-10 に示すように男性と女性とでは，成熟過程も機能も全く異なる器官である．生殖腺に対する放射線の確定的影響は，生殖細胞障害および細胞死による不妊である．男性および女性生殖腺に対する影響の要点は下記の通りである．

(1)　男性生殖腺に対する影響

- 生殖細胞障害とは，精子精細管内の精子の生産が停止して精子が枯渇することであり，細胞死とは，感受性の高い精原細胞死および精母細胞死である．この細胞死が永久不妊につながる．
- 精原細胞 B の放射線感受性が最も高い．
- 0.15 Gy 以上の急性被曝では一時的に精子数が減少するため（表 I-1-2）一時的に不妊となる．これは精子精細管内の精子の生産が停止した状況を示している．
- 精子の寿命は約 6 週間であり，精子細胞および精子は放射線抵抗性があるため，被曝してもしばらくの間は不妊にはならない．
- 生き残った幹細胞が分裂・増殖することによって，次第に精子数が増加し，不妊から回復する．
- 不妊からの回復は線量に依存し，被曝線量が多いと回復に時間がかかる．
- 3 Gy 以上では細胞死が起こり始め，さらに 6 Gy 以上ですべての未成熟精原細胞が細胞死を起こしたとき永久不妊となる．

(2) 女性生殖腺に対する影響

- 卵巣に中等度の被曝があっても，受胎は可能であるが，卵子の成熟が阻止されるため，一時的に不妊となる．すべての卵子が死んだ場合に永久不妊となる．
- 第二次卵母細胞の放射線感受性が最も高く，0.65 Gy 以上で一時的不妊となる．
- 40歳程度では卵胞の数が少ないことから，2〜3 Gy 以上で永久不妊となるが，20歳台では6〜7 Gy 程度で永久不妊となる．
- 低線量でも中線量でも被曝した卵子の受胎能力は回復するため，回復した卵子は染色体傷害をそのまま次世代の個体発生へ持ち込み，遺伝的異常や眼に見えない突然変異を子孫に伝える可能性が高い（詳細は5節参照）．

▼生殖腺の成熟過程

1) 男性生殖腺
- 男性では，生殖適齢期になると精原細胞は絶えず分裂して，精原細胞のストックを作るとともに，精母細胞生成へ移行する幹細胞となる．
- 図 I-1-10 に示すように，精子の成熟過程は，精原細胞 A → 精原細胞 B → 第一次精母細胞 → 第二次精母細胞 → 精子細胞 → 精子である．
- 精巣では，精原細胞から精子への成熟分化が9週間程度で繰り返されており，精巣は精子形成過程すべての分化細胞が存在している．

2) 女性生殖腺
- 女性では，胎児の段階で卵原細胞からすべての卵母細胞のストックが作られ，その後の生涯にわたってこのストックから定期的に成熟した卵子が作られる．卵巣は，精巣と異なり，生殖細胞が早期に形成され常に分裂することなく，月経の度に成熟卵子は入れ替わる．
- 図 I-1-10 に示すように，卵子の成熟過程は，卵原細胞 → 第一次卵母細胞 → 第二次卵母細胞 → 卵子となる．胎児期に卵原細胞から第一次卵母細胞に分化し，卵胞上皮に囲まれて卵胞を形成している．
- 思春期を過ぎると，第一次卵母細胞は減数分裂で生ずる第二次卵母細胞となる．
- 第一次卵母細胞数は，自然退縮および排卵によって減少する．

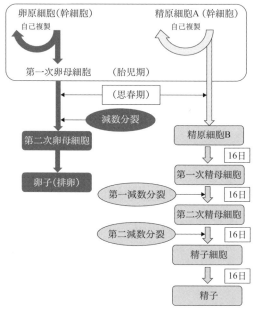

図 I-1-10 生殖細胞の成熟過程（[11] を一部改変）

2.9 眼の水晶体に対する影響

図 I-1-11 は眼の構造を示している．角膜から水晶体上皮までの距離（前房深度）は3 mm 程度である．水晶体上皮は水晶体前面の細胞であり，眼の組織の中で最も放射線感受性が高い．

水晶体では損傷を受けた細胞でも組織外へ脱落することなく，水晶体内に留まる．水晶体を包んでいる袋（嚢）の内側に存在する上皮細胞は，特に放射線感受性が高く，傷害を受けた細胞は水晶体の

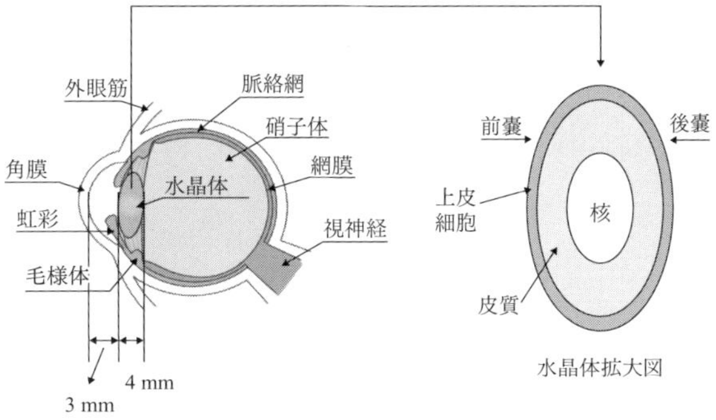

後方（後嚢）に移動する．この変性細胞が混濁の原因であり，視力障害を伴う混濁まで進展したとき，放射線白内障となる（後嚢下白内障）．

放射線白内障のしきい値と症状および回復と治療の要点は下記の通りである．

1) 放射線白内障のしきい値と症状
- 放射線による白内障には後嚢下白内障が多く見られる．
- 表 I-1-2 のように，水晶体の混濁は 0.5 Gy 程度から始まり，放射線白内障のしきい線量は，短期間の被曝では 5 Gy，慢性被曝では 8 Sv 以上である．
- 短時間で大量の放射線を被曝した場合の眼では，数か月で水晶体が真っ白になり，視力を失う．
- 微量放射線の長期間被曝の眼では，後嚢下白内障が徐々に進行する場合が多い．
- 放射線被曝による白内障は晩発障害としても現れる．
- 潜伏期間は平均 2〜3 年であるが，数カ月以上から数十年の場合もあり，混濁するまでに要する時間と考えられている．

2) 回復と治療
- 放射線による白内障治療は，通常の白内障治療と同様に実施される．
- 放射線によって角膜の細胞が障害を受けている場合は，角膜表面の角膜上皮細胞の修復が遅れ，異物感が残り，視力が回復するのに時間がかかる場合がある．
- 進行した白内障では，濁った水晶体を手術で除去し，眼内レンズを挿入する方法が一般的に行われる．

図 I-1-11 眼の構造

> **後嚢下白内障と水晶体の被曝線量評価**
> - 糖尿病あるいは，ステロイドの投与を行っている場合にも後嚢下白内障が起きやすくなる．これらの白内障と放射線白内障は区別できない．
> - 水晶体の放射線防護の観点から，ICRP では 3 mm 線量当量（前房深度における被曝量）で評価するとしているが，日本の法令では，1 cm 線量当量もしくは 70 μm 線量当量で線量を評価すれば十分防護できるとして，3 mm 線量当量を採用していない（II-4 章参照）．

2.10 消化器系に対する影響

口腔から肛門までの消化管および肝臓・膵臓などの消化器系臓器の中で，高い放射線感受性を示す組織は，小腸，大腸，胃などの消化管粘膜であり，最も放射線感受性の高い部分は食物栄養素などの吸収を担う小腸粘膜である．図 I-1-12 に示すように小腸粘膜の中でも上皮の絨毛を形成する腺窩細胞（クリプト）が最も放射線感受性が高い．

(1) 絨毛に対する影響

1) 絨毛の傷害

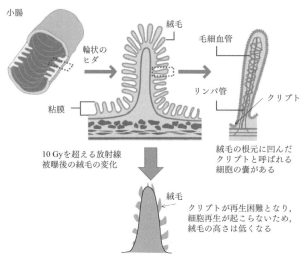

図 I-1-12 小腸粘膜の放射線影響（[12]を一部改変）

- 被曝して一定期間は，機能細胞が生存しており，絨毛は正常に保たれるが，細胞再生が起こらないため，絨毛の高さは低くなる（図 I-1-12）．
- クリプトの分裂再生が回復しなければ，粘膜上皮の剥離，萎縮および潰瘍が生じ，体液や電解質の喪失，リンパ組織の破壊，腸内細菌の侵入などによって，血管が破綻し，下痢，下血，敗血症が現れる．

2）絨毛の回復

- 中等度の被曝（3〜8 Gy）では，絨毛の短小化が起こるが，クリプト幹細胞が回復すると，消失した細胞が供給されて絨毛はもとに戻る．
- 短期間で 10 Gy を超える線量を小腸が受けたとき，クリプトは再生困難となる．

▼絨毛の形成と機能
- 絨毛はクリプトの分裂活動によって細胞を増やし，増えた細胞は順次上方へ押し出されて絨毛としての機能を果たし，頂上より剥離・消失する．絨毛の頂上で失われた細胞は，クリプトの細胞が増殖することによって補給される．
- 絨毛細胞がクリプトから剥離・消失するまでの期間（腸管上皮の再生）は 3〜4 日程度である．
- クリプトから分離した絨毛細胞は，腸内の糖質・蛋白質・脂肪などを吸収する機能を持っている．

(2) 他の消化管に対する影響

- 大腸や直腸でも高線量被曝による影響は，小腸の障害と類似している．
- 直腸では，食道と同様に分化した機能細胞が多いため，胃や小腸よりも高線量に対して耐性をもつが，放射線による晩発影響として，腸管の狭窄，流通障害，癒着などが起こる．

2.11　皮膚に対する影響

皮膚の構造は大きく分けて，図 I-1-13 のように，表皮，真皮，皮下組織の3層からなり，毛嚢，皮脂腺，汗腺，血管などの付属器官が存在する．このため，皮膚に対する放射線影響はこれらの組織の総合的影響となる．皮膚の放射線感受性は組織・器官で異なる．

皮膚の影響は下記のように整理される．

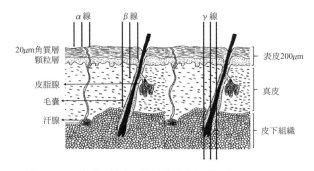

図 I-1-13 皮膚の構造と放射線透過性（[13]を一部改変）

表 I-1-5 皮膚障害の分類 [14]

分類	第1度	第2度	第3度	第4度
症状	脱毛，軽度紅斑，無症状で経過し回復	強い紅斑(乾性皮膚炎)	水泡-びらん（湿性皮膚炎）	潰瘍
線量	3～4 Gy	6～19 Gy	20～25 Gy	30 Gy 以上
発症時期	3 週間	2 週間	1 週間	2～7 日
早期反応	皮膚がかさかさする	皮膚充血，紅斑，腫脹，脱毛，びらんにはならない	強い紅斑と充血，腫脹，水泡が破れ，皮膚びらん	深紅色の紅斑，水泡破れてびらん，再生傾向のない潰瘍
後期反応	色素沈着，脱毛は完全回復	色素沈着，脱毛，落屑	皮脂腺，汗腺損傷，皮膚はかさかさ，皮膚は萎縮して末梢血管拡張，潰瘍作りやすい	色素沈着を伴う瘢痕，辺縁部の末梢毛細血管の拡張と，難治性潰瘍
対策	保存的措置	保存的措置，かゆみの強いときは，エアゾリン噴霧（対症的）	第3度熱傷に準じる	永続的潰瘍は植皮等，形成外科処置考慮

(1) 皮膚の構造と影響

- 皮膚に対する深部到達度は放射線の種類によって異なることから，放射線の種類に応じて異なるエネルギー吸収部位（深部到達部位）で障害が起こる（図 I-1-13）．
- α 線は，ほとんどが表皮で留められるため，皮膚への影響は少ない．β 線では，表皮から真皮までの影響が大きい．γ 線では，ほとんどが皮膚組織を透過するため，皮膚線量は低くなる．
- 放射線被曝後の皮膚障害の程度や症状は，放射線の種類，エネルギー，量，部位，面積などによって異なる．
- 皮膚紅斑は，毛細血管の拡張によるものであり，皮脂腺および汗腺の障害では，皮膚の乾燥が起こる．
- 毛嚢は皮下組織の真皮の深いところにあり，放射線感受性が高く，3 Gy で脱毛が起こるが，この程度の線量ならば，2～3ヶ月で再生する．8 Gy 以上で永久脱毛となる．
- 外部被曝の際，皮膚は第一番目の対象となり，体内の組織・臓器の線量に比べて被曝線量が多くなる．
- 皮膚の放射線障害は頻度が高い．

(2) 皮膚影響の分類

表 I-1-5 は皮膚障害の分類を示している．急性被曝によって生じる最も早い変化は，数時間内に起こる一過性紅斑（初期紅斑）である．これは，障害を受けた表皮毛細血管の拡張によるものである．初期紅斑のしきい値は，2 Gy であり，線量の増加に伴って，脱毛・充血・腫脹，水泡・びらん・毛細血管拡張・萎縮，潰瘍・壊死となる．

これらの影響は，第1度～第4度に分類され，それぞれ下記のような症状が現れる．

第1度：
- 3～4 Gy の被曝後，約3週間から現れる．
- 被曝によって，表皮（上皮）基底細胞の増殖が阻害され，角質層の脱落が生じ，上皮が薄くなる．
- 皮膚は乾燥し，脱毛が生ずる．

第 2 度（乾性皮膚炎）：
- 6～19 Gy 被曝後，約 2 週間を経過して紅斑が出現し，約 3～4 週間持続する．
- 主症状は皮膚紅斑である．
- 細動脈が部分的に狭窄し，血流が盛んになって乾性皮膚炎が生ずる．
- 皮膚は充血，腫張する．びらんには至らず，落屑がはじまる．

第 3 度（湿性皮膚炎）：
- 20～25 Gy 被曝すると，上皮および皮下に水泡が現れ，水泡が破れると皮下組織が直接露出する．
- 被曝後約 1 週間で湿性皮膚炎が始まり，4～5 週間持続する．

第 4 度（潰瘍）：
- 30 Gy 以上の被曝後，1 週間以内に生じる．深紅色の紅斑，水泡が生じ，びらんして潰瘍となる．上皮は壊死して脱落し，線量が高い場合，縁が鋭く掘れ込んだ放射線潰瘍となる．
- 上皮の基底膜は消失し，薄い上皮が皮下組織に直接密着した状態となり，外からの刺激に弱くなる．

> **▼70 μm 線量当量 単位：Sv**
> - ICRU 球表面からの深さが 70 μm の吸収線量を「70 μm 線量当量」と言い，単位は Sv を用いる．70 μm 線量当量は皮膚の被曝影響評価に使用される（詳細は II-4 章参照）．
> - 70 μm は皮膚表面から表皮に相当する位置である．

3 確率的影響

　確率的影響では線量の増加によって影響の発生確率が増加し，しきい値は存在しない．確率的影響には，放射線発癌と遺伝的影響がある．放射線による発癌と遺伝的影響は，どんなに低い線量の被曝でも発生する可能性があるものと仮定してリスクは評価されている．確率的影響のリスク評価は，人間の疫学調査データに基づいている．

　ここでは放射線発癌について述べる．遺伝的影響については，5 節で説明する．

3.1　放射線発癌における疫学調査

　放射線発癌については，原爆被曝者および放射線治療を受けた患者の集団を対象とした調査の結果，有意な増加が示されている．発癌には潜伏期間があるため，調査対象者の人数だけでなく追跡期間も考慮されている．

　国際放射線防護委員会（ICRP）や国連科学委員会（UNSCEAR）などの国際機関でのリスク評価の基礎データは，広島・長崎の原爆被曝生存者を対象とした疫学調査データである．

3.2 放射線による発癌

(1) 原爆被爆における白血病

図 I-1-14 は，原爆被爆者における白血病の骨髄線量と過剰症例数の関係を示している．線量評価は 1986 年と 2002 年の 2 回行われている．いずれの線量を用いても，白血病の線量反応関係が二次関数的であり，低線量では，単純な線形線量反応で予測されるよりもリスクは低くなっている．0.2〜0.5 Gy の低い線量の範囲でも白血病リスクの上昇が認められるが，0.2 Gy 以下では，明確な過剰症例は認められていない．

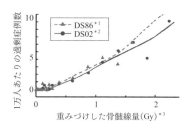

図 I-1-14　広島・長崎原爆被爆者における白血病の線量反応［15, 16］

＊1：放射線影響研究所が 1986 年に確立した，原爆被爆者の被曝線量推定方式による計算．
＊2：DS86 に代わり，2002 年新しく確立した線量推定方式による計算．
＊3：白血病の場合，重みづけした骨髄線量（中性子線量を 10 倍したものと γ 線量の和）を使用．

(2) チェルノブイリ原発事故における小児甲状腺癌

1986 年のチェルノブイリ原子力発電所事故のデータから，小児の甲状腺癌が放射線により誘発されることがわかっている．チェルノブイリにおける経過は次の通りである．

- チェルノブイリ原発事故では，爆発によって放射性物質が大量に飛散した．その中で健康被害をもたらしたのは，主に放射性ヨウ素（^{131}I）である．地上に降り注いだ ^{131}I を吸入した，もしくは，食物連鎖によって汚染した野菜や牛乳，肉を食べた子どもの中で，小児甲状腺癌が多く発症した（図 I-1-15）．特に，牛乳に含まれていた ^{131}I による内部被曝が大きな要因である．

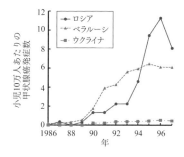

図 I-1-15　小児甲状腺癌の発症時期（チェルノブイリ）（［18］より作成）

事故の 4〜5 年後に小児甲状腺癌が発生し始め，10 年後には 10 倍以上に増加．

- ベラルーシやロシアでは，事故後 4〜5 年頃から小児甲状腺癌が発生し始め，10 年後に 10 倍以上に増加した［17］．
- チェルノブイリ原発事故後，30 年以上が経過しているが，同地域では甲状腺癌の増加は小児から思春期層，成人層へと移行し，現在，新規の小児発症例は劇的に減少している．

◆ 原爆被爆者のデータからも，小児の甲状腺癌が放射線により誘発されることが示されている．

✔ 発癌のしくみ

図 I-1-16 のように，何らかの原因によって DNA の突然変異や染色体の異常などの遺伝子変化が起こると，細胞の分裂周期が停止し，遺伝子の修復あるいは細胞死へ向かわせる癌抑制遺伝子の蛋白質が活性化する．この抑制遺伝子の機構が作用せず，放射線によって癌遺伝子が活性化されると癌化が起こると考えられている．放射線は発癌の原因の一つである（詳細は I-2 章参照）．

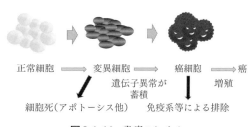

図 I-1-16　発癌のしくみ

3.3 小児の放射線感受性

図 I-1-17 に示すように骨髄，結腸，乳腺，肺，胃は，放射線被曝によって癌が発症しやすい臓器である．しかし，子ども（小児）の場合は，上記に加えて，甲状腺や皮膚も，放射線被曝による癌リスクが高いことが明らかになっている．

特に小児甲状腺は，放射線感受性が高いため，表 I-1-6 のように，摂取放射能量（100 Bq）あたりの被曝線量（預託実効線量）を算出するための預託実効線量係数は，大人よりも大きい数値が採用されている．さらに，1 歳児の甲状腺の被曝線量は，緊急時の防護策を考える基準に取り入れられている（預託実効線量については II-4 章参照）．

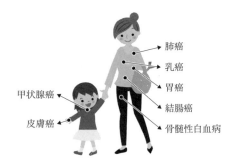

図 I-1-17 放射線感受性の高い臓器
小児では，甲状腺，皮膚癌のリスクも高い．

表 I-1-6 ^{131}I を 100 Bq 摂取時の年齢別甲状腺等価線量 [19]

	^{131}I の預託実効線量係数	^{131}I を 100 Bq 摂取時の	
		預託実効線量 (μSv)	甲状腺等価線量 (μSv）*
3 か月児	0.48	48	1,200
1 歳児	0.18	18	450
5 歳児	0.1	10	250
大人	0.022	2.2	55

＊甲状腺組織荷重係数 0.04 から算出．

▼ヨウ素摂取量と甲状腺癌リスクの関係

表 I-1-7 に示すように，ヨウ素が不足する地域では，1 Gy あたりの甲状腺癌の相対リスクが約 3 倍に増加する．
- チェルノブイリ周辺地域は内陸に位置するため，周辺に海がなく，土壌中のヨウ素濃度が低い．したがって，ヨウ素を多く含む海藻や海の魚を食べる習慣がない．日本は，チェルノブイリより土壌中のヨウ素濃度が高く，ヨウ素の摂取量が海外諸国に比較して多いことから，チェルノブイリの相対リスクのデータは当てはまらない．
- 土壌中ヨウ素が低い地域では，1 Gy あたりのリスクがヨウ素濃度の高い地域に比べて高く，安定ヨウ素剤の服用が重要となる．
- 非放射性ヨウ素製剤である「安定ヨウ素剤」を予防的に内服して甲状腺内のヨウ素を安定同位体で満たしておくと，以後のヨウ素の取り込みが阻害されるため，放射線障害の予防が可能になり，リスクが低くなる．

表 I-1-7 甲状腺癌のヨウ素依存性

安定ヨウ素剤	1 Gy での相対リスク（95 ％信頼限界）	
	土壌中ヨウ素が高い地域	土壌中ヨウ素が低い地域
投与なし	3.5	10.8
投与あり	1.1	3.3

▼相対リスク（RR）と過剰相対リスク（ERR）[20]

一般的な疫学研究において 2 つ以上の集団でリスクを比べる時，非被曝群と比べて被曝群が「何倍」のリスクがあるのかをみるのが相対リスク（RR：relative risk）であり，1 以上であれば被曝群のリスクが高く，1 以下であれば被曝群のリスクが低い．

たとえば，被曝線量がゼロの集団における疾患 A の発生リスクが 10 万人あたり 2 人で，被曝線量が 1 Sv の集団では 10 万人あたり 5 人であった場合，単純な RR は 5/2＝2.5 倍となる．

しかし，放射線被曝のリスク評価では，放射線を浴びることによって単位線量あたりどのくらい過

剰にリスクが上昇したのかをみる過剰相対リスク（ERR：excess relative risk／1Sv）という指標が用いられることが多い．

上記の例では，単純な ERR は (5−2)/2＝1.5 となり，被爆線量が 1 Sv では 1.5 倍過剰に発生リスクが上昇することを意味する．しかし，実際の被曝者集団における解析では，被曝線量，被曝時年齢，被曝からの経過時間，現在の年齢，性別などの，さまざまな因子を考慮して解析されている点に注意が必要である．

▼過剰相対リスクと過剰絶対リスク [20]

たとえば，一定量の被曝による生涯癌死亡リスク（確率）を表す場合，過剰相対リスク（ERR），過剰絶対リスク（EAR：excess absolute risk）を使う場合がある．

癌で死亡する人が被曝のないときに比べてどれだけ増加するかの比率を表したのが ERR であり，死亡率がどれだけ上乗せされたかを表すのが EAR である．

4 胎児への影響

図 I-1-18 に示すように，胎児の発育は着床前期，器官形成期，胎児期の 3 つの時期に分けられる．一般に，妊娠 2 週目と呼ばれている時期は，妊娠直後の受胎 0 週（齢）に相当する．胎児の細胞は分裂，増殖，分化が盛んであるため，放射線感受性がきわめて高い．したがって，母体内での胎児被曝は影響が大きくなる．

ここでは，胎児の発育時期によって確定的影響および確率的影響がどのように現れるかについて説明する．

▼妊娠可能な女性に対する配慮

放射線防護の立場から，胎児に対する影響を考慮して，妊娠可能な女性の職業上の被曝線量限度は特別な取扱となっている（詳細は，IV-2 および IV-3 章）．

4.1 胎児の発育と確定的影響

胎児に放射線影響が生じやすい妊娠時期（決定期間）は器官形成期に相当する妊娠 2〜8 週の期間である．胎児の被曝時期によって，障害が現れる組織や器官が異なることから，その影響の程度も異なる．発育の時期と影響の主要な点は，下記の通りである．

(1) 着床前期

- 着床前期は，受精後約 8 日間（受胎 0〜2 週）であり，受精した受精卵が子宮に着床するまでの期間である．
- しきい線量である 0.1 Gy 以上の被曝がこの時期に起こった場合胚死亡となり流産となる（表 I-1-8）．この時期は，母親自身も妊娠に気づかない時期であるため，誰にも気づかれない流産となる．

(2) 器官形成期

- 器官形成期は，受精後（子宮に着床後）約 9 日〜8 週の期間であり，臓器や器官の原基が形成さ

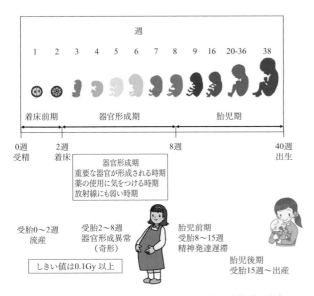

図 I-1-18　胎児への影響（確定的影響と時期特異性）

表 I-1-8　胎児への確定的影響に対するしきい値

胎児の分類	時期	影響	しきい値
着床前期	受精～9 日	胚死亡	0.1 Gy
器官形成期	2～8 週	奇形	0.1 Gy
胎児期	8 週～ 8～15 週	発育遅延 精神発達遅延	0.1 Gy 0.12 Gy

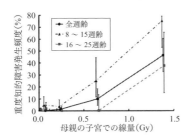

図 I-1-19　精神発達遅滞（[21] より作成）

れる時期である．この時期の被曝によって一部の細胞に細胞死が起こったとき，奇形が発生する可能性が高い．

・器官形成期の中でも臓器の原基が形成される時期が異なる．この時期にしきい線量を超えて被曝した場合，最も放射線感受性の高い臓器に対応した奇形が発生する．

・奇形のしきい値は 0.1 Gy 以上と推定されており，器官形成期以外の時期に放射線を受けても奇形は発生しない．

・原爆による子宮内被曝では小頭症以外の奇形は確認されていない．

(3) 胎児期

・胎児期は，8 週以降出生までの期間であり，臓器，組織が成長を続ける時期である．この時期の被曝では奇形は起こらないが，成長障害が起こる可能性があり，身長，体重，胸囲などの測定値の低下，発育や成長の遅れが報告されている．

・被曝によって胎児の生存が継続不能になったときは胎芽死亡となる．

(4) 脳への影響

・脳は一部の組織の形成が 8～15 週にずれ込むので，図 I-1-19 のように，大脳皮質の形成障害などが起こりやすく，皮質の神経細胞の形成が終了する 25 週頃までは放射線感受性があるため，精神発達遅滞の発生や知能指数（IQ）の低下の可能性が続く．

・原爆で子宮内被曝を受けた子どもたちの IQ は，統計的に 1 Gy あたり 30 程度下がると報告されている．

4.2　胎内被曝による癌の誘発

胎内被曝による癌の誘発と，それを幼児期被曝と比較した場合の要点は次の通りである．

・器官形成期以降の胎児が被曝したとき，癌を誘発する危険性がある．

・被曝年齢 5 歳までの幼児期被曝者では年齢の増加と共に過剰絶対リスクが急増するのに対し，胎

内被曝者では過剰絶対リスクの増加が認められない傾向を示したが，統計学的な有意差は認められていない．
- 現時点では，胎内被曝による成人期の発癌リスクは幼児期被曝による発癌リスクと比べて高くはないと考えられている．

5　遺伝的影響

ここでは，遺伝的影響の特徴，人間の遺伝的影響のリスクはどのようにして推定されているのか，動物実験で推定されたリスクの程度，および広島・長崎での遺伝的影響に関する調査結果について説明する．

5.1　遺伝的影響

人体を構成している細胞は，生殖細胞と体細胞に分けられ，生殖細胞の突然変異のみが遺伝的影響に関与する．突然変異は，DNA，あるいは RNA 上の塩基配列に物理的変化が生じる遺伝子突然変異，および染色体の数や構造に変化が生じる染色体突然変異がある．遺伝子突然変異は，DNA 複製ミスや化学物質による DNA 損傷および複製ミス，および放射線被曝による DNA あるいは染色体の損傷などによって起こる．放射線とのかかわりは以下に説明する．遺伝的影響の一般的な性質についてはコラムを参照．

1）放射線被曝と遺伝的影響の関係
- 放射線被曝による誘発突然変異であっても，放射線に特有の突然変異が生じることはない．
- 放射線被曝による遺伝的影響は，疾病構造が変化するのではなく，自然発生する遺伝的影響が量的に増加することを意味する．
- 突然変異のうち，染色体突然変異は低線量ではきわめて稀であり，大きな染色体異常のときは，細胞死となる．
- 精子および卵子に組み込まれている遺伝子傷害は，低線量被曝であっても現れ，遺伝的影響として次世代細胞の染色体異常，突然変異の誘発，および発癌へつながる可能性が高い．したがって，生殖腺の放射線防護はきわめて重要である（2.8 小節参照）．

2）男性生殖腺および女性生殖腺の突然変異に関する感受性
- 男性生殖腺の精巣の突然変異に関する放射線感受性，すなわち，遺伝的影響の受けやすさは，精子細胞（精細胞）＞精子≅精母細胞＞精原細胞の順に高い．精子または精子細胞期（減数分裂後）の放射線被曝によって遺伝的影響が現れる可能性が高い．図 I-1-10 参照．
- 女性生殖腺では，第一次卵母細胞，第二次卵母細胞，卵子のどの段階の細胞も被曝によって遺伝子が損傷を受けた後に受胎能力を回復する場合がある．その場合は，卵子は遺伝子損傷情報をそのまま子孫へ伝えてしまい，遺伝的影響が現れる可能性がある．
- 未成熟な生殖細胞（精原細胞や卵母細胞など）では，突然変異は線量率効果を示す．

▼遺伝的影響の一般的な特徴
- 突然変異は生殖細胞で発生しなければ，次世代には遺伝しない．

- 染色体異常を伴う多くの細胞は精子および卵子成熟過程で排除されることから，将来の世代まで影響するのは主に遺伝子突然変異である．
- 遺伝子突然変異もすべてが子孫に伝えられるわけではなく，受精から胚，胎児の時期を経て出生までに，分裂や分化の異常により流産となる場合が多くなる．
- 突然変異には淘汰が起こるため，有害な遺伝子が増加し続けることはない．

5.2 遺伝的影響のリスクの推定方法

親の生殖細胞が一定量の放射線を被曝したとき，その後に生まれてくる子孫に重篤な遺伝的疾患が，どの程度現れるかを推定したものを「放射線による遺伝的影響のリスク」と言う．ヒトの集団では，両親の放射線被曝が子孫の遺伝病を増加させる直接の証拠はなく，遺伝的影響は確認されていない．そのため，ヒトの遺伝的影響のリスクは動物実験に基づいて推定されている．

▼動物実験に基づく遺伝的影響のリスク推定法
推定には，2種類の方法がある．
(1)倍加線量法：自然発症する遺伝疾患の発生頻度が2倍になるような放射線量（倍加線量）を求めて，その結果に基づいて推定する方法
- 国連科学委員会（UNSCEAR）は，倍加線量を1 Gyとしている．
- 国際放射線防護委員会（ICRP）では，1 Gyあたりの遺伝的影響のリスクは0.2 %（1 Gyあたり1,000人中2人）としており，この値は，癌の死亡リスク5 %の20分の1未満に相当する．
- 倍加線量法が遺伝リスク推定法の主体となっている．

(2)直接法：線量効果関係を動物実験によって求めて人間に適用する方法
- 直接法はヒトに適用する際，パラメータの不確実さが大きい．

5.3 動物実験による遺伝的影響のリスク

動物実験では，親に高線量の放射線を照射すると，子孫に出生時障害や染色体異常などが起こるという事実がある．要点は，下記の通りである．
- 遺伝的影響の約80 %は，優性突然変異とX染色体突然変異によるものであり，そのうち約15 %が最初の2世代のうちに現れる．
- 劣性突然変異は最初の2～3世代ではほとんど影響しないが，その後の世代に遺伝的障害が蓄積して発症すると考えられている．
- 糖尿病などの病気の多くは環境要因と遺伝的要因とが複合して発症する多因子性疾患である．多因子性疾患が，放射線の遺伝的影響としてどの程度増えるかは，現時点では明らかになっていない．

5.4 広島・長崎の調査結果

遺伝的影響の直接的な唯一のデータは，広島・長崎の原爆被爆者子孫の重度出生時障害，遺伝子の突然変異・染色体異常，癌発生率，およびその他の疾患による死亡率などの調査結果であるが，現在のところ遺伝的影響は観察されていない（詳細は6節参照）．

▾被爆者 2 世の調査結果が組織加重係数におよぼした影響

原爆被爆者の二世に対し，死亡追跡調査，臨床健康診断調査および分子レベルの調査が行われており，調査結果が明らかになるにつれて，遺伝的影響のリスクが当初の予想より高くないことが明らかになっており，生殖腺の組織加重係数も，最近の ICRP 勧告ではより小さい値に変更（0.25（1977年）→ 0.20（1990年）→ 0.08（2007年））されている（[5-8]．詳細は II-4 章参照）．

▾東海村臨界事故 [22]

1999 年 9 月 30 日，東海村核燃料施設で，3 人の作業員が硝酸ウラニルを製造中，突然の青い閃光と共に γ 線エリアモニタが発報し，臨界事故が発生した．3 人の作業員が多量の中性子線などを被曝した．この事故で核分裂を起こしたウラン燃料は全部で 1 mg であった．

- ◆ 臨界とは，核分裂反応が原子炉内のように連鎖的に起こり継続されていく状態を示している．この事故では，原子炉施設でもない核燃料工場の一角に突然原子炉ができ上がったことを意味する．

事故原因は，正規マニュアルによる専用容器ではなく，業務の効率化を図るため，バケツを使用していたことである（図 I-1-20）．

表 I-1-9 のように，直接作業をしていた 1 名は，推定 16〜20 Sv 以上の被曝によって，1999 年 12 月に死亡し，さらに，1 名が推定 6〜10 Sv の被曝によって，2000 年 4 月に死亡した．残りの 1 名は，隣室にてデスク作業を始めようとしており，薄い壁 1 枚を隔てた部屋から鋭い音を聞いた．この作業員は，推定 1.2〜5.5 Sv の被曝で一時白血球がゼロになったが，その後退院した．

退院以外の 2 名の作業員については，これまでの経験からは当初 1 か月内の死亡が予測された．入院中，体液の漏出，消化管からの下痢，下血が続いた．同種皮膚移植を行うとともに輸液，輸血が繰り返し実施された．さらに，末梢血幹細胞移植，臍帯血移植および無菌室での感染症管理の結果，これまでに例を見ない 3〜7 か月といった長期生存を可能にした．しかしながら，最終的に，深部まで放射線の影響が到達しており，皮膚や腸管粘膜の再生が不能であったため，死亡した．

推定被曝線量は，リンパ球数の変化，染色体分析，放射化された ^{24}Na の計測などから，それぞれ 16〜23 GyEq，6〜10 GyEq，1.2〜5.5 GyEq と見積もられている．

- ◆ GyEq（グレイイクイバレント）とは，γ 線相当線量という意味である．中性子および γ 線による急性障害を評価するにあたり，中性子の生物学的効果比（RBE）を γ 線の 1.7 倍として算出された被曝線量の単位を表している．

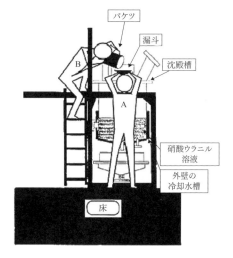

図 I-1-20 核燃料施設での作業のようす [23]

表 I-1-9 被曝線量と予後

作業員	推定被曝線量（Sv）	予後
A	16〜20	3 か月後死亡
B	6〜10	7 か月後死亡
C	1.2〜5.5	生存

▾福島第 1 原子力発電所で初期に緊急作業を行っていた作業者の被曝線量の状況 [24]

2011 年 3 月の福島第 1 原発事故の後で緊急作業を行っていた作業者の被曝線量の状況は，同年 5 月 23 日現在，入域した人数は約 7,800 名で，平均は約 7.7 mSv であった．実効線量限度（50 mSv/年）を超えたのは 1 名であった．

以下の被曝例が報告されている．

3 月 24 日，3 号機タービン建屋 1 階および地下 1 階において，ケーブル敷設作業を行っていた 3 名のうち 2 名について，短い靴で滞留水に足を入れて作業を行った結果，両足の皮膚に放射性物質が付着していることが確認された．東京電力は，当該部分の除染を行ったものの，β 線熱傷の可能性があると判断し，2 名を福島県立医科大学付属病院へ搬送し，診察の後，翌 25 日にその 2 名を含む作業

者3名を放射線医学総合研究所に搬送した．放射線医学総合研究所では，受け入れ後直ちに検査等を行い，4月11日に経過観察のため再診察し，3名の健康状態に問題はないことを確認した．皮膚の等価線量を評価した結果，2〜3 Sv を下回ると推定された．

また4月27日，東京電力は，3ヵ月分の被曝線量の確定作業を行っている過程で，作業に従事していた女性職員が，法令に定める線量限度である3月間で5 mSv を超えていることを確認した．

なお，作業に従事していた者の中には，放射線業務従事者の指定がされていない者がいた．このため，原子力安全・保安院は，東京電力に対して，厳重に注意した．

◆ β線熱傷とは，β線に被曝したことによって火傷のような症状を起こす放射線障害を指す．

6 低線量被曝の影響

本章でここまで見てきたように防護の中に含まれる考え方は，確定的影響を防止し，確率的影響を制限することである．前者は被曝したとしてもしきい値以下に抑えれば達成できるが，後者はなるべく被曝しないようにというだけで，どこまで下げるべきという生物学的基準はない．低線量被曝の影響の有無が明確でないからである．国際放射線防護委員会（ICRP）の1990年勧告によれば，1 Gy の被曝に伴う致死癌のリスクは全年齢平均の過剰死亡数として10万人あたり5000人，すなわち過剰相対リスクとして5%と推定されている［7］．ではこの線量とリスクの関係は，どの程度の低線量まで当てはめられるのだろうか．

本節では，確率的影響である発癌と遺伝的影響のリスクが低線量被曝の領域ではどのように考えられているかについて説明する．

6.1 低線量の範囲

(1) 原爆被爆者の場合

図 I-1-21 に，広島，長崎の原爆被爆者を対象にした追跡調査（寿命調査：life span study）の被曝線量範囲の平均値を横軸に，縦軸には，5 mSv 未満の被曝線量群を対照集団とした非被爆者の癌による死の過剰相対リスク（1950〜97年）を示す．斜めに横切る点線は，高線量域における線量と致死固形癌リスクの直線関係を外挿したものである．丸印は得られた過剰相対リスクが統計的に有意に「5 mSv 未満の被曝によるリスクよりも高い」と判断できるもの，四角印は統計的には「5 mSv 未満の被曝と差がある」と判断できないものを示す．5 → 125 mSv の被曝では有意な発癌リスクが見られるが，これを5 → 100 mSv に絞ると，統計的には発癌リスクが増加しているとは言えない，ということになる．どうやら100〜125 mSv あたりまでは，高線量域に見られる線量とリスクの関係が当てはめられそうである．

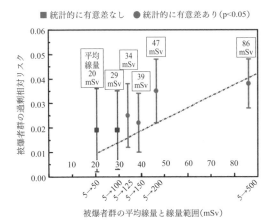

図 I-1-21 原爆被爆者の線量（横軸）と癌による死の過剰相対リスク（縦軸）（［25］を改変）

5 → 100 mSv の被曝線量群では5 mSv 未満との間に有意差が見られなくなる．

◆疫学調査やリスク評価に関する線量については p. 96 参照.

> **♣リスクについての用語解説**
> 　発癌リスクとは，放射線や環境中の変異源にさらされる（曝露される）ことによって増加する可能性のある癌の発生確率である．曝露された集団と対照集団（比較の対象となる曝露されていない集団のこと）との比較により疫学的に求められる．
> 　相対リスクおよび過剰相対リスクについては p. 22 のコラム参照.

(2) 原子力関連産業従事者の場合

　2015 年に報告されたフランス，イギリス，アメリカ 3 か国の原子力関連産業従事者 308,297 人の致死白血病調査結果（図 I-1-22）では，すべての被曝線量域および 300 mGy 未満の被曝線量域を対象とすると，線量に対してリスクの有意な増加（プラスの傾き）が見られるが，100 mGy 未満に絞ると傾きの変動（90% 信頼限界）が減少方向（マイナスの傾き）まで含まれるようになり，有意性は消失する．同じ対象者の致死固形癌のリスクの場合にも，100 mGy 以下の相対リスクは 1 以下にまで変動する（図 I-1-23）．

　原爆被爆者は急性被曝，原子力関連産業従事者は長期慢性被曝であるが，いずれにおいてもこのような発癌リスクの統計的な有意性がなくなる 100～200 mSv 以下を ICRP と UNSCEAR は低線量と定義している．

(3) 理論生物学の場合

　理論放射線生物学的には，生物事象の線量応答関係を示すモデルの一つである直線-二次曲線モデル（linear-quadratic model, 低線量では一次式，高線量では二次式が寄与する）において，染色体異常や細胞生存率を指標として一次式と二次式の寄与がほぼ等しくなる線量が約 200 mGy になるので，これ以下を低線量と考えて良さそうである．これは，前述の疫学モデルからの推定とほぼ一致する．

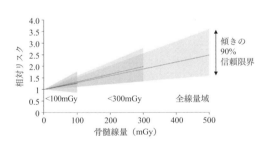

図 I-1-22 原子力関連産業従事者の骨髄線量（横軸）と白血病による死の相対リスク（縦軸）（[26] を改変）

500 mGy 未満，300 mGy 未満の被曝線量群では有意な正の傾きが見られるが，100 mGy 未満では傾きの誤差範囲（90% 信頼限界）が負の傾きも含むようになる．

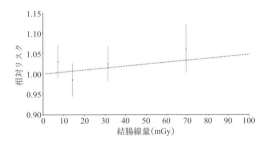

図 I-1-23 原子力関連産業従事者の結腸線量（横軸）と白血病を除く癌による死の相対リスク（縦軸）の関係（[27] を改変）

この線量域では各ポイントの誤差範囲（90% 信頼限界）が 1 以下を含み，相対リスクの有無が統計的には見えなくなる．

6.2 科学的アプローチの限界

(1) 疫学的アプローチの限界

ここまでをまとめると，全年齢平均の過剰相対リスクは 100 mGy あたり 0.5%．それ以下の線量域によるそれ以下のリスクについては，データは不確実な領域に入る．100 mSv という値が社会的に注目される所以である．

不確実な領域に切り込む手法には，疫学的アプローチと実験科学的アプローチがある．しかし，物理的放射線測定の検出限界がバックグラウンドの変動幅により左右されるのと同様に，低線量放射線影響研究においていずれのアプローチを取っても，低線量になればなるほど放射線以外の原因による反応との切り分けができなくなる．

前述のように，疫学的アプローチでは，100〜200 mGy 以下の被曝による癌死亡は，他の要因による癌死のリスクに埋もれてしまい，統計的には切り分け検出ができない．仮に，被曝していない場合の致死癌リスクが 10%，被曝による過剰死亡リスクが 10%/Gy として，被曝による死亡リスクを有意に検出するには，100 mGy で約 6400 人，10 mGy で約 62 万人，1 mGy では 6180 万人の調査対象者数が必要とされている．実際には，生涯で癌で死亡する確率は日本人の場合男性 25%，女性 16%（国立ガン研究センターの 2014 年データに基づく，がん情報サービス），被曝による過剰死亡リスクは 5%/Gy 程度であり，検出はさらに困難となる．

(2) 実験科学的アプローチの限界

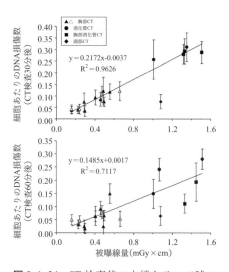

図 I-1-24 CT 検査後の末梢血リンパ球の DNA 損傷（[28] を改変）

横軸は被曝線量，縦軸は細胞あたりに過剰に観察された DNA 損傷数を，損傷修復分子への抗体を用いて調べたもの．上図は検査 30 分後，下図は検査 60 分後．被曝線量に依存して DNA 損傷は増加し，検査後の経過時間とともに修復され減少している．なお，CT 検査による被曝線量は照射線量×照射長（DLP：dose length product）で表される．

実験科学的アプローチは，分子，細胞，動物個体のレベルで多くの知見をもたらし，新たな実験手法の開発により CT 検査後の末梢血リンパ球に生じた DNA 損傷まで検出できるに至っている（図 I-1-24）．そして，100 mGy 以下の線量であっても細胞内の多くの分子が応答することも知られてきた．その中には DNA 損傷に起因するものもあれば，DNA 損傷とは関係なく細胞膜や細胞質で活性化するものもある．それらは，放射線を紫外線や熱や圧力と同じような細胞外からのストレス（刺激）として捉え，刺激を細胞内の酵素反応によりシグナルとして核に伝達し，そのストレスに対処するための遺伝子の発現を促す．

高線量の放射線では DNA の損傷があまりにも大きいので，損傷と修復のバランスが細胞の運命を決定づけるといっていいが，低線量，低線量率では，ストレス応答遺伝子発現が細胞の運命決定に大きく寄与する．そのような遺伝子には，直接的に DNA 損傷修復に関わる分子以外にも，細胞周期の停止や，アポトーシス（細胞の自殺）を誘導するものもある．生き残った細胞の増殖を促進する分子も活性化するが，過度の増殖促進は癌化につながることもある．このように放射線に対する細胞応答がどの段階で発癌に結

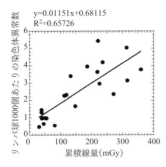

図 I-1-25 中国の高自然放射線地域住民の累積被曝線量と末梢血リンパ球の染色体異常の関係（[29]を改変）

累積線量の増加とともに染色体異常も増加している．

表 I-1-10 中国の高自然放射線地域住民の癌による死の相対リスク（[30]を改変）．いずれの項目においても相対リスクは1に近く，その範囲は1以上から1以下まで変動する

項目		癌死の相対リスク（95％信頼限界）
調査期間	1979–86	1.04 (0.85–1.28)
	1987–95	0.96 (0.80–1.15)
性別	男性	1.02 (0.86–1.20)
	女性	0.95 (0.76–1.20)
年齢	0–59	0.96 (0.80–1.15)
	60以上	1.05 (0.85–1.29)

びつくのかが明らかではなく，また放射線の痕跡を特定して放射線以外の要因による発癌から分別することもできないため，実験科学データと疫学データのリンクはなかなか難しい．

(3) 疫学と実験科学の接点

実験科学から疫学へのリンクの困難さを示す一つの例として，中国の高自然放射線地域住民を対象とした研究がある．この地域は土壌中に天然放射性同位元素の一つであるトリウム-232を多く含み，その崩壊系列にある核種から放出される放射線を日常的に受けている．図 I-1-25 には横軸に住民の累積線量，縦軸に住民の末梢血リンパ球の染色体異常の頻度を示している．累積線量とともに染色体異常が増加することがわかる．ところがこの地域住民の発癌リスクを調べてみると，相対リスクは1以下から1以上まで変動する，つまり発癌リスクの有意な変化は見られない（表 I-1-10）．同様の結果はインドの高自然放射線地域においても見られており，染色体異常と発癌リスクの関係は疫学的には今のところ証明されていない．

(4) 遺伝的影響はあるのか

放射線防護上は癌と同様にしきい値がないと考えられている遺伝的影響が現れるには，生殖細胞に被曝の影響が残ることが最初の条件となる．動物実験では，1 Gy の被曝により，マウスの精原細胞にある遺伝子1個につき，10万分の1の確率で突然変異が生じる．この確率をヒトに当てはめてみると，ヒトの遺伝子の数は 25,000 個程度なので，1 Gy の被曝により 25,000/100,000，すなわち遺伝子1個あたり 0.25 個の変異が入ると推定される．被曝線量が 100 mGy だとすると，0.025 個になる．急性被曝か慢性被曝かなど他にも考えるべき要因はあるが，いずれにせよこの程度の確率の変異による影響が，個体レベルで現れる可能性はきわめて低いと考えられ，事実，これまでの被爆二世健康影響調査では，いかなる有意な影響も見られていない．

6.3 放射線応答の生物学的意味合い

低線量域では，放射線を直接は受けていない細胞に DNA 損傷や微小核形成や突然変異が起こることもある（バイスタンダー効果）．これは細胞間で何らかのシグナルが伝わっていると考えないこと

は説明がつかない．あまりにDNA損傷が少なすぎると，DNA損傷が発見されずに長期間残ることもあるようである．一つの細胞のことだけを考えれば，極低線量ではDNAの損傷が修復されずに長期にわたって残存することが考えられるが，個体内ではこのような細胞は除外され損傷は残存しないこともあり得る．DNA損傷を修復し生存を続けた細胞が，分裂を繰り返した後に突然変異を起こす可能性も示唆されている（遅延型反応，遺伝的不安定性）．ということは，細胞には放射線の痕跡が残されているのだろうか．謎は深まるばかりであるが，このような生物学的には興味深い放射線応答が，個体への影響としては何を意味するのか，生物学的な意味合い（biological significance）を見いだすことは現時点では難しい．ICRPもその点は承知していて，低線量に対する生物の不思議な振る舞いについて，未だ勧告に取り入れるだけの証拠はそろっていないという立場である．

本節のまとめを以下に示す．
- 低線量放射線とは100〜200 mSv以下の線量域のことである．
- 疫学的アプローチによれば，低線量放射線被曝による致死癌のリスク増加分は全年齢で100 mSvあたり0.5％と推定され，それ未満の線量によるリスクの有無は不確実である．
- 実験科学的アプローチでは，低線量放射線に対して多くの分子が応答することが知られているが，発癌との関係はよくわかっていない．
- 低線量放射線による遺伝学的影響は疫学的には見られておらず，生物学的にも確率はきわめて低いと考えられる．

I–2
分子・細胞レベルでの影響

本章では，図I-2-1に示すように，最初に放射線によりどのようにしてDNAが損傷を受け，その後修復されるのかについて，次いでDNA損傷がどのように細胞へ影響を与えるのかについて，さらに細胞の異常が放射線発癌へとどのようにして進展するのかについて説明する．

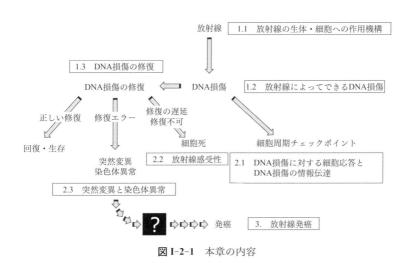

図 I-2-1　本章の内容

1　放射線によるDNA損傷と修復

1.1　放射線の生体・細胞への作用機構

（1）放射線の直接作用と間接作用

放射線が直接，生体内のDNA分子を電離または励起してDNA鎖切断などのDNA損傷を起こす作用を直接作用と言う（図I-2-2上）．

一方，放射線はDNA以外の生体内分子，たとえば水分子を電離し，反応性の高い活性酸素などを生成する．この活性酸素などが2次的にDNA損傷を引き起こす作用を間接作用と言う（図I-2-2下）．

X線やγ線によってできるDNA損傷のうち，約3分の1が直接作用により，残りの約3分の2が

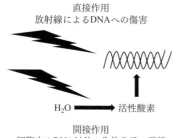

図 I-2-2 放射線による直接作用と間接作用

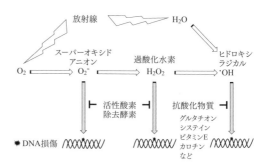

図 I-2-3 放射線により発生する活性酸素とその除去機構

間接作用によると考えられている．

(2) 活性酸素とその除去

生体の約 80 % は水であるため，生体では放射線のエネルギーの 80 % は水に吸収される．

放射線照射により，水からヒドロキシラジカル・OH ができる（図 I-2-3）．ヒドロキシラジカルは非常に反応性が高く，DNA に作用して DNA 損傷を引き起こす．

また細胞内にある酸素も放射線照射によりスーパーオキシドアニオン O_2^- という活性酸素になる．スーパーオキシドアニオン自体の反応性は低いが，細胞内の酵素の働きにより一部が過酸化水素 H_2O_2 になり，その過酸化水素がさらにヒドロキシラジカルとなる．

スーパーオキシドアニオンと過酸化水素には各々に対して細胞内に除去酵素があり，その酵素により除去される．一方，ヒドロキシラジカルはグルタチオンやシステイン，ビタミン E などの細胞内の抗酸化物質により除去される．

(3) LET（線エネルギー付与）

放射線の生物学的効果は，その放射線のエネルギーが細胞に吸収されて起こる電離や励起の量で決まる．

放射線は吸収線量が同じでも，その種類とエネルギーによって電離や励起のミクロな空間分布が異なる．

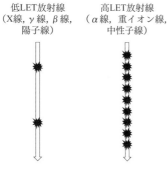

図 I-2-4 LET

放射線（荷電粒子）がその飛跡に沿った単位長さ内で物質に与えるエネルギー量を LET（linear energy transfer，線エネルギー付与）と言う．LET は通常荷電粒子が 1 μm 進む時に物質に与えるエネルギー量で示し，単位には keV/μm が用いられる．LET は粒子の質量や荷電の大きさに比例して増加する．

また放射線のエネルギーが小さいほど LET は大きくなる．LET は定義上，荷電粒子に適用される量であるため，本来は中性子線のような非荷電粒子や X 線や γ 線といった光子に用いることはできない．しかし実際には，これらの放射線が物質と相互作用した際に生じる 2 次荷電粒子によるエネルギー付与を考慮に入れて適用されている．

X線，γ線，β線，陽子線は低LET放射線，α線，重イオン線，中性子線は高LET放射線に分類される．高LET放射線は低LET放射線と比べ，局所により多数かつ多種類のDNA損傷を生じさせる（図I-2-4）．そのため，高LET放射線によるDNA損傷は低LET放射線によるDNA損傷と比べ，修復が困難であると考えられている．

(4) RBE（生物学的効果比）

同じ吸収線量の放射線に被曝した場合でも，その放射線の種類やエネルギーによって生物に対する効果は異なる．

RBE（relative biological effectiveness，生物学的効果比）とは，ある放射線が他の放射線と比べ，どのくらい生物学的効果を有しているかという相対的指標である．具体的には250 keVのX線や^{60}Coのγ線を標準放射線とし，以下の式のように同じ生物学的効果を与える標準放射線と当該放射線の吸収線量の比として表される．

$$\mathrm{RBE} = \frac{\text{ある生物学的効果を引き起こす標準放射線の吸収線量}}{\text{同じ生物学的効果を引き起こす当該放射線の吸収線量}}$$

◆ ある組織の細胞を50%死滅させる吸収線量がX線で2 Gy，中性子線で0.2 Gyとすると，その中性子線のRBEは10ということになる．

1.2 放射線によってできるDNA損傷

細胞が放射線に当たると直接作用および間接作用によりさまざまな種類のDNA損傷ができる．放射線によるDNA損傷の種類は100種以上報告されているが，大別すれば(1)塩基損傷，(2)塩基の遊離，(3)架橋，(4)鎖切断の4種となる（図I-2-5）．

(1) 塩基損傷

放射線照射により，DNAを構成するアデニン，グアニン，シトシン，チミンなどの塩基に化学的な変化が生じることがある．これを塩基損傷と呼ぶ．

発生頻度が高い塩基損傷として，チミングリコールなどが挙げられる．

(2) 塩基の遊離

放射線照射により，DNAの塩基がDNA鎖から遊離することがある．

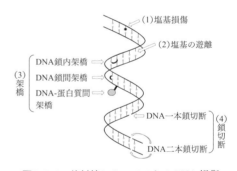

図I-2-5 放射線によってできるDNA損傷

表I-2-1 放射線によるDNA損傷の数 [31]

損傷の種類	1Gyのγ線照射により細胞1個あたりに生じる数
塩基の化学的変化（塩基損傷や塩基の遊離）	～3000
DNA-蛋白質間架橋	150
一本鎖切断	1000
二本鎖切断	40

チミンとシトシンはピリミジン塩基（pyrimidine base），アデニンとグアニンはプリン塩基（purine base）に分類され，塩基の遊離が起こった箇所を脱塩基部位（apyrimidinic/apurinic site，略してAP部位）と呼ぶ．

(3) 架橋

放射線照射によりDNAの塩基同士，あるいはDNA塩基と蛋白質のアミノ酸の間に共有結合が形成されることがある．これを架橋と呼ぶ．

架橋には，一方のDNA鎖の塩基間で起こるDNA鎖内架橋，両方のDNA鎖の塩基間で起こるDNA鎖間架橋，DNA塩基と蛋白質のアミノ酸の間に起こるDNA-蛋白質間架橋がある（図I-2-5）．

(4) 鎖切断

放射線照射により，DNA二重らせんの片方あるいは両方の鎖が切断されることがある．
片方の鎖の切断をDNA一本鎖切断，両方の鎖の切断をDNA二本鎖切断と呼ぶ（図I-2-5）．
1 Gyのγ線照射により細胞1個あたりに生じるDNA損傷の数を表I-2-1に示す．

❖DNAの構造と遺伝情報の流れ

図I-2-6のように，DNAは二本のDNAが互いにからまりあったような「二重らせん構造」をしている．DNAの材料は塩基，糖，リン酸の3つであり，塩基，糖，リン酸からなるヌクレオチドがDNAの最小単位である．ヌクレオチドがリン酸基を介して鎖のようにたくさん連結されてDNAができる（図I-2-6）．

また2本のDNAをつなげているのが，塩基である．塩基にはアデニン（A），グアニン（G），シトシン（C），チミン（T）があり，必ずAはTと，GはCと結合する（図I-2-6）．ATGCGCATなどの塩基の列を塩基配列と呼ぶ．細胞周期のS期でDNAを合成する時には，二重らせん構造をこわして一本鎖にして，その一本鎖DNAの塩基配列をもとにしてDNAを作っていくが，この「AはTとしか，GはCとしか結合しない」というルールがDNA合成の正確さを保証している．

このDNAの塩基配列は組織や臓器が正しく働くために極めて重要である．細胞の中で実際に働いて組織や臓器の機能を担っているのは蛋白質やRNAであるが，DNAは蛋白質やRNAなどの「俳優」が働くための，いわば「脚本」である（図I-2-7）．DNAの塩基配列はその脚本の文章と考えることができる．RNAはDNAと同じく塩基が並んだ鎖であるが，チミンの代わりにウリジン（U）を使う．RNAはDNAの塩基配列をもとに作られる．

蛋白質はアミノ酸がたくさんつながった鎖であるが，どのアミノ酸をつなげるかはDNAの塩基配列が指定している．DNAに損傷ができ，それが正しく修復されなかった場合，DNAの塩基配列が変わる．DNAの塩基配列が変われば，RNAの塩基配列も蛋白質のアミノ酸配列も変わる．その結果，RNAや蛋白質が働けなくなってしまったり，働きが異常に亢進してしまったりすることがある．正確なDNA修復が細胞や組織にとって極めて重要な理由がここにある．

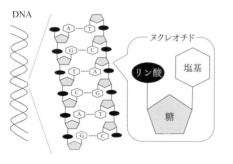

図 I-2-6　DNAの構造

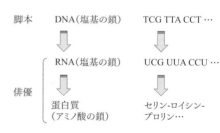

図 I-2-7　遺伝情報の流れ

1.3 DNA 損傷の修復

細胞には DNA 損傷を修復する酵素や蛋白質が備わっており，それらの修復蛋白質の遺伝子を欠損すると放射線高感受性になる．

修復蛋白質群が協調し，正しい順序で働く一連の流れを修復経路と呼ぶ．修復経路は DNA 損傷の種類によって異なる．

ここでは研究が進んでいる塩基損傷，AP 部位，鎖切断の修復経路を概説する．架橋の修復に関してはまだ不明な点が多いため，ここでは触れない．

(1) 塩基損傷の修復

塩基損傷の修復は，損傷塩基を除去し，損傷がない相補鎖*を鋳型として除去した部分を再構築する．これを塩基除去修復と言う．図 I-2-8 のように，塩基除去修復は，①損傷塩基の認識と除去（AP 部位の生成），②AP 部位の切断，③DNA 合成，④DNA 鎖の連結の 4 つのステップを経て行われる（*はコラム「用語解説」を参照）．

(2) 塩基が遊離した部位（AP 部位）の修復

AP 部位の修復は，塩基除去修復の②AP 部位の切断以降と同じ経路で行われる（図 I-2-8）．

(3) 一本鎖切断の修復

DNA 一本鎖切断は，塩基除去修復の②AP 部位の切断後と同様に DNA

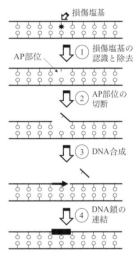

図 I-2-8 塩基除去修復

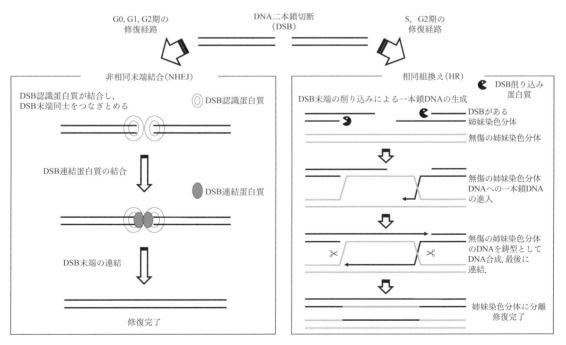

図 I-2-9 DNA 二本鎖切断の主要な修復経路

合成およびDNA鎖の連結を経て修復される（図I-2-8）．一本鎖切断は次項の二本鎖切断と比べて修復しやすい損傷である．

(4) 二本鎖切断の修復

ヒト細胞においてDNA二本鎖切断（double-strand break，略してDSB）は，主に非相同末端*結合（non-homologous end-joining，略してNHEJ）と相同組換え*（homologous recombination，略してHR）の2つの修復経路により修復される（図I-2-9）．

非相同末端結合はヒト細胞においては，細胞周期（後述のコラム参照）のG1期，G2期，また休止期（G0期）における主要な修復経路である（図I-2-9左）．非相同末端結合では，まずDSB末端にDSB認識蛋白質が結合し，DSB末端同士が離れてしまわないようにつなぎとめる．次にDSB認識蛋白質を目印としてDSB連結蛋白質が来て，DSB末端同士を連結し，修復が完了する．

これに対し，相同組換えは姉妹染色分体*の相同配列*を鋳型として用いるため，DNA合成により姉妹染色分体が形成されるS期後期からG2期にかけて働いている．特にS期で起こったDNA二本鎖切断は通常相同組換えによって修復される．相同組換えではまずDSB削り込み蛋白質がDSB末端の片方のDNA鎖を削り込み，一本鎖DNAを作る．このDSB末端の削り込みによる一本鎖DNAの生成は，損傷DNA鎖が無傷の姉妹染色分体DNAへ進入するために必須である．一本鎖DNAの姉妹染色分体DNAへの進入後は，無傷の姉妹染色分体DNAを鋳型としてDNA合成が行われ，最後に連結されて修復が完了する．

▼用語解説

・相補鎖
　DNA二重らせんを構成する2本のDNA鎖のうち，片方のDNA鎖に対するもう片方のDNA鎖のことを相補鎖と呼ぶ．
・相同配列
　あるDNAと同じ塩基配列をそのDNAの相同配列と言う．
・非相同末端
　1個のDNA二本鎖切断は2個の切断末端を有しているが，その2個の切断末端周辺のDNA配列が互いに異なる場合，それらの2個の切断末端のことを非相同末端と呼ぶ．
・染色体
　DNAは細胞内で1本1つながりで存在しているわけではなく，何本かに分かれている．その1本1本のことを染色体と呼ぶ．正常なヒトは46本の染色体を持っている．
・姉妹染色分体
　細胞周期がS期に進行すると，今あるDNAを鋳型にしてDNAの複製（合成）が行われ，それぞれの染色体と同じ配列を持つ染色体がもう1セットできる．DNA合成前からあった染色体と新しく合成された染色体を合わせて姉妹染色分体と呼ぶ．姉妹染色分体はS期とG2期においては束ねられて互いに隣接している．
・相同組換え
　DNA二本鎖切断修復経路の一つ．細胞周期のS期とG2期に行われる．姉妹染色分体の片方にDNA二本鎖切断ができた時に，もう片方の無傷の姉妹染色分体のDNA配列を鋳型にして修復を行う．図I-2-9を参照．

2 DNA損傷の細胞への影響

2.1 DNA損傷に対する細胞応答とDNA損傷の情報伝達

放射線照射後の細胞の応答には，細胞周期チェックポイントと細胞死がある．なお細胞周期に関してはコラムを参照のこと．

(1) 細胞周期チェックポイント

細胞周期チェックポイントとは，ある細胞周期の時期にいる細胞が放射線に被曝してDNA損傷ができた時に，次の時期への進行を停止する現象である．

放射線照射後に起こるチェックポイントとしては，G1期からS期への進行を抑制するG1チェックポイント，DNA合成を停止させるSチェックポイント，G2期からM期への進行を抑制するG2チェックポイントの3つがある．

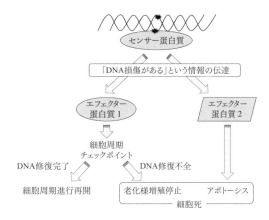

図 I-2-10　細胞周期チェックポイントと細胞死

DNA損傷ができると，まずそれをセンサー蛋白質が認識し，センサー蛋白質は「DNA損傷がある」という情報をエフェクター蛋白質1に伝える．そして情報を受けたエフェクター蛋白質1がチェックポイントを誘導し，細胞周期が停止する（図I-2-10）．

DNA損傷の修復が完了すればチェックポイントは解除され，細胞周期の進行は再開される．しかしDNA損傷が修復できなかった場合，チェックポイントが永久的に解除されず，次項で述べる老化様増殖停止が起こることがある．

▼細胞周期

細胞周期とは細胞が分裂増殖する際，1つの細胞が分裂して2つになるまでに経由する4つの時期であり，その時期にはG1期，S期（DNA合成期），G2期，M期（分裂期）がある（図I-2-11）．自

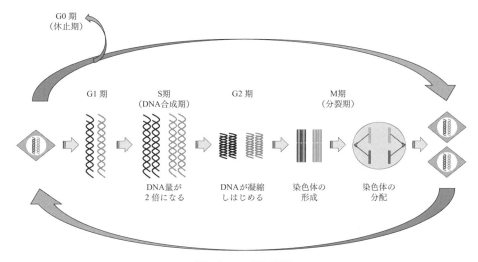

図 I-2-11　細胞周期

身が持つ DNA を量的・質的に正確に 2 つの細胞に伝えるため，まず S 期で DNA を合成して DNA 量を 2 倍にし，M 期で DNA を均等に 2 つの細胞に分配する．G1 期では DNA 合成の準備，G2 期では細胞分裂の準備を行う．また G1 期は細胞増殖を継続するか，それとも細胞周期から離脱するかを決定する時期である．細胞周期から離脱し，細胞増殖をしていない時期は G0 期（休止期）と呼ばれ，ヒトの体の多くの細胞はこの G0 期にある．

（2）細胞死

細胞は放射線に被曝すると死ぬことがある．これを細胞死と言う．

放射線による主な細胞死にはアポトーシスと老化様増殖停止がある（図 I-2-10）．アポトーシスは細胞そのものが壊れてなくなる死に方であり，老化様増殖停止は細胞の形はあるが，二度と分裂増殖しないという死に方である（コラムを参照）．老化様増殖停止は前項で述べた細胞周期チェックポイントが永久的にかかり続けている状態である．

どちらの細胞死も細胞周期チェックポイントと同様に，DNA 損傷を認識したセンサー蛋白質が「DNA 損傷がある」という情報をエフェクター蛋白質に伝え，エフェクター蛋白質が細胞死を引き起こす（図 I-2-10）．DNA 損傷を認識するセンサー蛋白質は細胞周期チェックポイント，アポトーシス，老化様増殖停止のすべてに共通である．エフェクター蛋白質は細胞周期チェックポイントと老化様増殖停止では共通するが，アポトーシスでは異なる．図 I-2-10 中のエフェクター蛋白質 1 は細胞周期を停止させる働きがあり，エフェクター蛋白質 2 はアポトーシスを実行する働きがある．

放射線照射後どちらの細胞死が起こるかは，組織・臓器や細胞の種類によって異なる．たとえば，白血球系細胞や神経細胞はアポトーシスを起こす．一方，大半の上皮細胞や間質細胞は，老化様増殖停止を起こす．ただし，消化管の上皮細胞は，アポトーシスを起こす細胞が多い．組織レベルで見ると，骨髄・脾臓・胸腺などでは，組織内でアポトーシスで死ぬ細胞が顕著である．一方，肺・肝臓・乳腺・甲状腺などでは，アポトーシスの誘導は顕著ではなく，大半の細胞は老化様増殖停止を誘導する．それぞれの組織・臓器の細胞がエフェクター蛋白質 1 と 2 をどのように使い分けて，2 つの細胞死を選択しているのかはまだわかっていない．

▼老化様増殖停止

まず細胞老化について概説する．ヒトの体細胞の分裂回数は有限であり，一定の回数分裂するともうそれ以上分裂増殖しなくなる．この状態を細胞老化と言う．老化した細胞の特徴は若い細胞と比べサイズが大きいことや老化関連 β ガラクトシダーゼ陽性であることなどがある．この細胞老化の主な原因としては，テロメア DNA の短縮がある．テロメア DNA とは染色体末端に存在する TTAGGG（T はチミン，A はアデニン，G はグアニン）という 6 塩基が数百〜数千単位で繰り返されている配列であり，分裂のたびに短縮している．テロメアは構造的には DNA 二本鎖の末端であるため，そのままでは細胞に DNA 二本鎖切断として認識され，細胞周期チェックポイントや細胞死を引き起こしてしまう．

しかし老化していない細胞ではシェルタリンと呼ばれる蛋白質複合体がテロメアに結合して，テロメアが DNA 二本鎖切断として認識されないようにしている．

ところが分裂回数を重ねてテロメアが短縮するとシェルタリンが結合できなくなり，その結果テロメアが DNA 二本鎖切断として認識され，細胞周期が停止する．これが細胞老化である．

放射線を照射すると，上記の老化細胞と非常によく似た形態の細胞が出現することがある．この現象は老化様増殖停止と呼ばれ，細胞サイズの増大や老化関連 β ガラクトシダーゼ陽性など普通の細胞老化と共通の特徴を有するが，テロメアが短くなっていないという点が細胞老化と異なる点である．

老化様増殖停止を起こした細胞は DNA や蛋白質の合成はしているものの，分裂増殖しない．放射線生物学では，放射線照射後の生存率を「コロニー」と呼ばれる肉眼で見えるまでに増殖した細胞集団の数をカウントすることによって定量するが，老化様増殖停止を起こした細胞はコロニーを形成し

ない．そのため，放射線生物学では老化様増殖停止も細胞死に分類される．

2.2 放射線感受性

放射線感受性とは，細胞の放射線による「死にやすさ」を意味する言葉である．

放射線感受性に影響を与える因子としては，DNA損傷修復やチェックポイント，細胞死に関連する蛋白質の発現量や活性が挙げられる．

DNA損傷修復の中でも特にDNA二本鎖切断修復は放射線感受性に密接に関わっており，DNA二本鎖切断修復にかかわる遺伝子を先天的に欠損したヒトは細胞レベルでも個体レベルでも放射線感受性が高い．これは修復が進まないために多くのDNA二本鎖切断が長時間残存し，DNA損傷の情報が持続的に細胞死を誘導するエフェクター蛋白質に伝達されるためと考えられる．

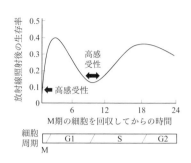

図 I-2-12 細胞周期と放射線感受性（[32] を改変）

放射線感受性は細胞周期によっても異なる．G1期からS期への移行期とM期は放射線感受性が高く，G1期の前半とS期の後半では放射線抵抗性となる（図I-2-12）．

正常組織の放射線感受性については，BergoniéとTribondeauが1906年に提唱した，ベルゴニエ・トリボンドーの法則がある．以下の3つである．

- 細胞分裂頻度の高い組織ほど放射線感受性は高い．
- 将来起こりうる細胞分裂の回数が多い組織ほど放射線感受性は高い．
- 形態および機能が未分化な組織ほど放射線感受性は高い．

この法則は多くの正常組織および悪性腫瘍に当てはまるが，例外もある．たとえば末梢血リンパ球は細胞分裂の頻度は低いが，放射線感受性は高い．

2.3 突然変異と染色体異常

放射線照射により，突然変異と染色体*異常が起こる（*はコラム「用語解説」を参照）．

突然変異とは，たとえばアデニン（A）がグアニン（G）に変わってしまうといった，DNA塩基の置換のことを指す．突然変異は主に塩基損傷の修復ミスによって起こる．

染色体異常は細胞内にできた複数のDNA二本鎖切断がつなぎ変わることによってできる．すなわち，染色体異常はDNA二本鎖切断の修復ミスによって起こる．染色体異常には，転座，欠失，逆位，挿入などがある（図I-2-

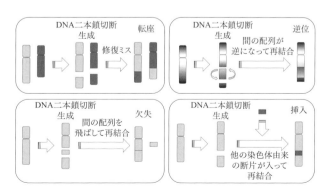

図 I-2-13 放射線によって起こる染色体異常

13).

　突然変異も染色体異常もDNA配列情報の変化であり，蛋白質を指定する遺伝子領域に起これば，蛋白質のアミノ酸配列が変わり，その蛋白質の機能変化を起こす可能性がある．たとえば，たった1個の塩基置換によるアミノ酸1個の変化が，細胞増殖に重要な蛋白質の機能亢進を引き起こしたり，癌抑制蛋白質の癌抑制機能を失わせたりする．癌関連遺伝子領域における突然変異や染色体異常はさまざまな癌や白血病，リンパ腫で高頻度に見られる．

3 放射線発癌

3.1 放射線の発癌性

　原爆被爆者の疫学調査や，動物・培養細胞を用いた研究から，放射線には発癌作用があることがわかっている．また上記の通り，放射線は突然変異や染色体異常を誘発するし，突然変異や染色体異常は癌で高頻度に見られるゲノム変化である．

　このことから，放射線は突然変異や染色体異常を生成することにより発癌を引き起こしていると考えがちであるが，これはまだ科学的に証明されていない．証明が難しい理由は，DNA損傷は放射線に被曝しなくても，DNA合成時や細胞内で発生した活性酸素などにより絶えず生成しているためであり，放射線により特異的に起こるDNA損傷や突然変異，染色体異常は存在しないためである．

　放射線は発癌の頻度を上げる作用はあるものの，放射線発癌は自然発癌と同じメカニズムで起こっていると考えられる．すなわち放射線発癌のメカニズムを知るためには，まず自然発癌のメカニズムを知る必要がある．

3.2 癌における細胞増殖コントロールの異常

　自然発癌のメカニズムはまだわかっていない点も多いが，少なくとも言えるのは，癌は複数の遺伝子の変異や欠失が原因となって起こる病気であるということである．多くの癌で高頻度に見られるのは，細胞増殖にかかわる遺伝子（*ras*や*c-myc*など）や細胞周期チェックポイントや細胞死にかかわる遺伝子（*p53*や*p16*など）の変異や欠失である．これが，癌細胞の特徴である無秩序な細胞増殖の原因となっている．

　細胞増殖や細胞周期進行にはアクセル役の蛋白質とブレーキ役の蛋白質がおり，正常細胞であれば，両者が共に適切に「絶妙なバランス」で働いている（図I-2-14）．すなわち正常細胞は増殖すべき時は細胞周期進行を促進し，増殖を停止すべき時には細胞周期を停止させる．

　しかしながらアクセル蛋白質やブレーキ蛋白質を指定する遺伝子が変異した癌

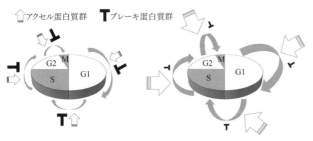

(a) 正常細胞の細胞周期進行　　(b) 癌細胞の細胞周期進行

アクセル蛋白質群とブレーキ蛋白質群が共に適切に「絶妙なバランスで」働いている

遺伝子変異によりアクセル蛋白質の機能が亢進し，またブレーキ蛋白質の機能が喪失or減弱して細胞の無秩序な分裂増殖が起こっている

図 I-2-14　正常細胞と癌細胞における細胞周期進行

細胞では，アクセル機能が亢進したり，ブレーキ機能が減弱・喪失したりしており，細胞増殖のコントロールが異常になっている．

3.3 多段階発癌

発癌に必要な数個の遺伝子の変異や染色体異常は一度に起こるわけではなく，数年から数十年かけて多段階的に起こる．たとえば発癌にはアクセル遺伝子 A，B とブレーキ遺伝子 X，Y の変異が必要であるとすると，それらの遺伝子の変異は図 I-2-15 のように起こると考えられる．まず正常な細胞集団の中に 1 個アクセル遺伝子 A が変異してアクセル機能が亢進した細胞が出現し，この変異が増殖に有利なため，アクセル遺伝子 A 変異細胞が大勢を占めるようになる．

次にアクセル遺伝子 A 変異細胞の集団中にアクセル遺伝子 A に加えて B も変異した細胞が出現する．A＋B の変異は A のみの変異よりも増殖に有利に働くため，今度はアクセル遺伝子 A＋B 変異細胞が大勢を占めるようになる．

次にアクセル遺伝子 A＋B 変異細胞の集団中にブレーキ遺伝子 X も変異した細胞が出現する．A＋B＋X の変異は A＋B の変異よりも増殖に有利に働くため，アクセル遺伝子 A＋B およびブレーキ遺伝子 X 変異細胞が大勢を占めるようになる．

次にその集団の中に A，B，X に加え，ブレーキ遺伝子 Y も変異した細胞が出現する．遺伝子 A，B，X，Y すべてが変異した A＋B＋X＋Y の変異細胞は癌細胞であり，A＋B＋X の変異細胞よりも増殖が旺盛で A＋B＋X の変異細胞を駆逐し，大勢を占めるようになる．

癌の種類によって発癌に必要な変異遺伝子の種類や数は異なるものの，多段階的な遺伝子変異が発癌の基本的なメカニズムであることは多くの癌研究者に認められている．放射線はその DNA 傷害作用により，発癌に必要な遺伝子変異や染色体異常の生成頻度を上げている可能性が考えられる．

また放射線は細胞死を誘導するため，死細胞の周囲の生き残った細胞はそれを補うために増殖する．その増殖がもし発癌に必要な変異遺伝子のいくつかを持った細胞に起これば，放射線による細胞死が変異細胞の増殖を促進し，発癌の進行につながることになる．

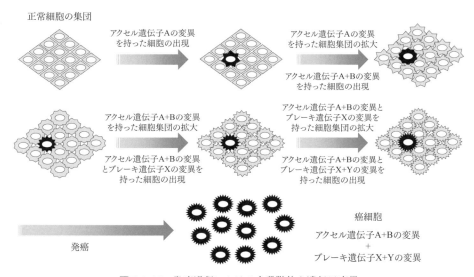

図 I-2-15 発癌過程における多段階的な遺伝子変異

◆免疫による癌細胞の除去

　免疫が体内に発生した癌細胞を除去する機構が存在し，これを腫瘍免疫と呼ぶ．癌細胞は正常細胞にはない抗原を発現することがあり，これを腫瘍特異抗原と呼ぶ．細胞傷害性 T 細胞などの免疫細胞は，この腫瘍特異抗原を発現する癌細胞を「非自己」とみなし，攻撃する．

　しかしながら，癌細胞側も腫瘍免疫から逃れる戦略を持っている．その一例が癌細胞表面におけるPD-L1 蛋白質の発現である．細胞傷害性 T 細胞の表面には PD-1 と呼ばれる蛋白質があるが，PD-L1 は PD-1 と結合し，細胞傷害性 T 細胞による癌細胞の攻撃を抑制する．

　最近，ニボルマブという PD-1 に着目した癌の分子標的薬の販売が開始された．ニボルマブは細胞傷害性 T 細胞表面の PD-1 に結合することで PD-1 と癌細胞表面の PD-L1 が結合するのを阻害する．その結果，細胞傷害性 T 細胞は PD-L1 を発現する癌細胞を攻撃することができるようになる．

　ニボルマブは悪性黒色腫，腎癌，肺癌などで有効性が報告されている．

第 II 部

放射線の基礎

　ここでは，放射線・放射能の物理的性質から測定，放射線化学反応，被曝低減の枠組みと線量評価に至るまでを学ぶ．

　最初に，微視的な視点から見た放射線・放射能の基礎と放射線と物質との相互作用の基礎を学ぶ．相互作用とは放射線と物質との間でのエネルギーのやりとりの過程であり，物質に付与されたエネルギーが引き起こす電離や励起などの物理的過程を経て，エネルギーが電気信号に変換されることで放射線を検出していることを理解し，放射線の数値化・可視化を可能としたさまざまな測定器について学ぶ．また，与えられたエネルギーが物質中で引き起こすさまざまな化学反応（放射線化学反応）についても学ぶ．

　実用の場（作業環境）における外部・内部被曝評価のための測定の基礎，生活環境および地球環境から見た放射能・放射線とその測定の例について学び，最後に，被曝低減の枠組みと測定した線量の評価の考え方について学ぶ．

II-1
放射線の性質

1 放射線・放射能の性質

1.1 放射線・放射能の基本的性質

(1) 放射線

　放射線には，α線（ヘリウム原子核），β線（電子，陽電子）のように原子核の壊変に伴って放出される運動エネルギーを持つ粒子や，γ・特性X線のような光子（電磁波），宇宙線や加速器から得られる高速のイオンやμ粒子，中性子，さらには荷電粒子が制動を受けて速度を変える際に放射される電磁波である制動放射線（連続X線やシンクロトロン光）などがある．

　表II-1-1に示すように，放射線にはα線やβ線のような荷電粒子と中性子や光子のような非荷電粒子がある．荷電粒子は，直接物質と相互作用を起こすが，非荷電粒子の場合は，二次的に発生する荷電粒子が相互作用を起こす．光子を除いて，質量のある放射線の速度は真空中の光速度を超えることはない．速度が速くなるにつれ粒子のエネルギーが高くなる．質量を持たない光子の速度は光速度である．

表 II-1-1　放射線の分類

分類	放射線の種類	相互作用のしかた
荷電粒子	重粒子線，α線，陽子線等	直接，相互作用する
	β線，電子線	
非荷電粒子	X線，シンクロトロン光，γ線（電磁波＝光子）	2次荷電粒子線を発生して，間接的に相互作用する
	中性子線	

　放射線のエネルギーは，一般的に化学的エネルギーに比べて桁違いに大きい．この違いは，化学的エネルギーは原子分子の電子の結合エネルギーに関係しているが，放射線は原子核の結合エネルギーに関係していることから来ている．

　◆法令では，放射線は，直接または間接的に空気を電離する能力を持つものと定義されている．

(2) 放射能

　放射能とは原子核が放射線を放射して壊変する性質で，その強さを放射能強度と言う．放射能強度の物理的意味は，単位時間あたりの壊変数で，Bq（＝/s）（ベクレル）で表す．

1.2 原子核の基本的性質

(1) 用語

はじめに原子核に関する基礎的な用語を簡単に説明する．

- 原子番号（Z）：原子核を構成する陽子数．Zにより原子の種類が決まる．原子は現在$Z=118$番まで存在が確認されている．
- 質量数（A）：中性子数（N）と陽子数（Z）の和である．$A = N + Z$．
- 核種：ZとNで指定される原子核を指す．
- 同位体または同位元素（アイソトープ）：陽子数が同じで中性子数の異なる原子核の総称．安定なものを安定同位体と言う．別の原子核に壊変する原子核を放射性同位元素（ラジオアイソトープ）あるいは，不安定核とも言う．日本ではRIとも呼んでいるが，国際的な呼び方ではない．
- 核異性体（アイソマー）：ある核種において測定可能な半減期を持つ励起状態を，基底状態にある核種と区別して核異性体と言う．核異性体は質量数の次に記号mを，基底状態には必要であればgを付ける．たとえば質量数60，$Z=27$のCoの核種^{60}Coには，半減期（4節参照）が$T_{1/2}=5.27$年の基底状態と，$T_{1/2}=10.5$分の励起状態（核異性体）がある．区別する時は，^{60g}Co，^{60m}Coとそれぞれ書く．核異性体が複数存在するときは記号mのあとに番号を付け，m_1, m_2のように書く．

(2) 原子核の構成粒子

原子は電子と原子核から成り立ち，その原子核は陽子と中性子からなる．陽子と中性子を総称して核子と言う．この核子はクォークで構成され，クォークには6種類存在する．物質の究極的要素としてクォークの他にレプトンがある．レプトンとは「軽い粒子」の意味であり，電子，μ粒子，τ粒子，ニュートリノがある．原子・原子核・クォークのおおよその大きさを図II-1-1に示す．原子を野球場にたとえると，原子核はボール程度の大きさになる．最近では，大型の加速器を用いて反陽子と陽電子による反物質の研究も進められている．

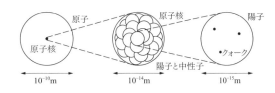

図 II-1-1 原子，原子核，クォークの大きさ [1]

2 放射性同位元素の壊変

2.1 壊変様式

主な壊変様式について表II-1-2に示す．表中のνはニュートリノ（中性微子）を示す．また壊変する原子核を親核，壊変先の原子核を娘核とも言う．

(1) α壊変

α壊変では，親核がトンネル効果によりヘリウム原子核であるα粒子を放出して原子番号が2，質

表 II-1-2　主な壊変様式

壊変	記号	放出放射線	壊変過程	観測される領域
α壊変	α	^{4}He 原子核	$^A_Z X \to ^{A-4}_{Z-2}Y + ^4He^{2+}$	$Z > 83$ の核種の場合が重要
β壊変	β^-	e^-	$^A_Z X \to ^A_{Z+1}Y + e^- + \bar{\nu}$	中性子過剰の核種
	β^+	e^+	$^A_Z X \to ^A_{Z-1}Y + e^+ + \nu$	中性子不足の核種
	EC	娘核種の特性X線	$^A_Z X + e^- \to ^A_{Z-1}Y + \nu$	中性子不足の核種
γ遷移	γ	光子	$^A_Z X \to ^A_Z X + \gamma$	励起状態からの脱励起
内部転換	IC	電子，特性X線	原子核の励起エネルギーが電子殻に移る	特に低励起エネルギーにおいて重要
自発核分裂	SF	核分裂片，中性子，光子	原子核が二つ以上の核種に分裂する	$Z \gtrsim 100$ の偶-偶核

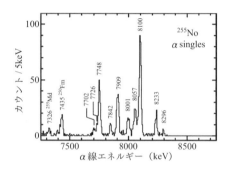

図 II-1-2　α線の線スペクトルの例 [2]

^{255}No（ノーベリウム）のα壊変に伴うα線のスペクトル．飛び飛びのエネルギー（線スペクトル）になっている．

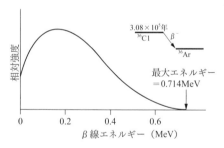

図 II-1-3　^{36}Cl のβ線スペクトル [3]

量数が4少ない娘核に変化する．α線は単色のエネルギーを持ち，線スペクトルを示す．娘核もわずかではあるが反発するエネルギー（反跳エネルギー）を持つ．親核が娘核の基底状態だけでなく励起状態にもα遷移するときには，α線はいくつかの線スペクトル成分を持つ（微細構造）（図II-1-2）．

◆スペクトルとはその物理量を特徴づけるある成分の大小順に並べた頻度分布を言い，エネルギーの順に並べた頻度分布をエネルギースペクトルと言う．

(2) β壊変

β壊変には3種類あるが，どの様式の壊変も電子の放出あるいは捕獲を伴い，同じ質量数を持つ原子核（同重核と言う）の間で壊変する．壊変により原子番号は1だけ変化する．

1) β^- 壊変

電子（e^-）であるβ^-線と相互作用のきわめて弱い中性の微粒子であるニュートリノ（ここでは正しくは反ニュートリノ$\bar{\nu}$）を放出する．原子核の内部で，原子核を構成する一つの中性子（n）が次のように陽子（p）に変化する．

$$n \to p + e^- + \bar{\nu} \tag{1.1}$$

このとき娘核のZは1だけ増加する．β^-壊変エネルギーをQ_β，娘核の基底状態へβ遷移する時のβ^-線の最大エネルギーをE_{max}とすると，β線の質量は娘核の質量に比べ無視できるので，$E_{max} \approx Q_\beta$である．図II-1-3に示されるように，放出されるβ線はニュートリノとエネルギーを分け合うので連続スペクトルを示す．ニュートリノは通常の検出器では検出されない．

2) β^+ 壊変

陽電子（e^+，ポジトロン）であるβ^+線とニュートリノを放出する．原子核を構成する一つの陽子が次のように変化して，Zは1だけ減少する．

$$p \to n + e^+ + \nu \tag{1.2}$$

このとき，次の3）で述べる軌道電子捕獲の過程も競合して起こる．β^+線はβ^-壊変と同様に，連続

スペクトルを示す。β⁺線が物質中で減速されて止まると、近傍の電子と結合し2本の511 keVのγ線（消滅γ線と呼ばれる）が放射される。

3）軌道電子捕獲（electron capture：EC）壊変

原子を構成する軌道電子が親核に取り込まれニュートリノを放出する。Zは1だけ減少する。通常はK軌道電子が吸収される。その結果、K軌道に空孔が生じ、より外側のL, Mなどの軌道電子が空孔を埋めるさいに、軌道のエネルギー差に相当する特性X線（III-4章参照）が放出される。場合によっては、特性X線の代わりに、外側の軌道電子が放出されるオージェ効果（Auger effect）という現象も起こる。その時放出される電子をオージェ電子と言う。

> **▼線スペクトルと連続スペクトル**
> 壊変エネルギーが放出粒子に分配されるとき、エネルギーおよび運動量保存則を満たさねばならないので、放出粒子数に依存して、放出粒子は単色のエネルギーを持つ線スペクトルになる場合とエネルギーが連続分布する連続スペクトルになる場合の二通りがある。α壊変ではα粒子と娘核の2粒子が関与するので、α線は線スペクトルとなる。一方β壊変ではβ線、娘核、ニュートリノという3粒子が関与するので、放出されるβ線は零から最大エネルギーまでの任意の値を取るため連続スペクトルとなる。
>
> α粒子のエネルギー$E_α$では、親核、娘核、α粒子の原子質量をそれぞれm_X, m_Y, $m_α$とし、壊変エネルギーを$Q_α$とすると、簡単な計算により$E_α = Q_α\{m_Y/(m_Y+m_α)\}$となり、確かに線スペクトルになる。ここで$Q_α = \{m_X - (m_Y + m_α)\}c^2$である。$c$は光速。

(3) γ遷移

原子核がエネルギーの高い状態（励起状態）から低い状態に遷移する際に電磁波であるγ線を放射する。これをγ遷移あるいはγ放射と言う。質量数、原子番号ともに変わらない。γ線による原子核の反跳は通常無視できるので、γ線のエネルギーは原子核の遷移するエネルギー準位差に相当し、γ線は線スペクトル（γ線スペクトルの例については、図II-2-7を参照）となる。核異性体からのγ遷移を特に核異性体転移（isomeric transition：IT）と呼ぶ。原子核の励起状態は通常は測定できないほど短い。

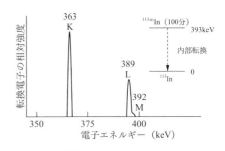

図II-1-4 ¹¹³ᵐInの393 keV準位から発生する内部転換電子スペクトル [3]

励起状態にある原子核がその励起エネルギーを放出するときγ線を放射しないで、原子核と軌道電子との直接相互作用により、軌道電子が放出される現象を内部転換（internal conversion：IC）と言い、放出される電子を内部転換電子と言う。図II-1-4に内部転換電子スペクトルの例を示す。

内部転換電子とγ線との強度をそれぞれI_e, $I_γ$とするとき、その強度比を内部転換係数と言い、

$$\alpha = I_e/I_γ \tag{1.3}$$

で定義される。内部転換が起こると軌道電子が放出されるので、原子は励起状態となる。通常外側の軌道からその軌道に電子が遷移し、特性X線を放射する。場合によっては、特性X線を放出しないでオージェ効果が起こることがある。

> **▼内部転換とオージェ効果**
> 内部転換という現象は原子核が励起状態にあるときに起こり、オージェ効果は原子が励起状態にあるときに起こる。ともに励起状態にある原子核と軌道電子、あるいは励起原子と軌道電子との直接相

互作用により電子が放出される現象であり，いったんγ線あるいは特性X線が放出されて，軌道電子がはじき出されるのではない．

γ線と特性X線はともに電磁波であり，

$$E = h\nu = hc/\lambda \tag{1.4}$$

で決まる振動数 ν と波長 λ がある（III-4 章を参照）．ここで E は電磁波のエネルギー，h はプランク定数 6.626×10^{-34} J·s，c は光速度 2.99×10^8 m/s である．本書では原子核内から放出される電磁波を γ 線，原子核外から放出される電磁波を X 線と呼び，発生場所で区別する．

なお，X 線の発生機構および性質については III-4 章で述べる．

(4) 自発核分裂

陽子数と中性子数がともに偶数の原子核を偶-偶核といい，非常に重い偶-偶核が自然に二つに，稀には三つ以上に分裂する現象を自発核分裂（spontaneous fission：SF）と言う．通常は，α 壊変と競合して SF が同時に起こる．このとき，数個の中性子の放出を伴う．

壊変のうち，ある特定の壊変が起こる割合をその分岐比と言う．天然放射性元素では ^{238}U が唯一の SF の例であり，SF の分岐比は 5.7×10^{-6} % である．SF を起こす人工放射性核種には中性子源として利用されている ^{252}Cf（$T_{1/2}$ = 2.6 年，SF の分岐比 3.1 %，α 壊変の分岐比 96.9 %）や ^{240}Pu，^{244}Pu などがあり，超ウラン元素の中に多く見られる．

2.2 原子核の安定性

現在，存在が確認されている核種は約 3000 種あり，そのうち安定核種は約 260 個である．さらに 4000〜6000 個の未知核種が存在すると予測されている．原子核が一つのまとまった原子核として存在するときは，その原子核を構成している陽子と中性子がばらばらになっているときの質量の総和より，その原子核質量（M_A）が小さい．その質量差を質量欠損 ΔM と言う．

$$\Delta M = (ZM_p + NM_n) - M_A > 0 \tag{1.5}$$

ここで，M_p と M_n は陽子と中性子のそれぞれの質量である．相対論ではエネルギーと質量が等価であるので，この質量欠損に相当するエネルギー ΔE を原子核の結合エネルギーと言い，

$$\Delta E = \Delta M c^2 \tag{1.6}$$

で表される．原子核の核子 1 個あたりの結合エネルギーは約 8 MeV であるが，質量の軽い領域と重い領域にある原子核は中間にある原子核より結合エネルギーが少し小さい．この性質により，U は二つの軽い原子核に分裂することにより，また重水素と三重水素がより質量数の大きい原子核に核融合することにより，すなわち結合エネルギーがより大きい方に反応することにより，莫大なエネルギーを放出する．

◆電子ボルト（eV）とは，電気素量 e の電荷を持つ粒子が電位差 1V の 2 点間で加速されるときに得るエネルギーであり，$1\text{eV} = 1.602 \times 10^{-19}$ J，$1\text{MeV} = 10^6$ eV である．

結合エネルギーがゼロになるところが原子核の存在限界である．それより外側では原子核はもはや存在しない．存在限界内にある不安定原子核は α あるいは β 壊変して，エネルギーを放出し，ついには安定核種になる．β 壊変では質量数 $A = N + Z$ が一定の線上を，安定核種に向かって壊変する．中性子の多い原子核は β^- 壊変して Z の増大する方へ，中性子の少ない原子核は β^+ あるいは EC 壊

変して Z の減少する方に向かう．$Z \gtrsim 82$ にある中性子の少ない不安定核は α 壊変が起こりやすく，EC 壊変も競合して起こる．$Z \gtrsim 100$ の偶-偶核では，α 壊変の他に自発核分裂が起こる．

2.3 壊変法則

(1) 壊変法則と減衰曲線

放射性核種の単位時間 (t) あたりの壊変数は壊変率 (a) と言い，放射能強度である．a の単位は Bq（ベクレル）で表される．

$$a = -\frac{dN}{dt} = \lambda N = \frac{\lambda N_A m}{A} \tag{1.7}$$

ここで，N は放射性核種の数，N_A はアボガドロ数 $= 6.02 \times 10^{23}$/mol，m は放射性核種の質量，A は原子量である．比例定数 λ を壊変定数と言い，単位時間あたりの壊変の割合，すなわち壊変の確率を意味する．

また，壊変定数を λ，半減期を $T_{1/2}$，平均寿命を τ，とするとこれらの間には

$$\lambda = \frac{0.693}{T_{1/2}}, \quad \tau = \frac{1}{\lambda} = 1.44 T_{1/2} \tag{1.8}$$

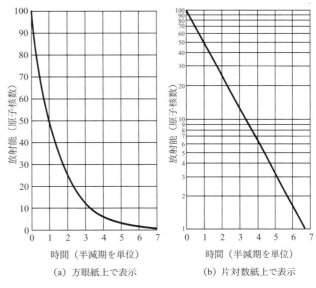

図 II-1-5 減衰曲線
(a) 方眼紙上で表示
(b) 片対数紙上で表示

の関係がある．1 半減期経過すると放射能および原子核数はともに 1/2 に，平均寿命 τ 経過すると 1/e になる（e は自然対数の底で e = 2.718…）．

最初の原子核数を N_0 とすると，時間とともに放射能は

$$a = \lambda N(t) = \lambda N_0 \exp(-\lambda t) = \lambda N_0 \left(\frac{1}{2}\right)^{t/T_{1/2}} \tag{1.9}$$

のように減衰し，原子核数 $N(t)$ も放射能強度 a と同じ速さで減衰する．10 半減期経過すると $1/2^{10} \approx 10^{-3}$ に減衰する．減衰の様子を図 II-1-5 に方眼紙と片対数紙上で模式的に示す．片対数紙上では減衰曲線は直線になる．指数関数 $\exp(-x)$ は x が小さいときには，近似式 $e^{-x} \approx 1-x$ が成り立つので，半減期に比べて時間が非常に短い時は $N(t) = N_0 \exp(-\lambda t) \approx N_0 (1-\lambda t)$ と近似できる．

一つの親核から複数の娘核種に壊変する現象を分岐壊変と言う．それぞれの娘核種に壊変する壊変定数を $\lambda_1, \lambda_2, \cdots, \lambda_n$ とすると全壊変定数 λ，平均寿命 τ は

$$\lambda = \lambda_1 + \lambda_2 + \cdots + \lambda_n, \quad \frac{1}{\tau} = \frac{1}{\tau_1} + \frac{1}{\tau_2} + \cdots + \frac{1}{\tau_n} \tag{1.10}$$

となる．λ_i を部分壊変定数，τ_i を部分平均寿命と言う．たとえば，^{40}K は ^{40}Ar へ 10.7 % EC 壊変し，^{40}Ca へ 89.3 % β^- 壊変する．

(2) 壊変系列と放射平衡

原子核が A → B → C → … のように次々と連続して壊変し，原子核数が $N_1 \to N_2 \to N_3 \to \cdots$ と変化して行く現象を連鎖壊変と言う．$t = 0$ のときの N_i を $N_{i,0}$ とすると，N_2 は以下のようになる．

$$N_2 = \frac{\lambda_1}{\lambda_2 - \lambda_1} N_{1,0} \{\exp(-\lambda_1) - \exp(-\lambda_2)\} + N_{2,0} \exp(-\lambda_2) \tag{1.11}$$

親核が娘核より半減期が長い場合，すなわち壊変定数が $\lambda_1 < \lambda_2$ のときは，連鎖壊変は放射平衡と呼ばれる状態になり，$\lambda_1 < \lambda_2$ でかつ十分時間が経つと，娘核は親核の半減期で壊変し，しかも親核の放射能より強い．これを過渡平衡と言う．

$$\frac{N_2}{N_1} = \frac{\lambda_1}{\lambda_2 - \lambda_1}, \quad \frac{a_2}{a_1} = \frac{\lambda_2}{\lambda_2 - \lambda_1} \tag{1.12}$$

さらに，$\lambda_1 \approx 0$ で，しかも $\lambda_1 \ll \lambda_2$ のとき

$$\lambda_1 N_1 = \lambda_2 N_2 = \text{一定} \tag{1.13}$$

が成り立つ．このとき親核と娘核の放射能強度は等しくなる．これを永続平衡と言う．

親核が娘核より半減期が短い時は放射平衡にはならない．図 II-1-6 に放射平衡，放射平衡にならないときの例を示す．

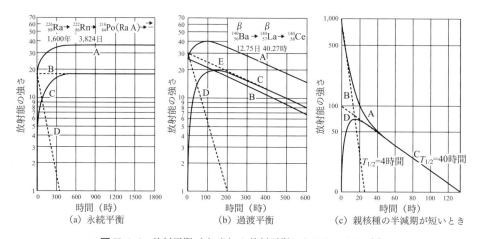

図 II-1-6 放射平衡 (a), (b) と放射平衡にならないとき (c)

A：親核種と娘核種を合わせた全体の放射能，B：親核種による放射能，C：親核種の中に生成する娘核種の放射能，D：新たに分離された娘核種の放射能，E：親核種の放射能成分と娘核種の放射能成分とをあわせた合計の中の娘核種の放射能．

ミルキング

親核種の半減期が娘核種の半減期よりもかなり長い時は試料中に生じてくる娘核種を化学分離によって取り出せば，原子炉や加速器が手近になくても短半減期の核種を利用できる．このように親核種から娘核種を何回も取り出すことをミルキング (milking) と言う．核医学検査に利用されている ^{99m}Tc ($T_{1/2} = 6.01$ 時間) は ^{99}Mo ($T_{1/2} = 65.9$ 時間) をイオン交換体に吸着させたジェネレータから，ミルキングによって得ている．

3 放射性同位元素の製造

放射性同位元素（RI）の製造は核反応を利用して行われる．核反応は，たとえば，^{27}Al に中性子を照射して，α 粒子の放出と ^{24}Na が生成する反応（^{27}Al + n →^{24}Na + α）では，^{27}Al(n, α)^{24}Na と書き，^{27}Al を標的（ターゲット）核，^{24}Na を生成核，n を入射核，α を放出核と呼ぶ．

標的原子核数を N_0，入射粒子束密度を ϕ（1 cm^2 あたりに毎秒通る入射粒子数，/cm^2·s），RI の生成する確率を示す断面積を σ (cm^2) とすると，毎秒生成される RI の個数は $N_0\sigma\phi$ となる．壊変定数を λ，生成する時刻 t での RI の個数を N とすると，毎秒壊変する個数は $-\lambda N$ であるので，

$$\frac{dN}{dt} = N_0\sigma\phi - \lambda N \tag{1.14}$$

の関係が成り立つ．この微分方程式を解くと，照射時間 t のときの誘導放射能の強度 a は

$$a = \lambda N = N_0\sigma\phi\,(1 - e^{-\lambda t}) \tag{1.15}$$

となる．ここで，$(1 - e^{-\lambda t})$ を飽和係数と呼ぶ．

ちょうど 1 半減期照射すると $a = 0.5 N_0\sigma\phi$ となる．半減期に比べ t が十分短い時は $a \approx N_0\sigma\phi\lambda t$ となり，t に比例する．逆に十分長いときは $a \approx N_0\sigma\phi$ となる．照射試料中に思わぬ不純物などがあるかもしれないので，強い放射能を得たいときでも，せいぜい t は 2～3 半減期程度に抑えるのが良い．

4 放射線と物質の相互作用

荷電粒子の α 線，電子線や非荷電粒子の γ 線，中性子が物質とどう相互作用するか説明する．

4.1 荷電粒子と物質の相互作用

電子線である β 線やヘリウムの原子核である α 線や陽子と物質との相互作用は，荷電粒子の作用として考えることができる．荷電粒子が電場を持って原子の近くを通過すると，荷電粒子が原子中の電子とクーロン相互作用をして，原子から電子を飛ばしイオンを生成し，また電子をエネルギーの高い軌道に上げ励起分子を生成したりして，エネルギーを付与する．ベーテの理論によると，荷電粒子の飛跡（x とする）に沿って，エネルギーを付与する割合，すなわち粒子から見るとエネルギーを失う割合，dE/dx は近似的に次式で表される：

$$\frac{dE}{dx} = \frac{k \cdot NZ \cdot z^2 M}{E} \tag{1.16}$$

ここで k は定数，N は物質 1 cm^3 中の原子の数，Z は原子番号，z は粒子の電荷，M は粒子の質量，E は粒子のエネルギーを示す．粒子の飛跡に沿って物質に与えるエネルギー dE/dx を LET（linear energy transfer：線エネルギー付与）とも呼ぶ．生物の放射線影響は，電子線や α 線などの放射線の種類によって著しく異なる．これは電子線と α 線の LET の違いを考慮すると理解できる．(1.16) 式より，同じエネルギー E では，粒子の質量 M が大きくなるほど LET は大きくなる．α 線は物質中で比較的まっすぐ進

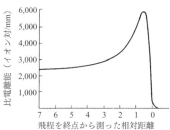

図 II-1-7 α 線の比電離能（ブラッグ曲線）[4]

1 つの α 線が物質を通過中にどのように周りの物質を電離するかという様子を表している．

み，そのエネルギーに応じて一定の距離で止まる．その距離を飛程と呼ぶ．飛程まで荷電粒子が進む間に，媒質にエネルギーを付与する程度（比電離能）を縦軸に，飛程までの相対距離を横軸に書くと図 II-1-7（ブラッグ曲線）のようになる．これより，荷電粒子は止まる直前に最も媒質にエネルギーを付与することがわかる．重荷電粒子のこの性質は癌治療に利用されている．

ヘリウムの原子核である α 線は電子線や γ 線よりも LET が桁違いに大きく，単位長さあたりに多数の活性種を生成し，修復できない損傷を生物に与えるため，生物影響が大きくなる．エネルギー吸収は 1 cm^3 中の電子数 NZ に比例し，物質の密度にほぼ比例する．放射線のエネルギー吸収が近似的に物質の密度に比例することから，密度の大きい鉛が放射線の透過防止に使われている理由がわかる．

一方，電子の場合は，質量が軽いため媒質中で散乱されるので，入射方向への飛程は短くても媒質中では，長い経路をたどることになる．また，電子が原子核の近傍を通過するときには，原子核が作る電磁場と相互作用して，制動放射線を発生する（制動放射線については III-4 章参照）．

4.2 γ（X）線と物質の相互作用

γ 線（光子）が物質中を進行するとき，光子は物質と相互作用を起こして，方向を変え，強度が減少していく．相互作用には図 II-1-8(a) に示すような，トムソン散乱（レーリー散乱），光電効果，コンプトン効果，電子対生成の 4 種類がある．その結果，軌道電子がはじき飛ばされる現象が起こるが，これを 2 次電子と呼ぶ．そのため γ 線と物質との相互作用は，最終的には電子線の場合とほぼ同じとみなすことができる．4 つの相互作用について以下に説明する．

(1) トムソン散乱（レーリー散乱）

トムソン散乱とは，図 II-1-8(b) に示すように光子が原子と弾性的に衝突して運動の向きを変える現象を言う．原子の電子は光子の電場で強制振動させられ，ついで振動源を中心として同じ振動数の電磁波（光子）を発生する．これは干渉性散乱で，回折現象を生じる．物質のミクロ構造の研究の手段として用いられる．低エネルギー（長波長）の光子はトムソン散乱を起こしやすい（トムソン散乱は核による弾性散乱であり，レーリー散乱は電子による弾性散乱で，ともに干渉性散乱である [5, 6]）．

(2) 光電効果

原子が電磁波である光子を吸収し，核外電子のうち原子核に近い軌道（K，L など）の電子をはじき飛ばす現象を光電効果と言う（図 II-1-8(c)）．跳び出した電子を反跳電子（光電子）と言う．光子のエネルギーと励起エネルギーの差は反跳電子の運動エネルギーとなる．電子が跳び出すと軌道に空孔が生じ，ごくわずかの時間的ずれの後に，より外側の軌道の電子が空孔を埋めることによって特性 X 線（III-4 章参照）が発生する．この特性 X 線を，特に蛍光 X 線と呼ぶ．

光電効果は内殻電子で起きる確率が高く，K 電子で全体の約 80 % を起こす．その確率は内殻電子の励起エネルギーと光子のエネルギーが一致したときに急激に増大する．これが吸収端である．光子エネルギーがより大きくなると確率は急激に減少する．低エネルギー光子では物質との相互作用のほとんどが光電効果である．

(3) コンプトン効果

コンプトン効果とは，図 II-1-8(d) に示すように光子がより外側の緩く束縛された軌道電子と衝突し

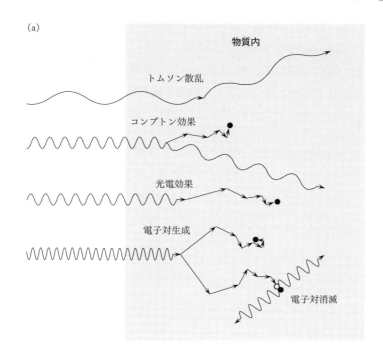

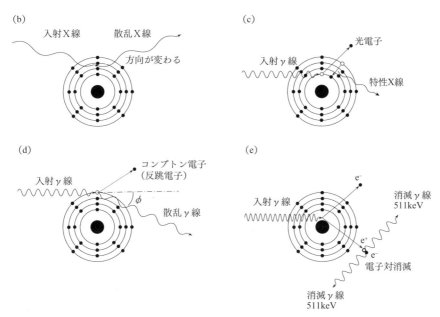

図 II-1-8 (a) 光子と物質との相互作用．(b) トムソン散乱（レーリー散乱），(c) 光電効果，(d) コンプトン効果，(e) 電子対生成（[4] を一部改変）

てエネルギーの一部を奪われ，衝突した光子は波長が長くなり，入射方向と異なる方向に散乱される現象を言う．電子は反跳電子（コンプトン電子）となり，原子から跳び出す．散乱による波長の変化 $\Delta \lambda$ は，

$$\Delta \lambda = \frac{2h}{m_0 c} \sin^2\left(\frac{\phi}{2}\right) \tag{1.17}$$

で表される．ここで，h はプランク定数，m_0 は電子の静止質量，c は光の真空中での速度，ϕ は散乱角である．$\Delta\lambda$ は最大 48.6 pm（ピコメートル：10^{-12}m）である．散乱光の振動数はばらつき，非干渉性となる．この効果は 0.5～5 MeV の光子では多くの物質で相互作用の主流となる．水の場合，光子エネルギーが 0.1～10 MeV の領域で，コンプトン効果が最も重要になる．

(4) 電子対生成

電子対生成とは，高エネルギーの光子が図 II-1-8(e)に示すように原子核近傍の強い電場の影響で（陰）電子と陽電子の一対をつくって光子が消滅する現象である．このため，光子は電子と陽電子の静止質量の和に相当する 1.022 MeV 以上のエネルギーを有していなければならない．核には何の変化も残らない．そのときの差のエネルギーは電子の運動エネルギーとなる．陽電子は短時間のうちに周囲の電子と衝突して消滅し，0.511MeV の光子が 2 個発生し，正反対の方向に放射される．陽電子断層撮影（PET：positron emission tomography）は，このことを利用した診断用医療機器である．電子対生成はエネルギーの増加と共に増大し，エネルギーが高くなると相互作用の主流となる．

4.3 中性子と物質の相互作用

中性子は荷電粒子ではないので，γ 線，X 線と同様に 2 次反応によってそのエネルギーが吸収される．中性子のエネルギーによって，弾性散乱，非弾性散乱（核変換を起こす核反応），中性子が吸収される中性子捕獲反応，などがある．弾性散乱も核反応の一つであり，相手が陽子の場合，質量がほぼ同じであるために最も効率よくエネルギーを相手に付与できる．散乱した陽子（反跳陽子）は荷電粒子であるので，媒質中で直ちに電気的相互作用によってそのエネルギーが吸収される．一方，エネルギーを失った中性子（減速された中性子）は，衝突を繰り返しエネルギーが小さくなるにつれて，近傍の原子核に吸収（中性子捕獲反応）される確率が増加する．吸収されると中性子としてのエネルギーは失われるが，原子核と中性子の結合エネルギーに相当する中性子捕獲 γ 線が放出される．中性子を遮蔽する場合は，水素を多く含む水やポリエチレン，コンクリートなどの減速材でエネルギーを低減させたのち捕獲断面積の大きいホウ素やカドミウムなどに捕獲させ，最終的には捕獲 γ 線を鉛，鉄などで遮蔽する（II-2 章レムカウンタ，参照）．

核変換反応の場合は，(n, p) 反応，(n, α) 反応，エネルギーがより高いと複数の粒子を放出する (n, xpyn) 反応，さらに高いエネルギーの場合は原子核をばらばらにする核破砕反応なども起こる．発生した荷電粒子および 2 次中性子は，上記と同じ相互作用をたどる．

300 K（室温相当）の運動エネルギー（0.025 eV）を持つ中性子を熱中性子と呼び，このような低エネルギーの中性子は，電子顕微鏡の場合と同様，その波動性によって回折を起こす（中性子回折．V-3 章 2.3 小節参照）．液体ヘリウムで冷却された中性子は冷中性子，超冷中性子などと呼ばれ，物性研究や中性子自身の研究に利用される．

> **▼崩壊 γ 線と即発 γ 線**
> 原子核の崩壊に伴う γ 線を崩壊 γ 線と呼び，核反応と同時に発生する γ 線を即発 γ 線と呼ぶ．特に，原子核が中性子を吸収したときに放出される即発 γ 線を，中性子捕獲 γ 線と呼ぶ．通常の標準 γ 線源（III-2 章 1 節密封線源参照）の崩壊 γ 線のエネルギーは大よそ 2 MeV 程度までであるが，中性子捕獲 γ 線は 10 MeV 程度にまで及ぶ．

5 放射線の物質への作用機構

5.1 放射線化学反応の特色

　高エネルギーの放射線が物質と相互作用すると，物質中の分子を構成する化学結合を破壊し尽くしてバラバラになってしまうとイメージするかもしれないが，前節の放射線と物質の相互作用で説明されたように，放射線のエネルギーは物質中の電子に受け渡されて分子をイオン化し，余剰のエネルギーは電子の運動エネルギーとなって次の分子のイオン化に用いられる．したがって，すべての化学結合を切断するような放射線のエネルギーの分配は起こらない．

　放射線化学反応は光化学反応と比較するとその特色が見えてくる．光化学反応においては，1個の光子（光量子）が1個の分子に完全に吸収されて生成物としての分子ができる．したがって，生成分子の生成効率（量子収率）は1個の光量子が1個の分子に吸収された際に生成する分子の数として明確に定義できる．一方，γ 線のような高エネルギーの1個の光量子が1個の分子に完全に吸収されるわけではなく，そのエネルギーの一部が多数の分子に吸収されるため，量子収率を定義することはできない．したがって，放射線化学反応においては，100 eV のエネルギーが物質に吸収されたときに生成する原子分子の数を放射線化学収率（G 値）と定義する．G 値は SI 単位系の µmol/J と 1µmol/J = 9.649 G で換算できる．

　水や有機化合物のような絶縁体に放射線が相互作用すると，その初期過程においてはそれらの分子のイオン化によって親分子の陽イオン（カチオン）と高速の電子が生成する．放射線照射中は絶縁体中であっても電流が流れる．紫外線では分子のイオン化は通常起こらない．放射線化学反応の詳細は次小節のスパーの説明の際に詳しく述べる．

5.2 放射線の物質へのエネルギー付与

(1) エネルギー付与とスパー生成

　γ（X）線光子の物質との相互作用である光電効果・コンプトン効果・電子対生成のどれにおいても2次電子（δ 線）が生成する．この2次電子はクーロン相互作用によって近傍の分子をイオン化し，低エネルギー2次電子を生成する．電子による電子励起確率は低エネルギー電子の方が格段に高くなるため，低エネルギーとなった2次電子の空間的に近い場所で分子の励起やイオン化が沢山起こり，その結果としてイオン種・電子・励起分子・ラジカルなどが高濃度に生成する領域が生じる．この領域はスパー（spur）と呼ばれ，その直径は 2 nm（ナノメートル：10^{-9} m）程度である．ここで生じたイオン種ほかが放射線化学反応の主役を演じる．一方，電子線と物質との相互作用は，物質中の電子との間でクーロン相互作用が働き，そのエネルギーによって分子中の外殻電子がイオン化して2次電子が生成する．光子や電子線と物質との相互作用は，それらの初期過程は異なるものの，2次電子生成と後続イベントはほとんど同じである．したがって，γ 線または電子線が照射された物質内で起こるイベントはおおよそ同じであり，同様の照射効果を与える．但し，入射光子・入射電子のエネルギーによってそれらの物質内の透過度が異なることに注意しなくてはならない．

　凝縮系（液相または固相）に放射線が入射されたときのスパー生成とスパーの構造を図 II-1-9 に示してある．

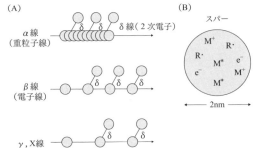

図 II-1-9 放射線によるスパーの生成とその構造

図 II-1-9（A）において，α線などの重イオン粒子は LET が大きいため，スパーは重粒子線の飛跡に沿って連なって生成する．飛跡付近で生成した2次電子は飛跡を離れて，次に示す電子線と同様にスパーを重粒子線飛跡周りに生成していく．1 MeV 程度の電子線の場合には，スパーは 1000 nm 程度の間隔で生成する．γ線の場合には，コンプトン効果によって生じた2次電子が電子線と同様にスパーを形成する．

図 II-1-9（B）において，スパー1つあたりおよそ 50～100 eV 程度のエネルギーが与えられ，媒質分子 M はイオン化して M^+ と電子（e^-）のイオン対を生じる．また，電子励起種 M^* も生成し，そこから中性ラジカル分子 R も生成する．したがって，放射線が物質と相互作用して2次電子のエネルギーが媒質分子に付与されると，イオン・電子・励起分子・ラジカル分子といった反応活性種が高濃度にスパー領域内に生成する．逆にスパー外においてはそれらの濃度は低く，系全体における活性種の濃度は不均一であり，これが放射線化学反応の特色の1つである．スパー内に反応活性種が生成するまでにかかる時間は 10^{-12} 秒程度と非常に短い．ここまでの過程は物理化学過程と呼ばれ，この時点の活性種の収量をイニシャル収量と呼ぶ．ここまでのスパー内素反応を次の式で示す．

$$M + 放射線 \rightarrow M^+ + e^- \quad イオン化 \tag{1.18}$$

$$M + 放射線 \rightarrow M^* \quad 電子励起 \tag{1.19}$$

$$e^- \rightarrow e^-_{sol} \quad 溶媒和電子生成 \tag{1.20}$$

$$M^+ + M \rightarrow R \quad イオン-中性分子反応によるラジカル生成 \tag{1.21}$$

$$M^+ + e^- \rightarrow M^* \quad ジェミネート再結合による電子励起 \tag{1.22}$$

$$M^* \rightarrow R \quad 電子励起状態から中性解離ラジカル生成 \tag{1.23}$$

$$M^* \rightarrow M \quad 電子励起状態から電子基底状態に戻る \tag{1.24}$$

イオン化と電子励起の過程はすべての分子において起こる（1.18, 19）．イオン化で親分子のクーロン力から逃れた電子は，媒質の分子と弱く結合した状態となる．これを溶媒和と呼び，その電子を溶媒和電子と言う（1.20）．電子は，水・アルコール・エーテル・アミン類のような極性の大きい媒質ほど溶媒和しやすい．イオン化で生成したカチオン（M^+）は中性分子（M）との反応性も高く，イオン-中性分子反応によってラジカルを生成することが多い（1.21）．親分子から一旦イオン化した電子が親カチオン（M^+）のクーロン力によって引き戻されて親カチオンと再結合（ジェミネート再結合）することによって励起分子生成も起こる（1.22）．（1.19, 22）で生成した励起分子は分解してラジカルを生成する場合（1.23）もあるが，励起エネルギーを振動などに緩和して元の基底状態の分子に戻ることもある（1.24）．これらの具体例は次項の水の放射線化学反応を例に紹介する．

物理化学過程の後，不均一に凝縮系に分布した反応活性種は，特に溶液であれば拡散して系内に均一に分布するようになるとともに，これら活性種は反応性に富むためにスパー内の領域で相互に反応も行う．希薄溶液の場合にはおよそ～10^{-7} 秒を経ると系内で均一の分布となる．これらの過程は化学過程と呼ばれ，この時点での反応活性種の収量はプライマリー収量と呼ばれている．

(2) 水の放射線化学反応

哺乳動物細胞の全重量の約 70% は水で構成されていて，遺伝情報を含む DNA の割合は 0.25% である．放射線は物質中の電子と相互作用するから，相互作用する電子の多くは水分子中の電子であり，DNA が直接放射線のエネルギーを吸収する確率は非常に低い．したがって，放射線照射された細胞内において水の放射線化学反応は重要である．また，原子力発電所では水が発電用の蒸気発生と燃料棒の冷却に用いられているが，炉心での線量率は数十 kGy/秒という非常に高い放射線場にあり，それによって生成する水の放射線分解生成種とその反応活性の理解は重要である．水の放射線化学反応の概要を図 II-1-10 に示す．

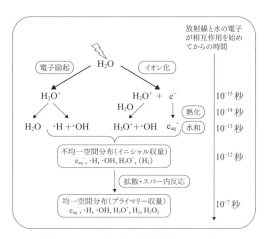

図 II-1-10 水の放射線化学反応の概要

室温で pH = 7 の純水が γ 線あるいは電子線照射されると，スパー内において最初に水分子のイオン化並びに電子励起が引き起こされる (1.25, 26)．

$$H_2O + 放射線 \rightarrow H_2O^+ + e^- \quad イオン化 \tag{1.25}$$

$$H_2O + 放射線 \rightarrow H_2O^* \quad 電子励起 \tag{1.26}$$

(1.25) で生成した H_2O^+ カチオンは周りの中性 H_2O 分子とイオン-中性分子反応を起こして・OH ラジカルとオキソニウムイオン (H_3O^+) を生成する (1.27)．

$$H_2O + H_2O^+ \rightarrow \cdot OH + H_3O^+ \quad イオン-中性分子反応 \tag{1.27}$$

また，(1.25) において生成した電子が親分子カチオンのクーロンエネルギー圏を振り切ることができた場合，周りの水分子と衝突を繰り返してエネルギーを徐々に失って熱化し，水の OH 基の分極によって溶媒和（水和）した水和電子（e_{aq}^-: aqueous electron）が生成する．

$$e^- \rightarrow e_{aq}^- \quad 水和電子生成 \tag{1.28}$$

水和電子（e_{aq}^-）生成にかかる時間はイオン化で飛び出した電子の熱化速度と競合する 540 ns（ナノ秒：10^{-9} 秒）程度と非常に速い．水和電子は 6 個の水分子が配向した状態で，波長 720 nm をピークに可視から赤外にかけてブロードな吸収を示す（図 II-1-11）．水和電子は (1.27) で生成したオキソニウムイオンと反応して H 原子を生じる．

$$H_3O^+ + e_{aq}^- \rightarrow \cdot H + H_2O \quad H 原子生成 \tag{1.29}$$

(1.25) のイオン化時に親カチオンのクーロンエネルギー圏を振り切ることができなかった電子は，親カチオンと再結合して電子励起状態の H_2O^* が生じる．同じく (1.26) で生じた H_2O^* の一部は中性解離して・OH ラジカルと H 原子を生じる．

$$H_2O^* \rightarrow \cdot OH + \cdot H \quad 中性解離ラジカル生成 \tag{1.30}$$

ここで生成した・OH ラジカルは活性酸素種（ROS：reactive oxygen species）の中でも非常に反応活性の高いものであり，多くの分子と拡散律速で反応する．

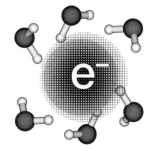

図 II-1-11 放射線でイオン化した電子が 6 個の水分子によって水和されている様子

ここまで紹介した反応は放射線照射後 10^{-12} 秒程度までの物理化学過

表 II-1-3　LET の異なる放射線による水分解 G 値（プライマリー収量）

	LET (eV/nm)	G 値						
		H_2O	e_{aq}^-	・OH	・H	H_2	H_2O_2	HO_2
γ 線	0.23	−4.08	2.63	2.72	0.55	0.45	0.68	0.008
12 MeV He^{2+}	108	−2.84	0.42	0.54	0.27	1.11	1.08	0.07

程でスパー内に高濃度で生じた化学種であり，系全体としては生成種の分布はまだ不均一である．その後の化学過程においてスパー内で次の反応が起こる．

　　・H ＋ ・H　→　H_2　　　　　水素分子生成　　　　　　　　　　　　　　　　(1.31)

　　・OH ＋ ・OH　→　H_2O_2　　過酸化水素生成　　　　　　　　　　　　　　　(1.32)

　　・H ＋ ・OH　→　H_2O　　　水分子生成　　　　　　　　　　　　　　　　　(1.33)

しかし，化学過程においては拡散も同時に進行するため，スパー外の低濃度領域へも反応活性種は拡散していき，10^{-7} 秒程度で反応活性種は水の中で均一分布となる．この時点での反応活性種の収量（プライマリー収量）である G 値を表 II-1-3 に示す．

水の分解生成物の G 値は放射線の LET で大きく変わる．たとえば，・OH ラジカルの G 値は低 LET の γ 線の場合は 2.72 であるのに対し，高 LET の He^{2+} 線では 0.54 と γ 線の場合の 20％まで下がる．一方，H_2O_2 の生成 G 値は逆に高 LET の He^{2+} 線の方が 1.6 倍多い．この結果は図 II-1-9（A）で示したスパー生成の線種依存性と大きく関係している．γ 線の場合，スパーは 100〜1000 nm おきにぽつぽつとできるのに対し，重粒子線の場合は飛跡に沿って連なって生成し，スパーのトラック構造を形成する．そのトラック内には水の分解生成物が高濃度にできるため，(1.31〜33) に示した反応は γ 線で生成する孤立のスパー内よりも効率よく進行し，その結果として・OH ラジカルのプライマリー収量は下がり，H_2O_2 のそれは上がることになる．・H と H_2 についても同じことが言える．放射線の LET の違いでスパーの生成の仕方が変わってくるため，線種によって分解生成物の生成量や生成物が異なってくることは放射線化学反応における大きな特色である．

ここまで純水の放射線分解機構について述べてきたが，生体中には水以外に各無機イオン種・酸素，蛋白質などが存在する．正常な細胞中には酸素が 2〜5％ほど溶存するため，水和電子が溶存酸素と反応してスーパーオキシド（O_2^-）と呼ばれる活性酸素種を生じることがある (1.34)．

　　$O_2 + e_{aq}^-$ → O_2^-　　スーパーオキシド生成　　　　　　　　　　　　　　(1.34)

さらに，O_2 と H 原子との反応，あるいは O_2^- と H_3O^+ との反応によってより活性な HO_2 ラジカルが生成することもある．・OH ラジカルも含めてこれらは生体内の DNA 分子や酵素を含む蛋白質の還元や酸化を起こし，それらの構造変化を引き起こして正常な DNA の翻訳や転写を阻害したり酵素活性を失わせたり等の影響を引き起こすと考えられている（I-2 章参照）．

▼福島第 1 原子力発電所事故での海水注入

　福島第 1 原発の事故において，海水が注入された原子炉格屋において水素爆発が発生した．この主因は冷却水レベルの低下によって核燃料の温度が上がり，燃料棒を被覆していた Zr が水と反応して水素を生成したためと言われている．海水には Br^- や Cl^- が豊富に含まれるが，これらは・OH ラジカルとの反応性が高い．水の放射線分解の進む原子炉内にこれらのイオンが入ると，(1.32) と (1.33) が阻害されるため，(1.31) で示される H_2 分子生成反応が促進される．原子炉への海水注入はこの観点からも避けるべきであろう．

5.3　放射線重合：架橋，材料改質

　触媒重合や熱重合と比較して放射線重合の特徴は，重合反応の開始剤をモノマーあるいは溶媒の放射線分解生成物として用いることである．つまり，連鎖反応の開始剤となるラジカル発生剤やイオン重合触媒を系内に導入することなく，放射線によってモノマーや溶媒から開始種を生成する．それ以降の重合開始以降の連鎖成長・停止は普通の重合と変わらない．

　開始種は放射線によるイオン化や電子励起を通じて生成するラジカル種やイオン種になる．ラジカル重合の場合，放射線によって励起一重項状態になったモノマーが励起三重項状態へ項間交差し，そこから開裂して中性ラジカル2分子が生成する（M＋放射線　→　2R・）．イオン重合においては放射線によってイオン化したモノマー（カチオン）がカチオン重合の開始剤に，イオン化によって飛び出した電子がモノマーに付加してアニオン分子が生成する場合，それが開始剤になればアニオン重合として進行する．放射線重合は開始剤を必要としないメリットはあるものの，放射線照射を継続しながらの重合では生成した高分子の架橋や分解も同時に進行するため，分子量や分子量分布の制御は難しく，高分子の合成手段として放射線重合は工業利用されていない．工業的に放射線重合が実用化されているのは，グラフト重合と硬化（キュアリング）である．

5.4　放射線架橋と放射線分解

　高分子が放射線照射されると，高分子鎖の鎖間に化学結合が生成する放射線架橋と，鎖が放射線のエネルギーで切断する放射線分解の両方が起こる可能性がある．高分子を架橋する際には架橋剤（加硫）を導入しなければならないが，放射線を用いると高分子鎖内に生成するラジカル同士が化学結合を形成して架橋するため，架橋剤を導入する必要がなく工業的に有利なことが多い．放射線架橋の最初の例は，照射ポリエチレンの溶剤への不溶化である．高分子が放射線によって架橋するのか，分解するのか，その両方を示すのかは，高分子の化学構造，立体規則性，結晶化度，温度，照射環境（酸素・水素の有無），線質などさまざまなパラメータに依存する．歴史的には室温・酸素不在下で照射した際に主鎖切断または架橋が優先的に起こる高分子を切断型または架橋型に分類している．それらの依存性を以下に述べる．

（1）　化学構造依存性

　高分子のモノマーユニットを（a）ポリエチレン型，（b）ビニル型の2つの形式で示す（図II-1-12）．

図 II-1-12　高分子の典型的な化学構造

　ポリエチレン型は典型的な架橋型高分子である．図II-1-13に示すように，放射線照射されたポリエチレン型高分子にはイオン化後のプロトン脱離，もしくは電子励起状態からの中性解離によって主鎖ラジカルが生成する．また，そのプロセスにおいて同時に生成するH原子が水素引き抜き反応によって隣の主鎖より水素原子を引き抜いてもう1つの主鎖ラジカルが生成する．主鎖ラジカル同士が結合することにより，鎖間の架橋結合が生じる．

　（b）のビニル型高分子($-CH_2-CHR_1-)_n$の場合は，架橋する場合と架橋と切断が両方起こる場合がある．ポリ塩化ビニル（R_1＝Cl）は放射線架橋型高分子であり放射線でしか架橋できない．アクリル酸も放射線架橋型である．一方，ポリプロピレン（R_1＝CH_3）やポリスチレン（R_1＝Ph）では架橋と切

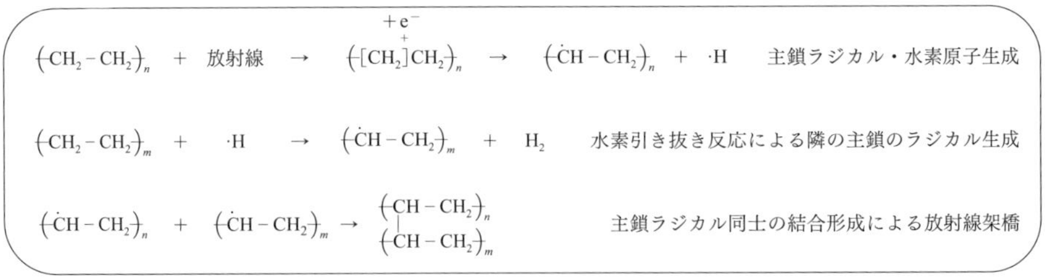

$$\begin{aligned}
&\text{(-CH}_2\text{-CH}_2\text{)}_n + \text{放射線} \rightarrow \text{(-[CH}_2\text{]CH}_2\text{)}_n^{+\text{e}^-} \rightarrow \text{(-ĊH-CH}_2\text{)}_n + \cdot\text{H} \qquad \text{主鎖ラジカル・水素原子生成}\\
&\text{(-CH}_2\text{-CH}_2\text{)}_m + \cdot\text{H} \rightarrow \text{(-ĊH-CH}_2\text{)}_m + \text{H}_2 \qquad \text{水素引き抜き反応による隣の主鎖のラジカル生成}\\
&\text{(-ĊH-CH}_2\text{)}_n + \text{(-ĊH-CH}_2\text{)}_m \rightarrow \begin{array}{l}\text{(-CH-CH}_2\text{)}_n\\ \text{(-CH-CH}_2\text{)}_m\end{array} \qquad \text{主鎖ラジカル同士の結合形成による放射線架橋}
\end{aligned}$$

図 II-1-13 ポリエチレン型高分子の放射線架橋機構

断の両方が起こるが，架橋型に分類される．

(2) 照射雰囲気依存性

アセチレンガス雰囲気下で架橋型高分子を照射すると架橋が促進される．一方，酸素や酸化窒素ガス存在下では切断が促進される．放射線架橋型高分子のポリエチレンも，酸素雰囲気下で照射すると主鎖切断が進行する．これは主鎖に生成する炭素ラジカルに酸素が優先的に結合し，その後のβ切断が進行するためである．

(3) 照射温度・粘度・線質依存性

放射線架橋型のポリエチレンをその融点以上で照射した場合，架橋効率は 20 % ほど上昇する．室温で架橋と切断が同時進行するポリスチレンはガラス転移温度以上では切断が支配的になる．セルロース系高分子は切断型天然高分子であるが，カルボキシメチル化体に水を加えて粘長状態で放射線照射すると架橋してゲルを形成する．以上のように，室温不活性雰囲気下の各高分子の放射線架橋・切断特性は，融点・ガラス転移温度・粘度などに依存して大きくその性質を変える場合がある．

II-2
放射線の測定

放射線の検出，測定は，その目的に応じて大きく二種類に分類できる．第一は放射線の種類，個数，およびエネルギーの情報の測定であり，放射線が生じるパルスを計数することによって行う．放射線のエネルギー，RI の種類などを知ることができる．第二は放射線の線量の測定であり，線量は，放射線場に置かれた物質が吸収するエネルギーおよび放射線の生体への影響を考慮した量を基礎に定義されている．被曝評価を目的とした線量測定では，吸収線量，等価・実効線量，1 cm 線量当量，70 μm 線量当量を測定する必要がある．これらの線量の定義は II-4 章 2 節で述べる．

1 放射線測定器と原理

放射線測定器は，検出原理によって表 II-2-1 のように大別される．表中の測定器については次小節以降で詳しく述べる．

表 II-2-1　放射線測定器の原理による分類

原理	種類	測定器	
		主に放射線の種類，個数，エネルギーを測定するもの	主に線量を測定するもの
電離作用	気体電離	比例計数管，GM 管	電離箱，DIS
	固体電離	Ge 半導体検出器	電子ポケット線量計
励起作用	シンチレーション	NaI，BGO，有機固体・液体	OSL，IP，ガラスバッジ，TLD
	感光		写真乳剤
化学変化	酸化反応		フリッケ検出器
	還元反応		セリウム検出器

1.1　気体の電離作用を利用した測定器

(1)　気体測定器の原理

気体測定器は図 II-2-1 に示すように，円筒状の陰極とその中心軸に張られた細い線の陽極からな

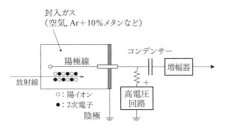

図 II-2-1 円筒形気体測定器の例

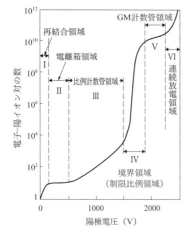

図 II-2-2 陽極電圧と電子-イオン対の数 [7]

り，内部に空気や希ガスなどの気体を充填し，両電極間に高電圧を印加する構造になっている．この管に放射線が入射すると，封入気体が電離されて，電子と陽イオンを生成する．電子は陽極へ，陽イオンは陰極へ集められ，電流測定として外部回路の抵抗を通して流れる．放射線の測定はこの電流を測定するか，抵抗両端に発生する電圧パルスを測定する．

気体検出器の印加電圧と生成イオン対数の関係を図 II-2-2 に示す．印加電圧が低い再結合領域ではイオン対の一部は再結合し，出力は小さい．電離箱領域では電離されたイオンをすべて集めるので，安定した電流が得られる．印加電圧を高くすると，電子は中心線付近の電場で加速され 2 次電離が起きる．この領域を比例計数管領域と言う．さらに印加電圧を高くすると，電離がなだれ状に起きる．この際紫外線が発生し，中性ガスを電離する．なだれの繰り返しにより，大量の陽イオンが中心線を取り囲む形で残り，なだれは終了する．陽イオンの陰極への移動によって大きな電圧が誘起される．この領域がガイガー-ミューラー (GM：Geiger-Müller) 計数管領域である．さらに印加電圧をあげると荷電粒子の入射に関係なくコロナ放電が起きる．

(2) 電離箱

電離箱は電極の形状から，2 枚の電極が向かい合った平行平板型，円筒状電極と中心軸に棒状の電極のある円筒型，および球形の 3 つに大別できる．平行平板型は X 線の標準電離箱のような特殊な用途に，円筒型はサーベイメータ，ポケット線量計などの実用測定器に，球形は環境測定用や精密測定器に用いられている．封入気体は空気やアルゴンなどである．電離箱と不揮発性メモリ素子 (MOSFET) を組み合わせた DIS (direct ion storage) 原理を用いた検出器も市販されている．

(3) 比例計数管

比例計数管は内径 25 mm 程度の円筒を陰極とし，中心に 50 μmφ のタングステン芯線を張って陽極としている．両極間には 1,000〜2,000 V が印加され，管内には通常アルゴン 90 %，メタン 10 % の混合ガスを約 1 気圧で封入する．X 線や低エネルギー γ 線のエネルギー分析に，主に研究用に利用される．

(4) GM 計数管

端窓型（エンドウインド型）GM 計数管は一端に 3〜5 mg/cm² の雲母箔が張られている．計数管内部には電離気体としてアルゴンなどの不活性ガスに少量のアルコールまたはハロゲンガスなどの消滅ガスが混入されている．GM 計数管は入射放射線のエネ

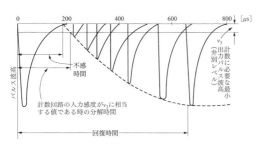

図 II-2-3 GM 計数管の出力パルス（[7] を改変）

ルギーに関係なく，出力電圧 1～5 V のパルスを生じる．GM 計数管の出力パルスの 1 例を図 II-2-3 に示す．放射線が入射しても出力パルスが現れない期間を不感時間と言い，通常 100～200 μs（マイクロ秒：10^{-6} 秒）程度である．不感時間を過ぎて正常なパルス波高になるまでの時間を回復時間と呼ぶ．弁別レベル以上の出力パルス波高になるまでの時間を分解時間と呼ぶ．入射する放射線の数が増加すると数え落としが発生する．極端な場合には窒息現象によって針が振れなくなり正しい測定ができない．あらかじめスイッチを入れた状態で線源に近づけるようにする．GM 計数管の計数効率は β 線に対しては比較的高いが，X 線や γ 線に対して 0.1～1％である．

1.2 シンチレーション計数装置

(1) シンチレーション検出器

シンチレーション検出器の構造と動作原理を図 II-2-4 に示す．γ(X) 線の入射でシンチレータが蛍光を発光する．シンチレータからの微弱な光は光電子増倍管の光電陰極で電子に変換される．その電子はダイノードに集められ，増倍される．電子数は段が進むにつれて等比級数的に増加する．最終段から出た電子は陽極に集められ，パルスとして取り出される．このパルスを増幅して波高分析を行う．この結果，入射 γ(X) 線のエネルギーの波高分布を得ることができる．

γ(X) 線の測定にはタリウム活性化ヨウ化ナトリウム（NaI(Tl)）シンチレータがよく用いられる．NaI(Tl) は最もシンチレーション効率が高く，比較的大きな結晶をつくることができる．しかし，吸湿性が強く，機械的衝撃や熱衝撃によって破損しやすい欠点を有している．携帯型の小型測定器にはこれらの欠点のないヨウ化セシウム（CsI(Tl)）が用いられることもある．また，原子番号が大きいビスマス（Bi：原子番号 83）を用いた検出効率の高い BGO（$Bi_4Ge_3O_{12}$）が半導体検出器と組み合わせて反同時計数検出器として利用されている．医療用 PET には時間応答の早いフッ化バリウム（BaF_2）も使われている．時間応答は BaF_2 ほど早くないが，エネルギー分解能，検出効率および時間応答が NaI(Tl) よりも優れているセリウム活性化臭化ランタン（$LaBr_3$(Ce)）が，最近，さまざまな分野で使われるようになった．α 線の表面汚染検出器には，膜に加工しやすい広い面積の硫化亜鉛（ZnS(Ag)）シンチレータが用いられる．

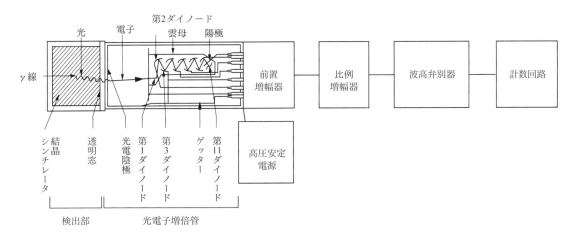

図 II-2-4 シンチレーション検出器の構造と動作原理

(2) 液体シンチレーションカウンタ

液体シンチレーション計測法は，トルエン，キシレンなどの有機溶媒に蛍光物質を溶かした液と放射性物質を含む試料を混合して，発生する蛍光を測定する方法である．測定の概念図を図II-2-5に示す．この方法では幾何学的検出効率が100%であるので，とくに^{3}Hや^{14}Cなどの低エネルギーβ線の計測に有利である．液体シンチレータの発光効率は非常に低く，そのため低エネルギーβ線による発光はきわめて弱いので，光電子増倍管内で発生するノイズとの弁別が問題となる．液体シンチレーションカウンタでは，図II-2-5に示すように2本以上の光電子増倍管が備えられており，同時に出た出力パルスのみを計数する同時計数回路を用いてノイズを減らしている．さらに，光電子増倍管自身の熱ノイズを減少させるために，装置の内部は冷却されている．

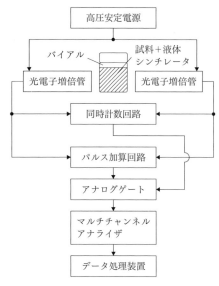

図II-2-5 液体シンチレーションカウンタの構造と動作原理

液体シンチレーション計測法では，直接液体シンチレータに試料を溶かし込むので，純粋なシンチレータに比べて発光強度が減少する．この現象は主に溶媒から蛍光物質の溶質へのエネルギーの移行を妨げる化学クエンチング（消光）が原因である．クエンチングが強くなると計数は減少するので，計数値から試料の放射性物質の濃度を求めるには，このクエンチング補正が必要となる．この補正にはバイアル外部からγ線を照射してバイアル内で発生するコンプトン電子による発光を利用する方法が採られているので，装置には^{133}Baなどの放射線源が組み込まれている．装置を廃棄するときは，購入業者に線源を引き取ってもらうことが必要となる．

▼液体シンチレーション計測用試料調製
1) 水溶液試料

　　水溶液試料の測定には乳化シンチレータが用いられる．乳化シンチレータに30%前後の界面活性剤が含まれているので，水溶液試料を混合すると通常試料は0.1μm以下のコロイドとして分散する．このため^{3}Hの低エネルギーβ線でも高効率測定ができる．乳化シンチレータは含水量によって透明ゾル領域から二相分離領域，ゲル領域と相変化するだけでなく，その際の測定効率も違ってくる．この変化はシンチレータの種類，測定温度，試料成分などによって異なるので注意を要する．

2) 有機溶媒性試料

　　キシレンなどの液体シンチレータ溶媒に溶解できる有機溶媒性試料は，シンチレータと溶媒からなる単純液体シンチレータを用いる．この際，着色，pHに注意すると同時に，クロロホルムや四塩化炭素など化学クエンチング原因物質の混入を防ぐことも大切である．

1.3 半導体検出器

半導体検出器は，気体の代わりにシリコン（Si）やゲルマニウム（Ge）などの半導体結晶を検出体としている．N型半導体はSiのような4価の原子にリン（P）のような5価の原子を入れて作った結晶，P型半導体はホウ素（B）のような3価の原子を入れて作った結晶である．PN接合型半導体検出器はP型半導体の表面にN型の薄い層を形成したもので，N型に正の電圧を加えると電子も正孔も

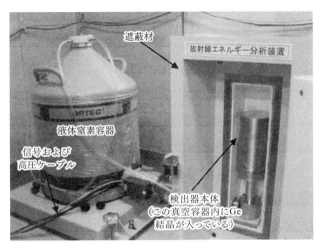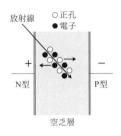

図 II-2-6 Ge 半導体結晶中での電子-正孔対の様子（右）と高純度 Ge 検出器（左）

名古屋大学アイソトープ総合センター所有．

ない空乏層と呼ばれる領域が生じる．この空乏層に放射線が入射すると電子と正孔対が生じ，電子は正電極へ，正孔は負電極へ運ばれ，外部回路に電流パルスが得られる（図 II-2-6 右）．正孔があたかも気体中のイオンに対応しているように見えるため，固体電離箱とも呼ばれる．空乏層の生成法で分類すると，PN 接合型半導体検出器の他に表面障壁型半導体検出器，高純度 Ge 半導体検出器がある．高エネルギーのγ線を検出するには大きな空乏層が必要である．近年，きわめて高純度の大きな Ge 単結晶の製作が可能になり，大きな結晶を用いた高純度 Ge 半導体検出器が市販されている（図 II-2-6 左）．

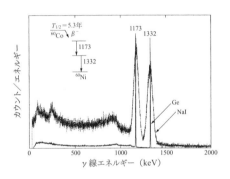

図 II-2-7 Ge 検出器と NaI シンチレーション検出器で ^{60}Co を測定して得られたγ線スペクトルの比較

Ge 検出器のエネルギー分解能が優れている様子がわかる．

半導体検出器は，密度が気体の約 1,000 倍であり，放射線，とくにγ（X）線との相互作用の確率が高くなり，高感度である．ε値（1 対の電子と正孔対を生成するエネルギー）は数 eV で，空気の W 値（1 対のイオン-電子対を生成するのに必要なエネルギー）の約 1/10 であるので，非常に優れたエネルギー分解能を有している（図 II-2-7）．Ge 検出器の使用時は液体窒素で冷却する必要があるが，最近は，パルスチューブ冷凍機などを備えた液体窒素を用いない電気冷却型や，蒸発する液体窒素を再び液化してデュワー瓶に戻し液体窒素を補充する必要がほとんどないものなど，維持管理に手間のかからない製品がある．

高純度 Ge 半導体検出器は，高精度の環境放射性核種の分析や放射化分析などに利用されている．Si を用いた PN 接合型半導体検出器が，サーベイメータや個人被曝線量計，ハンドフットクロスモニタに用いられている．ペルチェ冷却装置と組み合わせたテルル化カドミウム（Cd(Te)）半導体検出器が，低エネルギーγ線測定用に用いられている．半導体ではないが，固体電離作用を利用した人工ダイヤモンド検出器も市販されている．

1.4 積算型の放射線測定器

積算型測定器は，検出部と測定部を分離して利用できる．個人被曝線量測定器に用いられる場合が多いが，空間線量の測定に用いられる場合もある．

(1) イメージングプレート

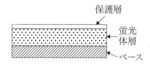

図 II-2-8 イメージングプレートの構造

イメージングプレート（IP : imaging plate）は高感度，高分解能の積算型二次元放射線検出器として，放射能の面分布のベース解析に広く用いられている．IP は図 II-2-8 に示すように輝尽性蛍光体である臭素活性化フッ化バリウム BaF(Br) の微結晶をプラスチック薄板上に塗布し，その上を保護層で覆ったものである．放射線が入射すると蛍光体中に励起状態にある発光中心が形成される．発光中心は時間の経過とともにフェーディング（潜像退行）によって自然に少しずつ消滅するが，大部分は残存する．残った発光中心に赤色のレーザーを照射すると，青色光が放出される．IP は α 線，β 線，γ 線，中性子線のいずれの放射線も検出が可能である．IP は使用後に蛍光灯で残像を消去することにより，何度でも繰り返し使用可能である．放射線遮蔽箱中で試料以外の放射線を減少させて IP に長時間照射することによって，食物や枯葉などに含まれる天然レベルの微量な放射能分布を画像として検出することもできる．

(2) 熱蛍光

熱蛍光（TL : thermo-luminescence）とは，放射線の電離作用などによって生じた自由電子がフッ化リチウム（LiF），フッ化カルシウム（CaF_2），硫酸カルシウム（$CaSO_4$），酸化ベリリウム（BeO），ケイ酸マグネシウム（Mg_2SiO）などの結晶中の格子欠陥に捕捉され，加熱すると捕捉されていた電子が解放され蛍光を発する現象である．この原理を利用した線量計が熱蛍光線量計（TLD）である．

(3) 光刺激蛍光

光刺激蛍光（OSL : optically stimulated photo luminescence）の発光メカニズムは，放射線によって励起された電子が酸化アルミニウム（α-Al_2O_3 : C，: C は炭素をドープしているという意味）などの結晶中の陰イオン欠陥や不純物に捕捉され，その電子がレーザなどの光刺激で正孔と再結合して蛍光を発する現象である．この原理を利用した線量計が OSL 線量計である．OSL と TLD の違いは捕捉電子の解放にレーザを利用するか熱を利用するかの違いだけで，原理的には同じである．

(4) 蛍光ガラス

蛍光ガラスとは銀活性アルカリアルミノ燐酸塩ガラス（$LiPO_3$ 50％，$Al(PO_3)_3$ 50％の基本ガラスに $AgPO_3$ 8％並びに B_2O_3 3％を加えたもの）で，放射線を照射するときわめて安定な蛍光中心ができる．これに紫外線やレーザを照射するとオレンジ色の蛍光を発する．この現象をラジオフォトルミネッセンス（RPL : radio photo luminescence）と言い，放射線の吸収線量と蛍光量が比例することを利用して，蛍光ガラス線量計として用いられている．

(5) 写真乳剤

写真乳剤はX線の発見時から用いられてきた．その原理は，写真乳剤中の臭化銀粒子が放射線により励起され，電子が荷電子帯から伝導体にまであげられ，銀イオンと結合して銀原子となる．この銀原子が集まって潜像ができる．これを現像するとフィルムは黒化する．写真乳剤は，これまでフィルムバッジ，X線・γ線・中性子線透過試験，オートラジオグラフィなどに用いられてきたが，現像不要なイメージングプレートや他のタイプの線量計に代わられている．

(6) 化学線量計

化学線量計は，放射線による化学変化または反応を定量的に測定することにより，その吸収エネルギーを測定する線量計である．食品照射，放射線加工，放射線治療，放射線化学の分野など非常に高い線量の測定に用いられる．色素の変化，イオンの酸化・還元，高分子物質の着色を利用するものなどがある．いずれも 10 Gy 以上の高線量領域で使用される．これらのうち，硫酸第 1 鉄水溶液（$FeSO_4$）の鉄イオン（Fe^{2+}）が放射線を吸収して酸化され第 2 鉄イオン（Fe^{3+}）になる反応を利用した線量計を鉄線量計またはフリッケ線量計と言う．セリウム線量計は硫酸第 2 セリウム（$Ce(SO_4)_2$）の Ce^{4+} が Ce^{3+} に還元される量が放射線量に比例することを利用した線量計である．

2 個人被曝線量測定器

個人被曝線量測定器には精度が高く，簡単，小型軽量で装着に便利，安価・堅牢であることが要求される．検出部と測定部が分離できる積算型が多く利用されている．作業現場での放射線のエネルギー分布は不明であるので，広いエネルギー範囲に対応し，感度も大きく安定していて，エネルギー補正のできる線量計が望ましい．また，思わぬ被曝をする可能性もあるので，線量の測定範囲は広い方が望ましい．さらに，1 cm 線量当量，70 μm 線量当量が測定・評価できることが必要となる．被

表 II-2-2 個人被曝線量測定器の特徴 [7]

	熱蛍光線量計	光刺激蛍光線量計	蛍光ガラス線量計	電子ポケット線量計	DIS 線量計	フィルムバッジ
測定可能 γ(X) 線線量の下限（H_{1cm}）	1 μSv	0.5 μSv	1 μSv	0.01 μSv	1 μSv	100 μSv
1個（組）で測定可能な範囲（H_{1cm}）	10 μSv〜100 Sv	10 μSv〜10 Sv	10 μSv〜30 Sv	0.01〜99.99 μSv/ 1〜9999 μSv	1 μSv〜40 Sv	100 μSv〜700 mSv
照射線量に対するエネルギー特性	大 フィルタで補正	中 フィルタで補正	大 フィルタで補正	小	小	大 フィルタで補正
線量記録の保存性	無	有	有	無	有	有
着用中の自己監視	不可	不可	不可	可	可	不可
機械的堅牢さ	中	中	中	中	大	大
湿度の影響	中	小	小	中	小	大
必要な付属設備	熱蛍光測定器	光刺激蛍光測定器	蛍光測定器 ガラス洗浄機	無	専用リーダ	現像設備・濃度計など
フェーディング	中	小	小	無	無	中
特記事項	使用済み素子を繰り返し使用可能	可視光でアニールできるので前処理が簡単	繰り返し読みとり可能	短期間の被曝作業の線量測定に適している	材質と使用するガスを変えることで特性の調整が可能	個人被曝線量計として広く使用されてきた

被曝線量測定器を着用する場合は着用面を確かめ正しく着用する．装着部位は原則として男子は胸部，女子は腹部の作業衣の前面である．局部的被曝が予想される場合には，たとえば指先，手足などにフィルムリングを装着する必要がある．着脱が容易なため，うっかり取り外して管理区域に置き忘れて，線量計だけが被曝してしまうことのないように注意する．

ここでは代表的な被曝線量測定器として，熱蛍光線量計，光刺激蛍光線量計，蛍光ガラス線量計，半導体式電子ポケット線量計，DIS 線量計，フィルムバッジについて述べる．それらの個人被曝線量測定器の特徴を表 II-2-2 に示す．

(1) 熱蛍光線量計

熱蛍光線量計（TLD）は素子ホルダおよびリーダから成り立っている．素子には放射線測定に便利なように，熱蛍光物質をガラスカプセルに封入したもの，ロッド状，ディスク状などがある．用いられているほとんどの素子はエネルギー特性が大きい．ホルダは身体に装着するのに都合の良いように，小型，軽量で，光，湿度，機械的衝撃に対し素子を保護する役目もしている．1 cm 線量当量を測定できる TLD も市販されている．TLD の特徴としては線量の測定範囲が $10\,\mu Sv \sim 100\,Sv$ と広いことと，線量と蛍光量の比例性が非常に良いことである．使用済みの素子は 400〜500 ℃程度で初期化（アニール）すれば，繰り返し使用可能である．

(2) 光刺激蛍光線量計

光刺激蛍光（OSL）現象を利用した OSL 線量計は，検出素子（α-Al$_2$O$_3$：C）に吸収した放射線量に比例した蛍光量をレーザで読みとる方法である．TLD は熱処理で捕捉電子のほとんどが解放されてしまうのに対して，OSL の光刺激は捕捉電子の一部を解放するだけなので，繰り返し測定が可能であるが，数ヶ月にわたって放置するとフェーディングが起こるので注意する．素子は湿度・温度変化に強い．測定下限は $0.5\,\mu Sv$ 以下である．OSL 結晶は可視光でアニールできるので前処理が簡単である．図 II-2-9 に OSL 線量計の構造（左図）とエネルギー特性（右図）を示す．フィルムバッジと同じような構造でオープンウィンドウ，プラスチック，銅および Al フィルタからなる．検出可能範囲は $10\,\mu Sv \sim 10\,Sv$ と広範囲で，そのエネルギー特性は，20 keV から 1 MeV までエネルギー依存性が小さく平坦な応答を持つ．

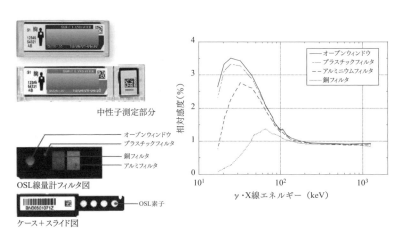

図 II-2-9 OSL 線量計の構造とそのエネルギー特性（ナガセランダウア社カタログを改変）

◆ 2017年 JIS「X・γ及びβ線用受動形個人線量計測装置並びに環境線量測定装置」に準拠し，構造は今後はオープンウィンドウ，プラスチック・アルミニウムフィルタ，チタン・アルミニウムフィルタ，スズ・アルミニウムフィルタに変更される予定である．

中性子測定部分は，熱・高速中性子線測定用素子として，$C_{10}H_{14}O_4$（エチレングリコールビス(3-ブテノアート)，通称CR-39）の板に，フィルタとして陽子ラジエータ，および，ホウ素やリチウムを含むαコンバータを組み合わせた構造になっている．

> **▽OSL線量計での中性子の測定**
> OSL線量計での中性子の測定原理は，バッジに組み込まれている陽子ラジエータやαコンバータに中性子が衝突し，弾き出された陽子線やα線がCR-39板に作る傷を，化学的にエッチングを行い，その穴の数より被曝線量を算出する（エッチピット法）．

(3) 蛍光ガラス線量計

蛍光ガラス線量計は蛍光ガラス，ホルダおよび蛍光量測定器よりなっている．放射線によって生じた蛍光中心は，レーザによる読み取り操作（RPL）によって消滅することなく，何回でも繰り返し読みとり可能で，積算型線量計として使用できる．蛍光ガラス線量計は均質性に優れており，素子間のばらつきも少なく，フェーディングは無視できる．測定可能な1 cm線量当量は10 μSv〜30 Svの範囲である．エネルギー特性は写真フィルムに似ており，40〜50 keVで感度が高く，200 keV以上でほぼ一定である．したがって，フィルムバッジやTLDと同じく，種々のフィルタ付きのホルダが用いられている．蛍光ガラス線量計の例とそのエネルギー特性を図II-2-10に示す．

(4) 電子ポケット線量計

電子ポケット線量計は1 cm線量当量に対応したディジタル表示である．検出器はPN接合型Si半導体検出器を用い，小型，軽量化が図られている．X線，γ線，中性子線用の線量計が市販されてい

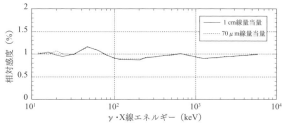

図II-2-10 蛍光ガラス線量計の例とそのエネルギー特性（千代田テクノル社カタログを改変）

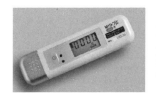
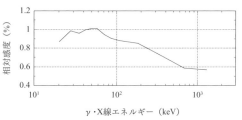

図II-2-11 電子ポケット線量計の例とそのエネルギー特性（日立製作所カタログを改変）

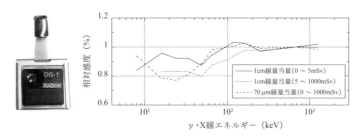

図 II-2-12　DIS 検出器の構造とそのエネルギー特性（ミリオン社カタログを改変）

る．外観およびエネルギー特性の 1 例を図 II-2-11 に示す．この線量計は，直読式であるので，短期間の被曝作業を行うときの個人被曝線量測定に最適である．線量計の表裏に注意して装着するとともに，スマートフォンや携帯電話，電磁的方式のカードリーダなどの電磁波の影響を受けて異常値を示すことがあるので注意を要する．

(5) DIS 線量計

DIS（direct ion storage）線量計の構造とエネルギー特性を図 II-2-12 に示す．DIS 線量計は電離箱と電荷を蓄積する不揮発性メモリ（MOSFET）で構成されている．メモリ素子全体を導電性の器壁で囲み，器壁とフローティングゲートの間で電離箱を形成する．放射線が入射すると，器壁材との間で相互作用を起こした 2 次電子が，内部のガスを電離させ MOSFET に電荷が蓄えられる．数 keV から 10 MeV 程度までの 1 cm 線量当量および 70 μm 線量当量を，1 μSv から数十 Sv まで計測することができる．エネルギー依存性も比較的小さい．線量は，専用リーダで読みとる．

(6) フィルムバッジ

放射線用の高感度のフィルムをバッジケースに入れたものはフィルムバッジと呼ばれ，小型安価で個人被曝線量測定に広く用いられてきた．写真フィルムは γ (X) 線に対するエネルギー特性が大きいので，被曝線量を測定するにはエネルギー補正を行う必要がある．それゆえ，バッジケースは厚さおよび材質の異なる数種類のフィルタによりフィルムを挟む構造になっている．カドミウムとスズ，鉛フィルタの部分を比較することで，熱中性子による被曝も評価できる．フィルムバッジの特徴は被曝線量の記録が保存できることである．現像作業に多量の現像廃液が出ること，γ 線に対する検出下限が 100 μSv と他の検出器に比べてレベルが高いなどの理由で，使用されなくなりつつある．

3　作業環境用の測定器

放射線作業場で人が受ける放射線は直接線より散乱線である場合が多く，一般には高エネルギーから低エネルギーまで分布している．また，蒸発や空気中に飛散した放射性物質を吸い込むことによる体内被曝も起こりうる．このような作業環境での測定には空間線量率と放射性同位元素の空気中濃度を測定する必要がある．空間線量率の測定には，据置型と可搬型の測定器がある．据置型は主にエリアモニタやゲートモニタなどの放射線モニタとして，電離箱式検出器や NaI シンチレーション検出器が主として用いられる．作業環境の測定ではないが，原子力施設のモニタはモニタリングポストと呼

ばれ，電離箱式検出器と NaI シンチレーション検出器のセットが設置されている場合が多い．

ここでは，空間線量率の測定器として可搬型のサーベイメータの特性と，空気中濃度測定のためのサンプリング法と測定法について述べる．

3.1 空間線量率の測定

空間線量率の測定にはエネルギー特性，方向特性の良好な測定器が望まれる．原則として 1 cm 線量当量率で測定を行う．可搬型のサーベイメータとして，電離箱式サーベイメータ，GM 管式サーベイメータ，シンチレーション式サーベイメータがある．これらのサーベイメータの特徴を表 II-2-3 に示す．中性子線量測定用のレムカウンタについても述べる．

(1) 電離箱式サーベイメータ

電離箱式サーベイメータ（図 II-2-13(1)）は電離気体に空気を用い，放射線により生じた電離電流を線量率に変換して表示する．電離箱の容積は 500 mL 程度で，薄い入射窓を設け β 線（軟 X 線）と γ 線を弁別できる構造になっている．メータの指示は 1 cm 線量当量率（μSv/時）の目盛りになっている．測定範囲は 1 μSv/時〜300 mSv/時である．30 keV〜2 MeV の範囲では，^{137}Cs の γ 線源（662 keV）で校正した場合，0.9〜1.1 と非常に良い特性を示す．電離箱式サーベイメータの方向特性は，^{137}Cs の γ 線に対して，後方を除いて一定で非常に良い．

(2) GM 管式サーベイメータ

GM 管式サーベイメータ（図 II-2-13(2)）は GM 計数管からの信号パルスを積分回路で積算し，その

表 II-2-3 サーベイメータの特性と適応性 [7]

		電離箱式	GM 管式	シンチレーション式
特性	測定方式	電離電流またはその積分値	放電によるパルスの計数	発光によるパルスの計数
	エネルギー特性	良	電離箱より劣る	GM 管より劣る エネルギー補償回路内蔵
	測定可能範囲	1 μSv/時〜0.3 Sv/時	1〜1000 cps 0.3〜300 μSv/時	0.001〜1.999 μSv 0.03〜30 μSv/時
	保守・取扱の難易	やや面倒	容易	容易
	方向特性	良	電離箱より劣る	電離箱よりやや劣る
	安定度	小	大	中
	湿度の影響	大	小	小
適応性	大線量の測定	○	×	×
	弱い線量の測定	△	○	○
	微弱な線量の測定	×	△	○
	積算線量の測定	○	×	×
	特記事項	γ（X）線の測定には最も有効な特性を示す	高線量率では窒息現象がある．β 線の測定向き	100 keV 以下の γ（X）線には不向き

図 II-2-13 各種サーベイメータ（日立製作所カタログより）
(1)電離箱式 (2)GM管式 (3)シンチレーション式 (4)薄窓型シンチレーション式 (5)レムカウンタ．

出力をメータ表示またはディジタル表示する．表示は通常は測定値 cpm（カウント／分）であるが，^{60}Co, ^{226}Ra の γ 線で値付けされた μSv/時目盛りで表示しているタイプもある．測定範囲は 0.3～300 μSv/時，計数率は 1～1000 cps（カウント／秒）である．1 cm 線量当量の曲線に対して，2 MeV 以上では 20% 以内で一致，0.1 MeV 以下では正しくない．このサーベイメータの方向特性は，^{137}Cs の γ 線に対して，前方と横方向で 50% 程度の差がある．

(3) シンチレーション式サーベイメータ

シンチレーション式サーベイメータ（図 II-2-13(3)）は計数管からの信号パルスを積分回路で積算し，その出力をメータ表示またはディジタル表示する．γ（X）線用には NaI(Tl) シンチレータがよく用いられる．形状は直径 25.4 mm，長さ 25.4 mm（1"×1"φ）の円筒形が多い．エネルギー補償回路の内蔵により ^{60}Co, ^{226}Ra の γ 線で値付けされた μSv/時目盛り表示になっている．測定範囲は一般の自然環境（バックグラウンド）レベルから 30 μSv/時までである．エネルギー補償回路内蔵タイプでは，100 keV 以上の 1 cm 線量当量の曲線に対して，良好な特性を示す．シンチレーション式サーベイメータの方向特性としては，後方に対する感度が低いが前方に対しては良好な相対感度を示す．低エネルギーの γ，X 線を測定する場合には，薄窓型サーベイメータ（図 II-2-13(4)）を用いる．β 線用には前項の GM 管式サーベイメータが一般的であるが，最近では，遮光膜一体型のプラスチックシンチレータ（ラギッドシンチレータ）を用いたサーベイメータもある．この場合，GM 管のような劣化はない．α 線用には，ZnS シンチレーション式サーベイメータがある．

(4) レムカウンタ

中性子線場の存在するところでは，放射線管理の立場から実効線量を求める必要がある．熱中性子検出にはフッ化ホウ素（BF$_3$）比例計数管，^{3}He 比例計数管，ヨウ化リチウム（LiI）シンチレーション検出器などが用いられる．厚さ 10 cm 程度のポリエチレン製減速材と，その内側に特殊な熱中性子吸

収体を入れることで,検出器の感度を 1 cm 線量当量換算係数に合わせている.それゆえ,中性子のエネルギーに関係なく実効線量を知ることができる.

レムカウンタ(図 II-2-13(5))は中性子による線量当量を簡便に測定可能な唯一の測定器である.レムカウンタは 0.01 μSv/時から測定ができ,エネルギー範囲も 0.025 eV〜15 MeV まで対応できる.現在市販されているレムカウンタは ICRP の 1990 年勧告に準拠しており,2007 年勧告の等価線量とは必ずしも一致しない.最近,国際情勢の影響で ^{3}He 検出器が手に入らないため,新たな中性子検出器として Ce や Na を添加した LiCaAlF$_6$(通称 LiCAF)などが開発されている.

3.2 空気中濃度の測定

空気中濃度の測定には,空気を一定時間吸引しフィルタに吸着したダストの放射能を計測する方法と,フィルタに吸着しにくい物質に対するバブリングによる水トラップやドライアイスを用いるコールドトラップなどの方法とがある.サンプリングした試料の測定には,測定対象核種の種類,測定しようとする放射能の種類および試料の状態に応じて,全 α,β,γ 放射能測定法,放射化学分析法,蛍光光度分析法を用いる.

試料の採取方法として,濾過捕集方法,固体捕集方法,液体捕集方法,直接捕集方法,冷却凝縮捕集方法がある.吸引ポンプで空気を吸引し,濾紙フィルタに吸着させる方法を濾過捕集方法と言う.また,チャコールフィルタなどによって空気中のヨウ素を捕集する方法を固体捕集方法と言う.水のバブリングを利用した液体捕集方法の例を図 II-2-14 に示す.水バブラーの代わりに U 字ガラス管をドライアイスなどで冷やすことによって空気中の水蒸気を凝集させてトリチウムなどを捕集する方法を冷却凝縮捕

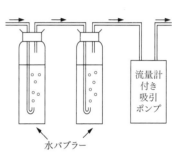

図 II-2-14 水バブラーによる液体捕集方法の例

表 II-2-4 各試料採取方法と放射性物質の性状および分析方法の組み合わせの例 [8]

試料採取方法	捕集材,捕集器具	放射性物質の性状	主な核種	定量方法*2
濾過捕集方法	濾紙	粒子状	^{60}Co,^{67}Ga ^{99m}Tc,^{147}Pm ^{201}Tl,U,Pu	全 α,全 β,全 γ 放射能計測法 α,β,γ スペクトル分析,蛍光光度分析*3
固体捕集方法*1	活性炭含浸濾紙	気体状(揮発性物質)	^{32}P,^{35}S ^{123,125,131}I,^{203}Hg	全 β,全 γ 放射能計測法,γ 線スペクトル分析
	活性炭カートリッジ	気体状(揮発性物質)	^{123,125,131}I,^{203}Hg	全 γ 放射能計測法,γ 線スペクトル分析
	シリカゲル	水蒸気	^{3}H	液体シンチレーション計測法
直接捕集方法	ガス捕集用電離箱	気体状	放射性希ガス ^{14}C	全 β,全 γ 放射能計測法(いずれも電離電流計測法)
	捕集用ガス容器	気体状	放射性希ガス	全 β,全 γ 放射能計測法,γ スペクトル分析
冷却凝縮捕集方法	コールドトラップ	水蒸気	^{3}H	液体シンチレーション計測法*4
液体捕集方法	水バブラー	水蒸気,ミスト	^{3}H,^{14}C	液体シンチレーション計測法

*1:一般には,濾過捕集方法と併用される.
*2:放射化学分析法は,対象核種の濃縮,分離あるいは計測試料の調整の目的ですべての場合に適用することができる.
*3:ウランの場合に限る.
*4:液体シンチレーション計測法は,この場合 β 線スペクトル分析とみなされる.

表 II-2-5 全放射能計測法に用いる検出器の例

放射線	検出器
α 線	表面障壁型 Si 半導体検出器，PIN フォトダイオード検出器，グリッド付電離箱，CsI シンチレーション検出器など
β 線	シンチレーション検出器（CsI，プラスチック，有機液体など）
γ 線	Ge・Si 半導体検出器，NaI シンチレーション検出器など

表 II-2-6 放射線スペクトル分析に用いる検出器の例

放射線	検出器
全 α 線	薄窓型または窓なしガスフロー比例計数管，ZnS(Ag) シンチレーション検出器
全 β 線	端窓型 GM 管，薄窓型または窓なしガスフロー比例計数管 ガス捕集電離箱と電位計を組み合わせた装置
全 γ 線	NaI シンチレーション検出器

方法と言う．^{14}C の場合はエタノールアミンなどでバブリングする．各試料の採取方法と放射性物質の性状および分析方法の組み合わせの例を表 II-2-4 に示した．分析方法には，全放射能強度を計測する全 α，β，γ 放射能計測と，核種の同定とそれぞれの放射能強度を計測するスペクトル分析がある．それぞれに用いる代表的な検出器を表 II-2-5，表 II-2-6 に示した．

4 体内放射能の測定

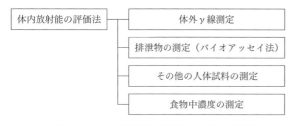

図 II-2-15 体内放射能を評価する方法の概要

体内に取り込まれた放射性物質の量を評価する方法としては図 II-2-15 に示すように複数の種類の測定法および測定装置があり，対象とする核種や評価の目的に応じて使い分ける必要がある．

4.1 体外 γ 線測定

(1) 詳細測定

標準となる測定法はホールボディカウンタを用いる方法である（図 II-2-16）．体外の検出器により体内に取り込んだ放射性物質からの γ 線（あるいは特性 X 線）を検出し，核種の同定および量の評価を行う．γ 線では検出・定量できない ^{90}Sr や Pu などの核種は測定できない．以下に示すように，検出器の種類や測定体位などの組み合わせにより多数の種類が存在する．ホールボディカウンタによる正確な定量評価のためには，ファントム（人体模型）による校正が重要である．

・検出器種類：NaI(Tl) シンチレーション検出器が主，高純度 Ge 半導体検出器などの場合もあり

・検出器台数：1台（固定式あるいは可搬式），あるいは体の部位ごとに固定式を複数台
・測定体位：立位，座位，伏臥位
・遮蔽体：あり（鉛，鋼），なし

(2) 簡易測定

専用の測定器が利用できない場合，あるいはスクリーニングなどの短時間に多数の被験者を測定する必要がある場合には，サーベイメータを用いた簡易的な測定法も有用である．γ線計測に適する核種についてのみ適用できる．体内への取り込み形態や核種ごとの集積組織に応じて，サーベイメータの検出部を体の対象部位に近づけて測定する．たとえば，微粒子状の放射性物質を吸入したことが疑われる場合は，咽頭，咽喉および胸部に近づけて測定する．放射性ヨウ素の吸入および経口摂取の場合は，ヨウ素は甲状腺に集積する性質を持つため，咽喉部に近づけて測定することが有効である．福島第一原発事故のごく初期においては，放射性ヨウ素の吸入が疑われた子供に対してサーベイメータを咽喉部に近づけて測定が行われた．この方法では，測定ジオメトリが一定でなくバックグラウンド（自然レベルの放射線）の影響も比較的大きいため，定量性（精度）は必ずしも高くない．スクリーニングの目的でこれを用い，体内への取り込みがあったと判断された場合はホールボディカウンタなどによる定量的な評価を行うことが望ましい．

図 II-2-16　ホールボディカウンタによる体内放射能の測定の模式図

この例は，出入り口を除き周囲を遮蔽体で囲われた中に被験者が立ち，背面側にある2台の縦長のNaI(Tl)シンチレーション検出器により測定が行われる．

4.2　排泄物の測定

γ線による計測に適さない核種を体内摂取した可能性がある場合，あるいはγ線計測が可能であっても放射性核種の代謝を調べる場合には，被験者の尿，糞などの排泄物を試料として採取し，試料中に含まれる放射性物質の量から体内の存在量を推計する方法（バイオアッセイ法）を用いる．採取した試料の性状および対象核種の濃度はほとんどの場合そのままでの測定には適さないため，対象とする核種に適する分析法が適用できるように，蒸発や灰化による減容・濃縮や，化学分離など（イオン交換，共沈，溶媒抽出など）の前処理が必要である．定量分析には，γ線スペクトル分析，α線スペクトル分析，β線液体シンチレーション計測法のような放射能計測に加えて，Puの分析では質量分析計が用いられる．

排泄物中の放射性物質の量から体内存在量を評価するためには，体内の核種が時間とともにどのように排泄されるかについての情報（代謝データ）や，体内での移行や排泄を数値モデルで記述した代謝モデルを用いる．国際放射線防護委員会（ICRP）の複数の報告書には，放射性同位体や安定同位体を対象とした研究で得られた代謝データやモデルが示されている．

体内の放射性物質の量は，第一近似では時間とともに指数関数的に減少することが知られており，放射壊変による減少と排泄による減少の両方の効果を含んでいる．この指数関数的な減

表 II-2-7　代表的な核種の生物学的半減期の概略値

核種	^{3}H	^{14}C	^{90}Sr	^{131}I	^{137}Cs
生物学的半減期	12 日	40 日	50 年	140 日	70 日

少を $\exp(-\lambda_e t)$ と表したときの減少率（実効的な壊変定数）λ_e は，放射壊変の壊変定数 λ_d と代謝による減少率 λ_m の和となる．したがって，実効的な半減期 T_e は下式により物理的半減期 T_d および代謝による半減期（生物学的半減期）T_m と関係づけられる．

$$\frac{1}{T_e} = \frac{1}{T_d} + \frac{1}{T_m} \tag{2.1}$$

生物学的半減期は，放射性核種が属する元素，摂取した際の物理・化学的な性状，年齢などに依存し，代表的な核種の概略値は表 II-2-7 のとおりである．

4.3　その他の人体試料の測定

体内の放射性物質を直接評価するために，血液や体の組織を採取し，含まれている放射性物質を定量して体内の量を推定する方法もあるが，動物実験や薬品の代謝に関する研究目的が主であり，被験者の負担が大きいため通常時の放射線管理の中で行われることは希である．

呼吸器系からの吸入が疑われる場合は，綿棒などを用いて鼻腔内を拭き取り（鼻スミヤ試料を採取し），放射性物質の吸入の可能性を判断することも有効な方法である．特に，プルトニウムのように吸入後に体内の量を評価するのが難しい核種については，速やかに試料採取を行う必要がある．但し，スミヤ試料の分析から体内の量を推定するのは困難であるか，可能であっても大きな不確かさを伴う．

4.4　食物中濃度の測定計算

間接的な方法として，空気中の濃度あるいは食物・飲用水中の放射能濃度を測定し，摂取量を推計する方法もある．福島第 1 原発事故時の公衆の内部被曝評価法の一つとして用いられている（II-3 章 3.4 小節参照）．

II-3
放射線と環境

1 環境放射能・放射線

1.1 自然界からの被曝

環境中には天然の放射性核種および放射線（自然放射線）が存在し，それらから我々は常に被曝する．わが国の年間被曝線量を図 II-3-1 に示す．宇宙線および土壌などに存在する放射性核種（後で述べるウラン系列，トリウム系列，^{40}K）からのγ線による外部被曝が全体の約3割を占める．内部被曝は，海産物に含まれるラドン（^{222}Rn）の長半減期壊変核種（^{210}Pb など）の摂取と，ラドン短半減期壊変核種（^{214}Pb など）の吸入による寄与が大半で，食物中の^{40}K の摂取やトロン（^{220}Rn）短半減期壊変核種の寄与もある程度存在する（外部被曝と内部被曝については II-4 章参照）．

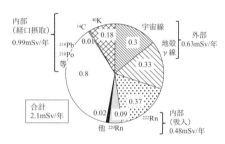

図 II-3-1 環境中の放射能・放射線からの年間被曝線量のわが国の平均値 [9]

世界平均の被曝線量は約 2.4 mSv/年と評価されており，わが国と比べて，ラドン短半減期壊変核種の吸入による被曝が約 1.26 mSv/年と大きく，経口摂取による内部被曝が小さい [10]．

1.2 環境放射能

環境中に存在する放射性核種を大別すると図 II-3-2 に示すように分類される．この中で，天然に存在する核種を含む物質の総称として NORM（naturally occurring radioactive materials）の用語が用いられている．

(1) 宇宙線起源核種・地球外起源核種

宇宙線と空気あるいは地殻の構成原子

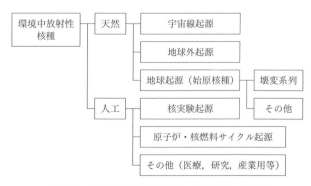

図 II-3-2 環境中放射性核種の起源による分類

表 II-3-1　代表的な宇宙線起源核種の地球全体の生成量と存在量 [11]

核種	年間生成量 (PBq/年)	地球全体存在量 (PBq)	半減期 主な壊変形式	主な生成反応
^3H	72	1,275	12.33 年, β^-	核破砕 (N, O), $^2H(n,\gamma)^3H$, $^{14}N(n,^{12}C)^3H$, $^{16}O(n,^{14}N)^3H$
^7Be	1,960	413	53.29 日, EC	核破砕 (N, O)
^{14}C	1.54	12,750	5730 年, β^-	$^{14}N(n,p)^{14}C$
^{22}Na	0.12	0.44	2.602 年, β^+, EC	核破砕 (Ar)
^{32}P	73	4.1	14.26 日, β^-	核破砕 (Ar)
^{33}P	35	3.5	25.34 日, β^-	核破砕 (Ar)
^{35}S	21	7.1	87.51 日, β^-	核破砕 (Ar)

PBq（ペタベクレル）= 10^{15} Bq.

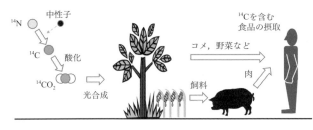

図 II-3-3　大気中で生成された ^{14}C の炭素循環による移行

との反応で生じる核種が宇宙線起源核種のほとんどを占める．大気中では空気構成原子と高エネルギー粒子による核破砕や熱中性子による反応によって生じるため，軽元素がほとんどである．表 II-3-1 に代表的な核種を示す．環境中の水（降水，河川水，海水など）には宇宙線起源 ^3H が含まれており，水循環によって移行している．濃度は，0.5～1.0 Bq/m^3 程度であり，大陸では海水による希釈効果が小さいため内陸ほど高濃度であることや，高緯度ほど宇宙線による生成が大きいため高濃度であることが知られている．宇宙線起源の ^{14}C は地表面付近で炭素循環に取り込まれるため（図 II-3-3），大気中二酸化炭素やそれを光合成で取り込む植物中の有機炭素には宇宙線起源 ^{14}C が炭素 1 g あたり約 0.23 Bq 存在し，それらを食品（えさ）として摂取するヒトおよび動物を構成する炭素も同程度の宇宙線起源 ^{14}C を含む．

地球近傍の惑星間空間には惑星を構成する物質と同様の物質が種々の組成および大きさで存在しており，それらは後述の始原核種と前述の宇宙線起源核種の両方を含んでいる．惑星間空間物質は隕石や宇宙塵（隕石の表面や流星が大気圏突入時の高温で一旦気化し，その後凝固して形成される微粒子）として地球にもたらされる．これらの地球外起源の放射性核種が地球全体にもたらされる量は年間に 0.1 GBq（ギガベクレル：10^{12} Bq）の桁であり，宇宙線起源に比べてごくわずかである．

(2) 地球起源・始原核種

地球誕生時に地球を構成した物質に含まれていた放射性核種で，半減期が地球年齢と同程度か長いため，現在まで残っている核種である．壊変系列を構成しない核種，または現在までに残っている核種を親とする壊変系列を構成する核種のいずれかである．

1) 壊変系列を構成しない核種

土壌中には ^{40}K が存在し，それらが風により巻き上げられるため大気からの乾性降下物または湿性降下物として測定される．土壌中濃度は通常数 100 Bq/kg 程度であり，地殻 γ 線の主要線源の一つである．この他に土壌・岩石中には ^{87}Rb, ^{138}La, ^{147}Sm, ^{176}Lu などの始原核種が存在するが，被曝への寄与は無視できる程度である．

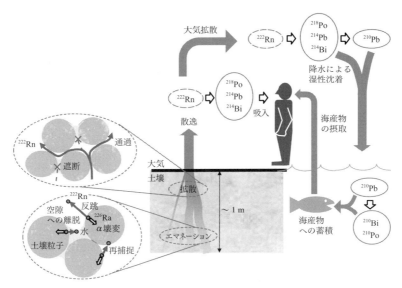

図 II-3-4 土壌中の^{226}Ra から生成した^{222}Rn によりヒトが内部被曝するまでの主要過程の模式図

2）壊変系列を構成する核種

系列内の壊変で生じる核種の質量数は α 壊変により 4 の倍数だけ異なることから，理論的には，質量数が $4n$ のトリウム系列，$4n + 1$ のネプツニウム系列，$4n + 2$ のウラン系列，および $4n + 3$ のアクチニウム系列の 4 系列が存在する．しかし，ネプツニウム系列の中で最も長寿命の^{237}Np の半減期が 2.14×10^6 年と短いため，現在は自然界に存在しない．アクチニウム系列中の最長寿命核種の^{235}U の半減期も 7.04×10^8 年と地球年齢より短いために減衰が進み，トリウム系列（最長寿命核種^{232}Th, 1.41×10^{10} 年）およびウラン系列（^{238}U，4.47×10^9 年）と比べて存在量が少ない．

ラドンの同位体^{222}Rn（同位体の名前としても「ラドン」と呼ばれる）は我々の自然界からの被曝に最も寄与の大きい核種である．ウラン系列中で^{222}Rn のみが気体である．環境中では，土壌粒子中に含まれる^{226}Ra の α 壊変で生じた^{222}Rn が反跳により土壌粒子から離脱し，土壌空隙中を拡散して大気中に散逸する（図 II-3-4）．これが大気中で壊変して生じる^{218}Po, ^{214}Pb, ^{214}Bi を呼吸により吸入すること，あるいは海産物に含まれる^{210}Pb, ^{210}Bi, ^{210}Po を摂取することにより，図 II-3-1 に示した内部被曝を引き起こす．また，土壌中で生成した短半減期核種の^{214}Pb および^{214}Bi は γ 線放出核種であり，トリウム系列の壊変核種^{208}Tl などとともに，地殻 γ 線の主要線源として外部被曝に寄与している．トリウム系列のラドン同位体（^{220}Rn）は「トロン」と呼ばれる．

地表面からのラドン散逸率は，土壌の^{226}Ra 含有量や含水率に依存し，$10 \sim 50$ mBq/(m^2·s) の範囲であることが多く，わが国ではラドン濃度は大気中で $5 \sim 20$ Bq/m^3，室内空気中で $5 \sim 40$ Bq/m^3 が平均的な値である．壁板・天井板やコンクリートなどの建材に含まれる^{226}Ra からのラドンの発生や屋内で使用する地下水からのラドンの散逸も室内濃度を決める要因である．

（3）核実験起源核種

1962 年頃までに行われた大気圏核実験では，多種多量の核分裂生成核種，放射化核種，およびプルトニウムなどの核物質が大気圏内に放出された．これらは全球規模での放射性の降下物（フォールアウト）として地表面に蓄積された．農耕や土地開発により乱されていない表層土壌中には，現在で

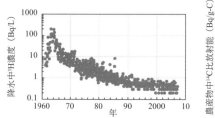 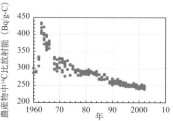

図 II-3-5 降水中^{3}H 濃度（左）および農産物中^{14}C 濃度（右）の測定値の経年変化（[12] より作図）

も核実験フォールアウト起源の^{137}Cs，^{90}Sr，Pu が残っている．

核実験では^{3}H および^{14}C の生体を構成する元素の放射性同位体も大量に大気中に放出され，地表面環境での水循環や炭素循環に取り込まれた．図 II-3-5 にこれらの核種の環境中濃度の経年変化を示す．^{3}H は半減期が 12.3 年と比較的短いことと，海洋深層や地下水などへの移行により，現在では降水中の濃度は核実験前の水準に近づいているが，核実験が最も盛んだった時には 100 Bq/L 以上の期間もあり，自然界の水準より二桁以上高い濃度であった．

図の農産物中^{14}C 比放射能は，光合成の材料として使われた大気中二酸化炭素の比放射能を反映したものである．^{14}C は半減期が 5730 年と長いために壊変による減少はほとんどない．しかし，植物の光合成を介して，植物体およびその遺骸である土壌有機物としての固定と，海洋への溶存を経て有機態炭素や無機態炭素（炭酸塩）としての固定により，環境中の濃度は核実験以前の水準に近づいている．

1.3 環境放射線

被曝の観点で重要視されるのは地殻 γ 線および宇宙線である．環境中には α 線または β 線を放出する核種（ウラン系列，トリウム系列，^{40}K など）が存在するが，放射線の飛程が小さいことおよび線量（皮膚線量のみ）が小さいことから，外部被曝をもたらす放射線としては注目されない．

地殻 γ 線のレベルは土壌中に含まれる放射性核種（主にウラン系列，トリウム系列，^{40}K）の量に依存している．一般的に，酸性の火成岩（花崗岩，流紋岩など）ではウラン系列およびトリウム系列の濃度が高く，塩基性の火成岩（はんれい岩，玄武岩など）では低いことから，地質によって地殻 γ 線の線量率が異なる．わが国では，花崗岩に代表される古い地質が多い西日本（中部地方西部，中国・四国地方など）で地殻 γ 線が高い傾向がある．特異的に高い地域を除けば，国内の大体の地域での地殻 γ 線線量率（空気吸収線量率）は 25 nGy/時（ナノグレイ／時：10^{-9}Gy/時）から 80 nGy/時程度の範囲内である．また，降水がある場合は，大気中の^{222}Rn の壊変で生じた^{214}Pb と^{214}Bi が降水により地上にもたらされ（湿性沈着），環境中の γ 線の線量率が数 nGy/時から数 10 nGy/時ほど増加する．この増加した線量率は，これらの核種の壊変により降水停止後二，三時間で元に戻る．積雪がある場合は，遮蔽効果により線量率は積雪量に応じて減少する．

世界的には，特異的に線量率の高い地域が知られている．代表的なものを表 II-3-2 に示す．多くの場合はトリウム系列核種を高濃度で含む鉱物であるモナザイトがその地方に存在することによる．

大気圏外の宇宙線（1 次宇宙線）のほとんどは超新星爆発などで生じた高エネルギーの荷電粒子（陽子など）であり，太陽磁場および地球磁場を通り抜けることができる硬い（質量が大きくエネ

表 II-3-2　地殻γ線空気吸収線量率が特異的に高い地域の代表例

国および地域名	線量率（nGy/時）	原因物質
ブラジル　Guarapari	90〜90000	モナザイト
中国　Yangjian	370	モナザイト
インド　Kerala, Madras	200〜4000	モナザイト
イラン　Ramsar	70〜17000	温泉析出物

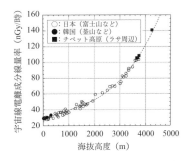

図 II-3-6　宇宙線電離成分の線量率の高度分布（[13]を改変）

ギーの高い）成分が大気と相互作用し，電離作用のある多様な放射線（2次宇宙線）を生じる．図 II-3-6 に示すように宇宙線の線量率は大気による減衰が小さい高度ほど高く，富士山頂の高度では海抜 0 m での値である約 30 nGy/時の 3 倍強である．宇宙線の強度は高度の他に太陽活動にも依存し，太陽磁場が弱い時期に宇宙線の強度が大きい．

2　環境レベルの放射線測定

　食品や土壌試料に含まれる放射性物質の定量には，測定器および試料を遮蔽するとともに核種分析ができる NaI シンチレーション検出器を内蔵した食品放射能測定システムや Ge 半導体検出器を用いる．多数の試料を効率よく測るために，自動試料交換装置と組み合わせた Ge 検出器が市販されている（図 II-3-7）．測定スペクトルの例を図 II-3-8 に示す．

　検出下限は試料量と測定時間により変わる．NaI シンチレーション検出器の検出下限が〜30 Bq/kg（900 mL，10 分測定）に対して，Ge 検出器の検出下限は〜4 Bq/kg（100 mL，90 分測定）である．通常は，感度の良い NaI シンチレーション検出器でスクリーニング検査を行い，一定レベルを超えた場合

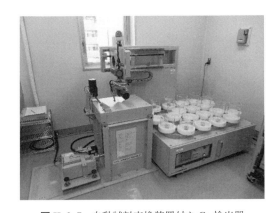

図 II-3-7　自動試料交換装置付き Ge 検出器

名大アイソトープ総合センター所有．20 個の試料が設定できる．Ge 検出器は液体窒素不要の電気冷却型である．

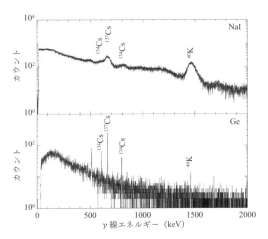

図 II-3-8　NaI シンチレーション検出器（上）と Ge 検出器（下）で測定したスペクトルの例

両者は同じ試料，同じ測定条件ではない．

には，分解能の良い Ge 検出器で精度良く測定する．^{134}Cs の定量には環境中の^{214}Bi の γ 線が混じるので，NaI での測定スペクトルの解析には注意する．

3 福島第1原子力発電所事故による環境汚染と対策

2011年3月11日の東日本大震災とそれに伴う津波により，東京電力福島第1原子力発電所（原発）が炉心溶融を起こし，爆発によって放射性物質が大気中へ放出された［14］．本節ではその放射性物質による環境汚染と対策について解説する．

3.1 汚染拡散のメカニズムと汚染分布の特徴

（1）汚染拡散のメカニズム

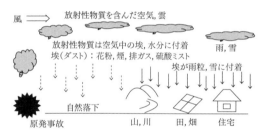

図 II-3-9 汚染拡散のメカニズム

原発事故により放出された放射性物質を吸着した大気中の粉塵，花粉，煙，排ガス，硫酸ミスト，その他から成るエアロゾルは，放射性エアロゾルとなった．図 II-3-9 に示すように放射性希ガスと放射性エアロゾルを含む大気の塊（プルーム）は，風に乗って広範囲に拡散した．放射性エアロゾルの一部は乾燥状態で塵，埃として落下（乾性沈着）するが，雨や雪とともに集中的に降下し（湿性沈着），環境を汚染させた．汚染は，植物，土壌，建築物，その他の表面に固着したものと，雨水により降下地点から移動したものとがある．汚染は移動により部分的に減少するが，移動先の土壌，雨水桝，下水処理場，その他では濃縮された．汚染の程度は，風向きや降雨の程度，地形によって地域間の変動が大きい．

（2）汚染分布の特徴

土壌中の^{134}Cs および^{137}Cs（セシウム）は，粘土質成分に捕捉されて安定した状態で存在し，捕捉されて以後は雨水によってほとんど移動することがないか，あるいは移動速度がきわめて遅いため，最初に捕捉された場所に局在するとされている［15］．土壌中へ浸透した深さは，図 II-3-10 のように土質により異なる．浸透の深さは粘土質が多い場合は浅く，砂地の場合は深い．図 II-3-11 のように耕作などによって人為的に攪拌された場合は，分布が変わっている．

植物を汚染させたセシウムは，初期には葉や樹皮表面に捕捉され固着した．その後，セシウムは，葉や樹皮に残存するとともに，一部は新芽や果実などへ移動（転流）した．汚染した葉は落葉樹の場合1年以内の期間で，常緑樹の場合は樹種により数年以内に落葉し，セシウムは落ち葉や腐植土に移行する．時間経過とともに土壌中のセシウムは，土壌に捕捉されてとどまるもの，雨水により森林から流出するもの，根から吸収され植物体内に移行するものがある．転流や移行の程度は土質，植物の種類や部位によって異なるので，それに応じてセシウム量も異なる．

個人住宅の家屋，庭土，庭木，その他やビルなどの建築物，道路，公園，街路樹，その他，住民の

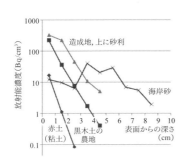

図 II-3-10 土質による深度分布の違い [16]

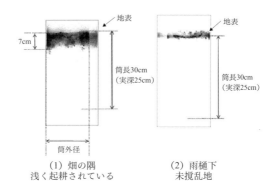

図 II-3-11 耕起された畑と未攪乱地との放射能分布の違い

生活圏の屋外は全体が汚染された．局所的に高度の汚染が集積し線量率が高いホットスポットが形成された場所として，枯葉や泥が堆積している場所，縦樋の下，雨水が流れ込む側溝，清掃によって集積した塵，雑草や苔，周囲より低く水溜りができる窪地，木の切り株，板壁，錆びたトタンなどが挙げられる．道路のコンクリートやアスファルトは表面から1〜2 mm 程度までしか汚染されていなかった．公園は水溜りが乾燥した後にホットスポットができやすく，砂場では汚染が深く浸透していた．汚染された街路樹は，広範囲まで線量率を高くさせた．このように高度に汚染されている場所もあるが，軽度の汚染の場所もある．汚染の程度は地域，場所によって変動が大きい [16-18]．

3.2 事故による環境汚染の推移

福島原発事故により放出された主な放射性核種（RI）は^{131}I，^{134}Cs，^{137}Cs である．表 II-3-3 は，これらの RI に加えて^{90}Sr の放出量をチェルノブイリと比較したものである．放出量の比から，チェルノブイリの方が核種により 3 倍から 71 倍多く放出されたことがわかる．

図 II-3-12 は航空機モニタリングによって得られた 2011（平成 23）年 11 月 15 日現在での^{137}Cs の地表面蓄積量分布である．福島県の東部を中心に，福島県以外にも栃木県，群馬県，茨城県，千葉県にも分布していることがわかる．

2016 年 11 月現在では，半減期 8 日の^{131}I は減衰しており，汚染は実質的に^{134}Cs および^{137}Cs のみと考えられる．森林などから流出した RI は河川から海へ移動したものを除くと，大部分の Cs は地面に固定されていると考えられている．土壌中の Cs のうち，半減期約 2 年の^{134}Cs は 2017 年 3 月 11 日には，放出量の約 1/8 に減少し，半減期約 30 年の^{137}Cs は 87 ％ に減少する．^{134}Cs と^{137}Cs は，ほぼ等量放出されているとみなして両者の減衰を加味すると，固着した^{134}Cs と^{137}Cs の量を 100 ％ としたとき，自然減衰のみでの残存量は約 50 ％ になる．今後，主要な汚染源は半減期約 30 年の^{137}Cs となる．

汚染された森林は，当初葉や樹皮が高度に汚染されていたが，落葉などにより土壌へ移動し，樹体の汚染は減少している．筍，こしあぶら，タラの芽，他の各種山菜，コケなど

表 II-3-3 原子力発電所事故時に放出された RI 量の比較

核種	半減期	放出量（PBq[*1]）		比（C/F）
		チェルノブイリ (C)[*2]	福島 (F)[*3]	
^{131}I	8 日	1760	160	11
^{134}Cs	2 年	48	18	3
^{137}Cs	30 年	89	15	5.7
^{90}Sr	28 年	10	0.14	71

* 1：PBq：ペタベクレル，1PBq = 10^{15}Bq．
* 2：[19] による．
* 3：[20] による．

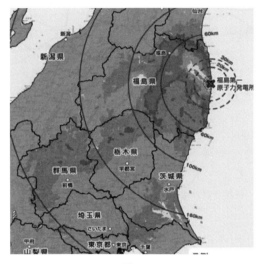

図 II-3-12 地表面蓄積^{137}Cs（2011 年 11 月 15 日現在）[21]

の特定の植物で高濃度の汚染が検出されたが，汚染の程度や検体数は徐々に減少している．

3.3 除染

(1) 除染の枠組み

除染に関する基本的な考え方，除染方法，廃棄物対策は法令 [22] に定められている．除染に関わる者の安全を確保するために，除染電離則 [23] および除染人事院規則 [24] が定められている．除染地域は，表 II-3-4 のように追加被曝線量によって 3 地域に区分されており，地域により除染の実施主体が国，市町村（地方自治体），個人になる．

除染は，除染後の線量率を 0.23 μSv/時以下とすることを基準として行われている．この線量率は追加被曝線量 1 mSv/年に相当するものとされている（コラム参照）．

除染後の汚染廃棄物は，国として一時的に仮置き場に保管し，次に中間貯蔵施設へ保管した後，処分する計画であるが，ここでは取り上げない．

表 II-3-4 追加被曝線量による除染地域の区分 [22]

区分	線量率	対象地域	実施主体
1	20 mSv/年超	除染特別地域 （計画的避難区域及び警戒区域）	国
2	1 mSv/年（0.23 μSv/時）〜 20 mSv/年（3.84 μSv/時）	汚染状況重点調査地域内の 除染実施区域	市町村 （地方自治体）
3	1 mSv/年（0.23 μSv/時）以下		市町村，個人

▼除染に関するガイドラインやマニュアル
　除染を行うために環境省からは各種ガイドライン [25] が，地方自治体からはガイドラインを基にした除染マニュアル [26] が，日本放射線安全管理学会 [18] からは個人住宅除染マニュアル [17] や土壌汚染分析報告書 [16] が出されている．

▼追加被曝線量 1 mSv/年と 0.23 μSv/時の考え方
　1 日のうち屋外に 8 時間滞在し，木造家屋の屋内に 16 時間滞在するものとする．木造家屋による遮蔽効果により屋内の線量率は屋外の 40 % になるものと仮定する．この場合，次式のように追加被曝線量 1 mSv/年は 0.19 μSv/時に相当する．
　　1 mSv/年＝ 0.19 μSv/時 ×（8 時間＋ 16 時間 × 0.4）/日 × 365 日/年
これに大地からの自然放射線 0.04 μSv/時を加えると 0.23 μSv/時となる．

(2) 除染の進捗状況

除染の進捗状況は，随時変化している．進捗状況に関連する情報は，除染に関係する各県のホームページあるいは環境省除染情報サイトにおいて随時確認することができる．以下の記述は2016年11月現在における環境省除染情報サイト［27］の内容に基づいている．

1）除染実施区域

2016年8月時点で，市町村が行う除染実施区域である福島県福島市の場合，除染は計画に対して，住宅は100％，公共施設等は98.9％，道路は87.3％が終了している．白河市の場合，除染は計画に対して，住宅は98.4％，公共施設等は100％，道路は81.7％が終了している．地域により，除染の進捗状況は多少の差があるようである．

2）除染特別地域

国直轄の除染区域である除染特別地域は，2016年8月時点で，面的除染が終了し，避難指示解除が行われた地域が増加しているが，帰還困難区域，面的除染実施中の区域が残っている．

除染で取り除いた土壌の処理の流れ，仮置き場，あるいは中間貯蔵施設等については，［27］から確認することができる．

3）森林除染

森林の除染は「住居等近隣林」「ほだ場」「森林全体」と，3つのエリアに分けて扱われている．

①住居等近隣林

住居，農用地等に隣接する森林については，林縁から約20 mの範囲について除染が行われており，落ち葉等の堆積有機物の除去を中心に除染されている．但し，土壌流出に対しては考慮する必要がある．

谷間等にあり周囲を森林で囲まれている住宅では，通常の除染では線量が低下しない場合がある．このような場合は20 mを超えて除染する．

②ほだ場

森林内でキノコを栽培する場所をほだ場と言う．ほだ場では，住居等近隣林に準じた方法で除染し，さらに周辺20 m程度まで除染する．

③森林全体

森林全体の除染は，除染方法について検討が進められている段階にあり，除染は実施されていない．但し，環境省と林野庁によって，森林から生活圏へのRI流出の監視，拡散等防止策の試行，あるいは拡散の兆候を把握するための気象条件による線量率の変動，ダストサンプリングによる空気中濃度のモニタリングなどが行われている．

3.4 食品中Csの基準濃度と摂取限度

内部被曝は，RIを体内摂取することによって起こる．体内摂取の主要な経路は飲食物からの摂取である．飲食物中には自然のRIも含まれているので，自然のRIと原発事故で放出されたRIとは区別して考えなければならない．ここでは，事故で放出されたRIを対象とした食品中RIの濃度基準について述べる．

表 II-3-5 食品中放射性セシウムの規格基準（平成24年4月1日から実施）[29-31]

食品区分		放射性セシウムの基準濃度（Bq/kg）
1	飲料水	10
2	乳幼児食品	50
3	牛乳	50
4	一般食品*	100

*一般食品とは，飲料水，乳幼児食品及び牛乳以外のすべての食品を言う．

(1) 食品中放射性セシウムの基準濃度

厚生労働省（厚労省）は，2012（平成24）年4月1日からセシウム（^{134}Cs, ^{137}Cs），ストロンチウム（^{90}Sr），ルテニウム（^{106}Ru）を含む飲食物による内部被曝線量が1 mSv/年以下となるようにセシウムを代表核種として食品を4区分し，1日あたりの食品摂取量 [28] を用いて放射性セシウムの規格基準（基準濃度）を表 II-3-5 のように定めている [29-31]．ストロンチウムとルテニウムの寄与はセシウムとの存在比を用いて被曝線量に組み込まれている．

(2) 年齢，性別ごとの1日および年間摂取放射能量

基準濃度は流通食品の規制には適しているが，消費者には，1日あたり，または1年間あたりの摂取放射能量の方が理解しやすい．表 II-3-6 は1日あたりの食品摂取量 [28] と基準濃度を用いて算出した年齢・性別ごとの1日および年間あたりに摂取するセシウムの放射能量を示している．年間摂取量を年摂取限度値と考えることもできる．摂取放射能量が年摂取限度値を超えなければ，被曝線量は1 mSv 以下になる．1日の摂取放射能量は被曝管理の目安であり，これを超える日があっても，年間の摂取量が年摂取限度値を超えなければ問題ない．

表 II-3-6 年齢，性別ごとの1日および年間摂取放射能量

年齢，性別		期間	摂取放射能量（Bq）*				
			一般食品	牛乳	飲料水	乳幼児食品	計
1歳未満	男女共通	1日 年間	13 4,619	0.3 106	10 3,650	5.7 2,081	29 10,455
1～6歳	男	1日 年間	55 20,088	8.0 2,915	20 7,300	— 	83 30,302
	女	1日 年間	53 19,469	7.0 2,540	20 7,300	— 	80 29,310
7～12歳	男	1日 年間	79 28,729	15.4 5,625	20 7,300	— 	114 41,654
	女	1日 年間	72 26,119	13.0 4,743	20 7,300	— 	105 38,163
13～18歳	男	1日 年間	92 33,496	10.8 3,946	20 7,300	— 	123 44,742
	女	1日 年間	76 27,563	7.6 2,778	20 7,300	— 	103 37,641
19歳以上	男	1日 年間	102 37,130	4.1 1,502	20 7,300	— 	126 45,932
	女	1日 年間	79 28,868	4.4 1,588	20 7,300	— 	103 37,756
妊婦		1日 年間	83 30,410	5.0 1,829	20 7,300	— 	108 39,539

*放射能量は四捨五入してある．1日の放射能量を365倍しても，年間放射能量と一致しない．

II-4
被曝低減の枠組み

放射線の被曝には外部被曝と内部被曝とがあり，外部被曝とは，身体の外部からの放射線で被曝すること，内部被曝とは，身体の内部に取り込んだ放射性同位元素による放射線で被曝することである．放射線防護とは，外部被曝と内部被曝を低減させることである．

防護のためには，具体的には，「遮蔽・距離・時間」の3つの手段で飛来する放射線を減らして外部被曝を，体内への3つの経路「経口・吸入・経皮」を通る放射性物質の量を抑えて内部被曝を低減する．

本章では，これらの措置がどのように選択・計画・実行されるのか，そのための基本的な枠組みと，そこで使われる量（ものさし）について述べる．

1 放射線防護の基本的な考え方

本節では，最初に放射線防護におけるICRPの役割について述べ，次いで防護が何を目的として，どのような考え方で防護の対象を選択して実践しているのか，最後に，被曝はその様態によってどのように分類されているのかを説明する．

(1) 放射線防護におけるICRPの役割

日本だけでなく多くの国の放射線防護のための仕組みは，国際放射線防護委員会（International Commission on Radiological Protection：ICRP）の勧告を取り入れている．ICRPは放射線利用に関する防護と安全について検討する研究者の非営利の学術団体である．日本の現行の法令と仕組みはICRPの1990年勧告（Publication 60 [32, 33]，以下Publ. 60のように略す）に基づいている．

最新のICRP主勧告は2007年勧告（Publ. 103 [34, 35]）である．2007年勧告では最新の科学的知見と検討を元に修正や新しい概念を導入しているが，2016年現在，日本の法令にはまだこの内容は取り入れられていない．本章では参考のため，2007年勧告の要点についても取り上げる．

(2) 放射線防護の目的

放射線防護の目的は，下記3点にある．
- 利益をもたらすことが明らかな放射線被曝を伴う行為を，不当に制限することなく人の安全を確保すること．

・個人の確定的影響（生体反応）の発生を防止すること．
・確率的影響の発生を制限すること．

確率的影響の制限について，ICRP は，現在の科学の知見では低線量の被曝の人体影響の有無が不確実であることから，放射線防護を実行する場面では予防的に，放射線被曝は微量であっても人体に有害な影響があるとして取扱う基本的立場をとっている（LNT 仮説の採用）．LNT 仮説とは，確率的影響の発生頻度が線量に比例し（linear），しきい値が存在しない（non-threshold）とする仮説である（I-1 章図 I-1-2 を参照）．

> **♦LNT 仮説の扱い**
>
> LNT 仮説は，知見の不確実さが大きい 100 mSv 以下の低線量の被曝に対する防護を予防的に行うために採用されたものである．逆に，LNT 仮説が採用されているからといって，微量の放射線でも必ず影響があるとする理由にはならない．放射線防護の目的から読み取れるように，放射線防護のための議論と方策は，将来起こりうる被曝（の影響の防止・抑制）のためのものである．既に起きた個人の被曝の影響の予測と対処では，科学的な知見が不確実な低線量・低線量率の被曝に対して LNT 仮説を前提としない．
>
> 日本の放射線防護に関する法制度および実施体制は ICRP の立場を取り入れ，「放射線被曝は微量であっても人体に有害な影響があると扱う」を前提として設計されている．しかしこの基本的立場，前提は将来の科学的知見により変更される可能性がある．専門性を有する者は，このような「前提」を常に意識下におき，さらに前提は変更がありうることも忘れてはならない．

(3) 放射線防護の考え方

放射線防護の目的を達成するため，図 II-4-1 に示すような流れに従い，具体的な防護の規制・管理・施策を組み立てる．これが放射線防護の考え方であり，もし従来の枠に収まらない新たな局面が発生した時は図 II-4-1 の出発点に立ち返って，新たな施策と従来の施策との整合性を取る．

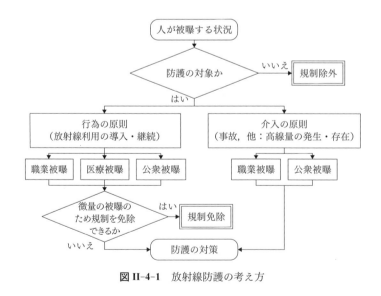

図 II-4-1 放射線防護の考え方

(4) 放射線防護の対象

1) 放射線防護の対象となる場合

防護の対象となる場合は，表 II-4-1 のように区分することができる．

2) 放射線防護の対象から外す場合

自然放射線による被曝のように線源によって引き起こされる被曝がごく小さく，放射線防護により回避できる被曝が防護の費用に見合わない場合がこれに相当する（規制免除のコラムを参照）．

表 II-4-1　放射線防護の対象

		放射線源	
		制御できる	制御できない
人間の被曝	制御できる	対象となる[*1]	対象となる[*2]
	制御できない	—	対象とならない[*3]

*1：人工の放射線源，放射線発生装置の使用など，多くの場合はこれにあたる．
*2：航空機乗務員の飛行中の宇宙線による被曝など．
*3：通常レベルの自然放射線による被曝がこれにあたる（規制除外のコラムを参照）．

▼規制除外

放射線，放射性物質であるならば，すべて放射線防護の対象とするわけではない．そうでなければ，この世のすべてのものを放射性物質として規制・管理することになってしまう．規制・管理という手段になじまない被曝が存在するということである．そのような被曝に対して規制の対象から外すことを規制除外（exclusion）と言う．たとえば通常人類が生活の場とする地表においては，地域差こそあれ普遍的に宇宙線に対して被曝する（II-3 章を参照）．この線源の制御も被曝の制御も不可能あるいは非現実的である．被曝を制御しようとすれば，宇宙線を遮蔽するために人類は深地下か深海での居住を余儀なくされるであろう．

しかし，地表に比べて宇宙線の強度の高い高空を飛行する航空機の乗務員や宇宙飛行士に対しては，飛行時間の制限といった方法で被曝する線量を管理可能である．したがって同じ宇宙線に対してであっても，乗務員などの被曝は規制の対象となる．

核実験や核施設の事故などにより環境中に人工放射性核種が放出され，広範囲の産物に含まれることがある．これに対して一定レベル以下の濃度であれば，放射性物質として規制するのではなく一般の物品として扱うための国際安全基本基準（Basic Safety Standard：BSS）が国際原子力機関（IAEA）により示されている．この国際基準は，同じ産物が国ごとに，一般の物流に乗せられるか，あるいは放射性物質として管理を受けるか，取扱いが食い違うことによる混乱と手続きの煩雑化を避けるために制定された．

▼規制免除

規制免除（exemption）とは，これまで規制・管理の対象であったものを，規制の枠から外して以後の管理を不要とするものである．ある物質がごく低い濃度でしか放射性物質を含まないならば，これを放射性物質として管理する努力が，その物質による放射線のリスクに対して不釣り合いに大きすぎることがある．このような物質を規制することは正当化されない．

この考え方は，たとえば原子力発電所などの解体におけるクリアランスとして法制化されている．極低濃度の放射性物質しか含まない廃コンクリートなどは，法令に定める基準を満たせば，放射性廃棄物ではなく一般の産業廃棄物と同じ扱いとなり，埋め立て材，建材などに再利用が可能となる．

---

(5)　「行為」と「介入」

ICRP 1990 年勧告では，放射線被曝を伴う人間活動を表 II-4-2 のように「行為」と「介入」に分類している．

たとえば，放射線利用の新規計画と利用の継続が「行為」にあたる．「介入」には放射線施設に事故が発生した場合，あるいは屋内ラドンのように存在している被曝源から人々が有意な被曝をしている場合などに実行する，それらの被曝を減少させるための種々の活動があたる．

表 II-4-2　「行為」と「介入」の定義

活動の分類	定　義
行為	個人の被曝または被曝する個人の数を増加させる人間活動
介入	被曝線量を全体的に減少させる人間活動

表 II-4-3 「行為」と「介入」の原則

活動		原則
行為	(1)行為の正当化	放射線被曝を伴う行為は，被曝する個人または社会に対して，行為に伴う放射線影響の損害を相殺するのに十分な便益を生むものでなければ，導入してはならない．
	(2)防護の最適化	個人の被曝線量，被曝する人数，被曝の可能性（潜在被曝）を，経済的および社会的要因を考慮に入れながら，「合理的に達成できる限り低く(as low as reasonably achievable：ALARA)」保つ．
	(3)個人の線量限度	全線源から受ける線量あるいはリスクの合計を制限するため，ある個人が受ける線量に上限値を設ける．
介入	(1)介入の正当化	介入することにより生じる利益がその活動による損害より大きくなければならない．
	(2)介入の最適化	介入のかたち，規模，期間は線量低減の正味の便益が最大となるように決定する．

表 II-4-4 被曝の分類

分類	対象
職業被曝	ある個人または集団が職業上利用する人工放射線源からの被曝[*1]
医療被曝	診断・治療による患者の被曝．医学研究の被験者や患者の介助者・保定者の被曝[*2]
公衆被曝	職業被曝および医療被曝以外のすべての被曝

*1：鉱山でのラドンによる被曝やその他の自然放射性核種を含む物質を扱う職業，航空機の運行や宇宙飛行に関連する職業などは，自然放射線源からの被曝も職業被曝に含める．
*2：診断・治療を行う医療関係者の被曝は職業被曝に含める．

「行為」に対する防護，「介入」の措置をとるか否かの判断は，表 II-4-3 に示す原則に基づいて行われる．

◆ 「介入」の原則に個人線量限度が含まれない理由については 3.2 小節のコラムを参照．

(6) 放射線被曝の分類

放射線防護の効率的な運用を考えて，被曝する人の立場に基づいて，表 II-4-4 のように被曝の形態を職業被曝，医療被曝，公衆被曝の 3 種類に区分する．

> **▼被曝状況**
>
> ICRP の 2007 年勧告（Publ. 103）では，「行為」と「介入」の分類に代わり，「被曝状況」を新たに定義して，放射線防護の考え方を整理している．被曝状況は以下の 3 つに分類され，この 3 つで全ての状況を網羅する．
> ・計画被曝状況：放射線源の計画的な導入と操業に伴う状況．従来の「行為」が含まれる．
> ・緊急時被曝状況：計画被曝状況における操業中，または悪意ある行動から，あるいは他の予期しない状況から発生する好ましくない結果を避けたり減らしたりするため，緊急の対策を必要とする状況．放射線事故の発生中などが該当する．
> ・現存被曝状況：線源や被曝の管理を検討する時点ですでに被曝が存在する状況．高レベルの自然バックグラウンド放射線や，緊急事態後に長期の被曝が存在する状況が該当する．
> 3 つの被曝状況に対して 3 つの被曝の区分（職業被曝，公衆被曝，医療被曝）が考えられるので，3×3 の分類で放射線防護が整理される．線量限度は医療被曝以外の計画被曝状況で適用され，他では後述する参考レベルが用いられる．
> これらの考え方は 2016 年現在，日本の法令にはまだ反映されていないが，今後の放射線防護のさまざまな場面では被曝状況の考え方を参考にして施策が検討されていくであろう．

2 線量と補助的な量

放射線防護のための基本的な量（ものさし）は等価線量および実効線量である．このため等価線量と実効線量は，後述の「実用量」に対して「防護量」と呼ばれる．等価線量および実効線量を導き出すために，種々の物理量や係数が定義されている．

本節では，まず防護量である等価線量および実効線量を算出するために必要な物理量について述べる．続いて，防護量をこれら物理量から算出する方法と，そのために必要な係数である放射線加重係数，組織加重係数について述べる．預託線量や集団線量についても触れる．最後に実際のモニタリングのために使用される実用量として1 cm 線量当量，70 μm 線量等量などについて説明する．

2.1 放射線防護に関係する物理量

(1) 吸収線量

吸収線量 D とは，放射線を吸収した物質が放射線から得たエネルギー量を表す．吸収線量は放射線や物質の種類によらず使用できる物理量である．

物質1 kg 中に吸収されたエネルギーが1 J の時に1 Gy（グレイ）と定義される（＝J/kg）．対象とする物質が空気の時，「空気吸収線量」のように呼ぶ．

単位時間あたりの吸収線量を吸収線量率と呼ぶ．単位は Gy/時などである．

(2) カーマ

カーマ（kerma）とは，X 線，γ 線（光子）のような非荷電粒子放射線がある物質中で生成・放出した2次荷電粒子（電子，陽電子など）の運動エネルギーの総和である．Kinetic Energy Released in MAterials の略である．

物質1 kg 中で放出された運動エネルギーが1 J の時に1 Gy（グレイ）と定義される．対象とする物質が空気の時，「空気カーマ」のように呼ぶ．

吸収線量と似た量であるが，生成された2次粒子は物質に吸収されずに物質外へ飛び去る（＝運動エネルギーを物質中に残さない）ことがあるので，その場合は厳密には吸収線量と一致しない（コラム「カーマと吸収線量」を参照）．

> **▼照射線量**
> 照射線量と従来の単位の R（レントゲン）は使用が廃止された．照射線量は X 線や γ 線のような非荷電粒子放射線が空気に照射された時，空気1 kg に生成する正または負の電荷（イオン）の量と定義され，単位は C/kg である．1 R は空気1 kg に 2.58×10^{-4} C の電荷が生じた時に相当する．
> 照射線量と単位 R に替わり，ある場所での放射線の量を表すのに対象物質を空気としたカーマ（空気カーマ）または吸収線量（空気吸収線量）が使用される．

> **▼カーマと吸収線量**
> 定義の通り，カーマは物質中のある着目範囲内で放出される電子などの2次荷電粒子の運動エネルギーの総和である．運動エネルギーがその後どうなるかは関知されない．
> 2次荷電粒子の運動エネルギーは，さまざまな過程を経て失われる（2次荷電粒子の運動が止まる）．失われる運動エネルギーは周囲の物質に渡される（吸収される）が，表 II-4-5 のようにどの場所で吸収されるかによって，吸収線量の定義の対象と重なるか異なる．
> γ 線を例に，表 II-4-5 の①～⑤に相当する電離・励起を図 II-4-2 に示す．
> カーマの運動エネルギーのうち，①，❷に費やされる部分を衝突カーマ，③，❹に費やされる部分を制動カーマと呼ぶ．❷と⑤のエネルギーが等しくなる状態を2次荷電粒子平衡（電子のときは2次電子平衡）と呼び，この時，衝突カーマと吸収線量は等しくなる．さらに2次荷電粒子が放出する制動 X 線により着目範囲外に❹のエネルギーが持ち出されなければ，カーマと吸収線量は等しい．

表 II-4-5　カーマと吸収線量の関係

非荷電粒子放射線のエネルギーの行き先	カーマの対象の運動エネルギーに由来する	吸収線量の定義の対象となる
物質の着目範囲内で生成される 2 次荷電粒子が		
① 範囲内で生じる電離・励起	○	○
❷ 範囲外に出てから生じる電離・励起	○	×
物質の着目範囲内で生成される 2 次荷電粒子により放出される制動 X 線が		
③ 範囲内で生じる電離・励起	○	○
❹ 範囲外に出てから生じる電離・励起	○	×
物質の着目範囲の外から範囲内に流入する 2 次荷電粒子が		
⑤ 範囲内で生じる電離・励起	×	○

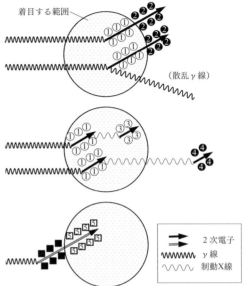

図 II-4-2　γ 線によるカーマと吸収線量

○●□■は 2 次電子による電離・励起を表す．数字は表 II-4-5 の分類に対応する．
➡はカーマに数えられる 2 次電子，⇢はカーマの対象外の 2 次電子である．○●はすべてカーマの運動エネルギーに由来する．
着目する範囲中の○□を起こすのに使われたエネルギーは吸収線量に数えられる．

2.2　防護量

防護量のうち，等価線量とは，特定の組織・臓器の確定的影響を評価するための線量であり，実効線量は不均等被曝が全身へ与える確率的影響を評価するための線量である．

等価線量と実効線量は外部被曝線量および内部被曝線量を合算して評価するように定義されている．

(1) 等価線量と放射線加重係数

1) 等価線量

放射線の組織・臓器に対する影響は，吸収線量だけでなく，放射線の種類とエネルギーにも依存する．放射線防護では，放射線の種類とエネルギーによる生体影響の大小を表す放射線加重係数 w_R を，ある組織・臓器にわたって平均した吸収線量 D_T に掛け合わせた等価線量 H_T を導入し，被曝の影響評価に用いる．

ある組織・臓器の（等価線量）H_T は，

$$（等価線量）H_T = （放射線加重係数）w_R \times （平均吸収線量）D_T \tag{4.1}$$

である．等価線量の単位は J/kg であり，特別な名称として Sv（シーベルト）が用いられる．

放射線の生体影響は，被曝した部位に現れるので，確定的影響の評価には組織・臓器ごとの等価線量が用いられる．ただし等価線量は，たとえば摂取された放射性ヨウ素（甲状腺に集まる）による甲状腺癌の影響評価のように，特定の臓器に被曝が集中するような場合にその臓器についての確率的影

響の評価にも用いられることがある．

ある組織・臓器がいろいろな放射線によって被曝する場合には，放射線の種類およびエネルギーの分類ごとに放射線加重係数と平均吸収線量との積を求め，すべての分類について加算して等価線量を求める．N 種類の放射線により被曝するある組織・臓器については以下のようになる．

$$
\begin{aligned}
(\text{等価線量}) H_\mathrm{T} &= (\text{放射線 1 の放射線加重係数}) w_\mathrm{R}(1) \times (\text{放射線 1 の平均吸収線量}) D_\mathrm{T}(1) \\
&\quad + (\text{放射線 2 の放射線加重係数}) w_\mathrm{R}(2) \times (\text{放射線 2 の平均吸収線量}) D_\mathrm{T}(2) \\
&\quad \cdots \\
&\quad + (\text{放射線 } N \text{ の放射線加重係数}) w_\mathrm{R}(N) \times (\text{放射線 } N \text{ の平均吸収線量}) D_\mathrm{T}(N) \\
&= \sum_{r}^{N} w_\mathrm{R}(r) D_\mathrm{T}(r)
\end{aligned} \tag{4.2}
$$

▼等価線量と線量当量

ICRP 1977 年勧告［36］では，放射線の影響の尺度として，着目する"点"での吸収線量を線質係数 Q で加重した「線量当量」が定義されていた．単位は Sv（シーベルト）である．1990 年勧告以降，「線量当量」は防護量には用いられなくなったが，放射線防護の実行に当たっては実用量である 1 cm 線量当量などに引き続き用いられている．

線質係数 Q は生物学的効果比（RBE）に基づいて，線エネルギー付与（LET）の関数で表されると仮定して決められている．

2）放射線加重係数

放射線加重係数は，表 II-4-6 に示すように放射線の種類とエネルギーに基づいて放射線を分類し，生体への影響の大小を放射線ごとに数値として与えた係数である．

したがって，これにより計算される等価線量は，純粋な物理量ではない．等価線量は放射線の生体影響の評価だけに使用される量である．

表 II-4-6 には現行法令には未導入であるが，参考のために 2007 年勧告での放射線加重係数も掲載する．

◆ X 線・γ 線の放射線加重係数は 1 である．

(2) 実効線量と組織加重係数

1）実効線量

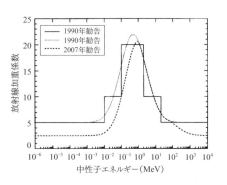

図 II-4-3 ICRP 2007 年勧告の中性子エネルギーに対する放射線加重係数の関数（「2007 年勧告」と示された破線）［34］

「1990 年勧告」と示された実線および点線はそれぞれ同勧告で与えられた放射線加重係数のステップ関数と連続関数．

表 II-4-6 ICRP 勧告の放射線加重係数の値

1990 年勧告（日本の法令に採用）		2007 年勧告	
放射線の種類，エネルギー範囲	値	放射線の種類	値
光子，すべてのエネルギー	1	光子	1
電子および μ 粒子，すべてのエネルギー	1	電子，μ 粒子	1
中性子，10 keV 未満	5	陽子，荷電 π 中間子	2
，10 keV 以上 100 keV まで	10	α 粒子，核分裂片，重イオン	20
，100 keV を超え 2 MeV まで	20	中性子	関数*
，2 MeV を超え 20 MeV まで	10		
，20 MeV を超えるもの	5		
反跳陽子以外の陽子，2 MeV を超えるもの	5		
α 粒子，核分裂片，重原子核	20		

＊図 II-4-3 に示すような中性子のエネルギーの関数としての連続曲線で与えられる．

体のあらゆる部位が放射線に一様に被曝することはまれである．また，放射線の生体影響は照射された部位に現れる一方，癌や遺伝的影響は当該部位だけでなく個体全体への影響となりうる．不均等被曝の場合でも使用できる個体全体での確率的影響の尺度として，次式によって定義される実効線量が導入される．

全身の組織・臓器 1〜M について，

(実効線量) $E =$ (組織・臓器 1 の組織加重係数)$w_T(1)$×(組織・臓器 1 の等価線量)$H_T(1)$
$+$ (組織・臓器 2 の組織加重係数)$w_T(2)$×(組織・臓器 2 の等価線量)$H_T(2)$
$\cdots$
$+$ (組織・臓器 M の組織加重係数)$w_T(M)$×(組織・臓器 M の等価線量)$H_T(M)$
$= \sum_{t}^{M} w_T(t) H_T(t)$ (4.3)

表 II-4-7 ICRP 勧告の組織加重係数の値

組織・臓器	1990 年勧告（日本の現行法令）	2007 年勧告
骨髄（赤色）	0.12	0.12
結腸	0.12	0.12
肺	0.12	0.12
胃	0.12	0.12
乳房	0.05	0.12
生殖腺	0.20	0.08
膀胱	0.05	0.04
食道	0.05	0.04
肝臓	0.05	0.04
甲状腺	0.05	0.04
骨表面	0.01	0.01
脳	—	0.01
唾液腺	—	0.01
皮膚	0.01	0.01
残りの組織	0.05[*1]	0.12[*2]
合計	1	1

*1：残りの組織は次の組織・臓器からなる；副腎，脳，大腸上部，小腸，腎臓，筋肉，膵臓，脾臓，胸腺，子宮．残りの臓器の一つが加重係数の定められた 12 の臓器のどれよりも高い等価線量を受ける場合，その組織・臓器に加重係数 0.025 を適用し，これ以外の残りの臓器・組織の平均線量に加重係数 0.025 を当てはめる．

*2：残りの組織は次の組織・臓器からなる；副腎，胸郭外領域，胆嚢，心臓，腎臓，リンパ節，筋肉，口腔粘膜，膵臓，前立腺（男性），小腸，脾臓，胸腺，子宮／頚部（女性）．組織加重係数をこれら 13 種類の組織・臓器の等価線量の算術平均に適用する．

2）組織加重係数

組織加重係数 w_T は組織・臓器ごとの放射線感受性の大小を表す係数で，均等被曝した時に全身についての組織加重係数の総和が 1 となるよう決められている．日本の現行法令に取り入れられている ICRP 1990 年勧告の組織加重係数を，表 II-4-7 に示す．表には，2007 年勧告の組織加重係数も併記した．

組織加重係数は，1 Sv あたりの癌の発生率および重い遺伝的障害発生による損害（デトリメント）（後述）の算定値に基づいて決められる．

組織加重係数は，平均的な男女（「標準人」と呼ぶ）に対して決定された数値であり，個人差のある人間 1 人 1 人について個別に数値が与えられるものではない．したがって，実効線量を疫学調査や，被曝したある個人のリスクの詳細な調査で使用することは推奨されない．そのような場合には，吸収線量を用いるべきであるとされる．実効線量は，規制の目的のため，防護の計画と最適化のための線量予測，および起きた被曝についての線量限度などとの比較に用いる．

▼実効線量と実効線量当量
ICRP 1990 年勧告で線量当量に代わって等価線量が導入されたことから，それまでの実効線量当量の呼称が実効線量に変更された．組織・器官の放射線感受性に基づく係数で重み付けする考え方は変わっていない．

(3) 預託線量

体内に放射性核種を摂取した場合，その核種は体内から排出される生物学的半減期と，放射性壊変で減衰する物理的半減期（両者の合成を実効半減期と呼ぶ）に応じて減少しながら体内に保持され，壊変時に内部被曝を与え続ける．放射性核種が体内に保持される期間は，放射性核種の種類，物理的・

化学的形態，摂取の仕方および核種が取り込まれる組織・臓器に依存する．

預託等価線量は，図II-4-4に示すように摂取された放射性核種から組織・臓器が将来にわたり受ける総積算等価線量である．積算線量を実効線量で評価した時には，預託実効線量と言う．預託とは，放射性核種の摂取により被曝が将来に預けられている，予定されているという意味合いである．

線量の積算期間は，成人は摂取時より50年間，子供は摂取時から70歳までとする．

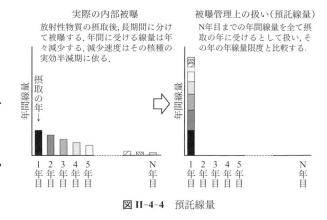

図II-4-4　預託線量

放射線防護では，線量限度の遵守のため，預託線量を積算期間にわたってではなく，摂取の起きた年に割り当てて線量限度と比較し，規制に用いる．

(4) 集団線量

集団が被曝する場合の影響評価に，集団線量が用いられる．特定の組織・臓器の場合には集団等価線量，全身被曝の場合には集団実効線量が用いられる．

集団線量は，評価対象とする集団における一人あたりの線量をすべて加算して求める．単位は人・Svである．

集団線量は，計画される防護対策の効果の尺度として用い，その対策の最適化に用いる．

> **▼▼集団線量の誤用**
>
> 　集団線量を最適化ではなく，既に被曝した集団のリスク予測に用いるのは不適切であることがICRP勧告でも明言されている．
> 　低線量の被曝の影響についての現在の科学的知見の不確実性は大きく，そのため「将来の」被曝に対する防護の目的でLNTモデルが仮定され，防護の体系に導入されている．低線量の被曝を「既に」受けた大人数の集団に対し，LNTモデルに基づくリスク係数（/Sv）を集団実効線量（人・Sv）に掛けることでたとえば「将来の癌死亡者が何人増加する」という数値（人）を導出することはできる．しかしこの数値は低線量での影響の不確実さの前提を無視した意味のない数値である．このような数値には意味がないにもかかわらず，センセーショナルに取り上げられやすく，誤解と不安を広げる原因となる．したがって，集団線量を既に被曝した集団のリスク予測に用いてはならない．

2.3　実用量

作業者や一般公衆が曝される放射線環境の監視（モニタリング）は，放射線防護の実行の第一歩となる重要な要素である．しかし，防護量である実効線量および等価線量は，機器で直接測定することはできない．空気吸収線量率やγ線エネルギースペクトル，放射性物質濃度などのさまざまな測定結果に基づく解析によって，特に，内部被曝の場合は代謝などのモデルを併用して評価される．すなわち，即座の，あるいは，短時間での防護上の判断が必要な場面には間に合わない．

そこで，機器類で簡便に測定可能で，さまざまな放射線照射条件に対しても安全のために実効線量，等価線量よりも大きな数値を得ることができる「実用量」が定義され，日々のモニタリングに使用される．図II-4-5に示すように実用量の値が後述する線量限度の数値を超えなければ，線量限度を下

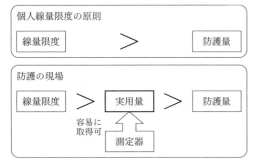

図 II-4-5 実用量，防護量と線量限度の関係

回る防護量が担保される．

モニタリングとして，人が滞在する場のモニタリング（エリアモニタリングまたは作業環境モニタリング）と，一人一人が受ける線量のモニタリング（個人モニタリング）が行われる．図 II-4-6 に，モニタリングの分類と使用される実用量を示す．

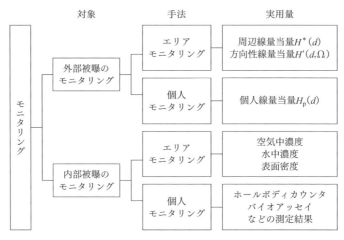

図 II-4-6 モニタリングの分類と対応する実用量

(1) 外部被曝評価のための実用量

外部被曝モニタリング用の実用量は ICRU（国際放射線単位測定委員会）により定義され，多くの国で採用され，日本の法令にも 1 cm 線量当量・70 μm 線量当量という形で取り入れられている．

1）エリアモニタリング

エリアモニタリングのために，ICRU により周辺線量当量 $H^*(d)$ と方向性線量当量 $H'(d, \Omega)$ が定義されている（コラム参照）．

▼周辺線量当量 $H^*(d)$ と方向性線量当量 $H'(d, \Omega)$

　直径 30 cm，密度 1 g/cm³ の ICRU 軟組織で構成された球形のファントム（線量測定に使用する人体を模擬した物質）を ICRU 球と呼ぶ．ICRU 軟組織は生体の組織と等価な物質として酸素 76.2 %，炭素 11.1 %，水素 10.1 %，窒素 2.6 % の質量組成で構成される．
　$H^*(10)$ は，ICRU 球を定義された放射線場（拡張整列場と呼ばれる）に設置した時に，放射線の入射方向からの球の深さ $d = 10$ mm における線量当量である．γ 線などのように透過性の強い放射線に対する人体の軟組織の実用線量を与える．実効線量，および皮膚以外の等価線量と関連付けられる．
　$H'(0.07, \Omega)$ は，ICRU 球を拡張場と呼ばれる放射線場に設置した時に，ある方向 Ω の半径上の深さ $d = 0.07$ mm での線量当量である．β 線のように透過性の弱い放射線に対する皮膚の等価線量と関連付けられる．方向 Ω は最大の線量を与える方向をとる．
　$H'(3, \Omega)$ は，ICRU 球を拡張場に設置した時に，ある方向 Ω の半径上の深さ $d = 3$ mm での線量

当量である.

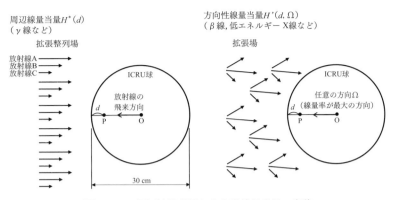

図 II-4-7 周辺線量当量と方向性線量当量の定義

周辺線量当量と方向性線量当量は，ICRU 球の深さ d の評価点 P における線量当量で定義される．整列場とは放射線の向きがそろっている場のことを，拡張場とは空間全体で放射線の方向の角度分布・エネルギー分布が同じである場のことを指す．拡張整列場はこの 2 つを満たす場である．方向性線量当量の値付けを平行入射ビームで行うとき，その入射角 α を用いて $H'(d, \alpha)$ と表記することがある．

日本の法令では，$H^*(10)$ を（エリアモニタリングにおける）1 cm 線量当量，$H'(0.07, \Omega)$ を（エリアモニタリングにおける）70 μm 線量当量と呼び，採用している．

2）個人モニタリング

個人モニタリングでは，各個人が線量計（個人線量計）を着用し，被曝した線量を計測する．

個人線量当量 $H_p(d)$ は個人線量計を着用する位置の下の人体の深さそれぞれ d (mm) での，ICRU 軟組織中の線量当量である．実効線量評価のために d = 10 mm，皮膚の等価線量評価のために d = 0.07 mm（= 70 μm）が勧告されている．

▼個人線量当量の校正

個人線量計の校正は，エリアモニタリング用の機器とは異なる方法で行われる．図 II-4-8 のように，生体等価物質で構成された 30 cm × 30 cm × 15 cm の平板状のファントム（スラブファントム）に線量計を置き，線量計直下のファントム内深さ d での線量当量で値付けする．

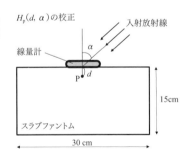

図 II-4-8 個人線量計の校正

個人線量当量は，スラブファントム深さ d の評価点 P における線量当量で校正される．校正に平行入射する放射線を用いるとき，その入射角 α を用いて $H_p(d, \alpha)$ と表記することがある．

日本の法令では，$H_p(10)$ を（個人モニタリングにおける）1 cm 線量当量，$H_p(0.07)$ を（個人モニタリングにおける）70 μm 線量当量と呼び，採用している．

◆ 眼の水晶体を対象とした $H'(3, \Omega)$, $H_p(3)$, および 3 mm 線量当量は平成 12 年の法令改正によって原則的に記録の義務が廃止され, 1 cm 線量当量, 70 μm 線量当量で代用可とされている.

▾▾1 cm 線量当量

$H^*(10)$ と $H_p(10)$ は異なる定義, 校正方法によるが, 法令ではどちらも 1 cm 線量当量と呼ぶ. 被曝管理上, $H^*(10)$ あるいは $H_p(10)$ で値付けされた測定器の指示値は同列に記録し, 線量限度の値と比較して被曝の可否の判断に使用される. しかしこれらの記録から詳細な実効線量を評価する際には, どちらの定義に由来する数値であるのかに注意が必要である.

(2) 内部被曝評価のための実用量

内部被曝管理においては, ホールボディカウンタで計数した体内放射性核種の量, 個人の血中や排泄物中の放射性核種の量 (バイオアッセイ), または, 空気中放射能濃度と呼吸量を実用量として用いて摂取量を算定し, 年摂取限度 (annual limit on intake : ALI) と比較する. 年摂取限度は, 後述の線量限度に相当する線量を与えるある核種の年間摂取量である. 核種の種類, 物理的化学的形態, 摂取経路の違いに基づき, 体内の動態モデルを用いて決定されている.

エリアモニタリングの場合は, 摂取量を計算するために, 空気中濃度, 水中濃度および表面密度などの実用量を測定する. 空気中濃度限度, 水中濃度限度, 表面密度限度を下回っていれば, 測定対象物に含まれる放射性核種の摂取量は, 年摂取限度を超えない.

年摂取限度の数値は内部被曝のみが起こる場合を想定して算出される. したがって, 外部被曝が同時に存在する場合, 年摂取限度相当の放射性物質を摂取すると, 内部被曝と外部被曝の線量の合算が線量限度を超えることに注意が必要である.

▾▾線量率および線量計算の例

点状の放射線源と線量率の測定対象だけが存在し, 両者の間や周囲に放射線を吸収・散乱する物体がない理想的な場合について, 核種ごとに実効線量定数や 1 cm 線量当量率定数などが算定されている (表 II-4-8). これらを利用して, 線源の放射能と線源までの距離から実効線量率や 1 cm 線量当量率を簡易に計算できる.

［例］ ^{137}Cs については, 0.0779 μSv・m^2/(MBq 時) の実効線量率定数が示されている [37].

たとえば, 学生実験で 37 kBq の ^{137}Cs 線源を用いて, 50 cm の距離で 4 日間にわたって 2 時間ずつ測定器の校正測定をしたとする.

この場合の実効線量率は,

実効線量率 = 実効線量率定数 × 放射能強度／(距離)^2
= (0.0779 μSv・m^2/(MBq 時)) × (0.037 MBq)/(0.5 m)^2
= 0.012 μSv/時

となる. したがって, 実験期間の実効線量は,

実効線量 = 実効線量率 × 時間

表 II-4-8 主要な γ 線放出核種のエネルギーと空気カーマ率定数, 1 cm 線量当量率定数および実効線量率定数 [37]

核種	エネルギー	空気カーマ率定数 (μGy・m^2/(MBq 時))	1cm 線量当量率定数 (μSv・m^2/(MBq 時))	実効線量率定数 (μSv・m^2/(MBq 時))
^{57}Co	122 keV (86 %), 136 keV (11 %)	0.0133	0.0206	0.0175
^{60}Co	1.17 MeV, 1.33 MeV	0.306	0.354	0.305
^{137}Cs	662 keV	0.0770	0.0927	0.0779
^{226}Ra	多数 (娘核種と平衡)	0.210	0.251	0.214
^{241}Am	60 keV (85 %) 他	0.00301	0.00529	0.00395

* 370 MBq の ^{137}Cs 線源から 1 m の位置での実効線量率は 28.8 μSv/時である.

$$= 0.012\,\mu\text{Sv/時} \times (4 \times 2\,\text{時})$$
$$= 0.092\,\mu\text{Sv}$$

となる.

3 線量限度

本節では,まず線量限度の役割について述べ,次いでその意味および根拠について説明する.

3.1 線量限度の役割

線量限度は,本章の1節表 II-4-3 に示すように,行為に対する放射線防護体系の三つの要素の一つである.

◆ 「行為」であっても患者の医療被曝には線量限度は適用されない.特に,治療目的の放射線照射は,意図して確定的影響を引き起こすものであるため,適用されない.

ある集団の行為に対する最適化の結果,少数の個人に被曝が集中する恐れがある.たとえば,ある放射線作業を短時間で完了できる熟練作業者が集中してこの作業に当たれば,練度の低い作業者と作業を分担する場合に比べて,作業者全体の線量(集団線量)が小さくなる可能性がある.しかし熟練作業者の線量は突出して大きくなる.このような場合にも公平性を保ち,ある個人に人として容認されない被曝をもたらすことを避けるために,個人の累積線量に上限を設ける.線量限度は最適化の制限条件としての役割を持つ.

ICRP 1990 年勧告では,職業被曝および公衆被曝に対する線量限度として表 II-4-9 に示す実効線量および等価線量の値を勧告している.日本の現行法令はこれらの職業被曝の勧告値を取り入れている(第 IV 部を参照).

・放射線を取扱う職業人の実効線量に対する限度は,5 年平均で 20 mSv/年(5 年で 100 mSv)で,どの 1 年も 50 mSv/年を超えてはならない.

・一般公衆の実効線量に対する限度は 1 mSv/年である.

表 II-4-9 ICRP 1990 年勧告,2007 年勧告の個人線量限度の値

	1990 年勧告	2007 年勧告
職業被曝		
実効線量	規定された 5 年間の平均 20 mSv/年[*1]	規定された 5 年間の平均 20 mSv/年[*1]
眼の水晶体の等価線量	150 mSv/年	150 mSv/年
皮膚の等価線量	500 mSv/年[*2]	500 mSv/年[*2]
手と足の等価線量	500 mSv/年	500 mSv/年
妊娠女性の実効線量 (申告後,残りの妊娠期間)	腹部表面へ 2 mSv,または放射性核種の摂取による 1 mSv(1/20 ALI)	胚/胎児に対し 1 mSv
公衆被曝		
実効線量	1 mSv/年	1 mSv/年
眼の水晶体の等価線量	15 mSv/年	15 mSv/年
皮膚の等価線量	50 mSv/年[*2]	50 mSv/年[*2]

[*1]:いかなる 1 年間においても 50 mSv を超えるべきではない.妊娠中の女性の職業被曝には追加の制限が適用される.放射性物質の摂取に適用される場合には預託実効線量である.

[*2]:被曝面積に関係なく,皮膚面積 1 cm^2 あたりの平均.

- 線量限度は行為に伴う被曝による線量に適用されるので，一般に自然放射線の被曝による線量は含めない（正確には，規制除外されない自然放射線による線量は含める）．
- 職業被曝での内部被曝の年摂取限度（ALI）の導出には，20 mSv/年の預託実効線量が限度として用いられる．

3.2 線量限度の意味

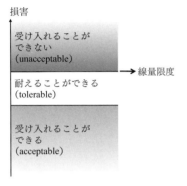

図 II-4-9 線量限度の設定

ICRP 1990 年勧告では，被曝に伴う「損害（デトリメント）」を算出し，これが受け入れられるか否かを判断して，線量限度の値が設定されている．

確率的影響のリスクは主として致死癌による死亡リスクによる．損害は，これに致死癌以外のリスクも考慮に入れるために導入されている．損害は，致死癌の発生確率，非致死癌の発生確率，重篤な遺伝的影響の発生確率，有害な影響が発生した場合の余命短縮年数，生活の質への影響などの複数の因子の関数として算出される．

線量限度は，損害の受け入れ可能性を図 II-4-9 の三つに区分し，損害を「受け入れることができないレベル」と「耐えることができるレベル」の境界に相当する線量に設定される．したがって，線量限度は「安全と危険の境界」を意味するものではない．

線量限度は確定的影響のしきい線量を大きく下回るレベルに設定されているため，線量限度を幾分超える線量を受けても，身体的な症状は現れない．

❖介入と「参考レベル」

介入については一律の線量限度が適用されない．なぜなら，「介入」が行われるような通常より高い放射線リスクが既に存在している状況に対しては，介入によって得られる便益と介入に掛かるコストとに応じて，容認できない放射線リスク（＝介入によりどこまでリスクを下げるかの目標）は通常と変わりうるからである．

介入では「参考レベル」と呼ばれる別の線量の目標値を状況に応じて設定し，その達成に向けて措置が行われる．参考レベルは，図 II-4-10 のようにこれを上回る被曝の発生を許すことが正当化されない線量と，介入が正当化されない線量の間に設定を検討（最適化）される．たとえば，放射線事故に伴い避難を強制する地域をどの線量で設定するかは参考レベルの検討にあたる．その線量は単に数値の大小として比べれば一般公衆の線量限度の値より大きく設定されうる．

参考レベルは介入措置の成果の進展を見て，通常の状態の一般人の個人線量限度に向かって徐々に引き下げられる．

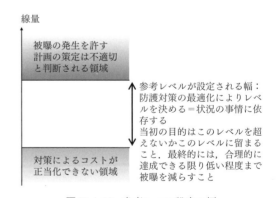

図 II-4-10 参考レベル設定の幅

3.3 線量限度の根拠

(1) 職業被曝

職業人に対する線量限度は，職業上の被曝による死亡確率と職業上の他の要因による死亡確率との比較により設定された．

ICRP は 1977 年勧告（Publ. 26 [36]）で職業上の要因による死亡確率について，容認できない水準を 10^{-3}/年に設定した．この設定は現在まで継続されている．死亡確率 10^{-3}/年に相当する線量は，生涯全就労期間で約 1 Sv と推定され，平均すると年間 20 mSv 程度に相当する．

図 II-4-11 に，放射線被曝による癌死亡確率の発現年齢分布を示す．18 歳から 65 歳まで連続して年実効線量として 10 mSv, 20 mSv, 30 mSv, 50 mSv を被曝する場合，

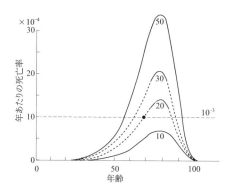

図 II-4-11 放射線被曝による癌死亡確率の発現年齢分布

それぞれの年線量は，生涯線量 0.5 Sv, 1.0 Sv, 1.4 Sv, 2.4 Sv に相当する．年齢死亡確率は 78 歳で最大に達する．65 歳までの年齢死亡確率が 10^{-3} を超えないのは生涯全就労期間で 1 Sv（20 mSv/年）以下の場合である．

ICRP では，生涯線量を線量限度として用いるのは被曝管理上困難であるので，管理期間の 5 年平均で 20 mSv/年（5 年で 100 mSv）に制限することが実務的として，この値を線量限度として勧告している．ただし，いかなる 1 年も 50 mSv を超えてはならないという付帯条件を付けている．

▼名目確率係数と癌死の確率の計算例

ICRP 2007 年勧告（Publ. 103）では，放射線誘発癌のリスクの名目確率係数を，成人の放射線作業者について 4.1×10^{-2}/Sv，すべての年齢を含む全集団について 5.5×10^{-2}/Sv としている．ある放射線作業者が 5 年間にわたり毎年 20 mSv の実効線量を受けるとすると，総線量は

20 mSv/年 × 5 年 = 100 mSv = 0.10 Sv

であり，これにより生涯で放射線誘発癌により死亡する確率は

4.1×10^{-2}/Sv × 0.10 Sv = 0.0041 = 0.41 %

と計算される．一方，日本人の死亡理由の 2 割前後が癌である（2014 年のデータに基づき男性で 25 %，女性で 16 %．国立がん研究センター）．この作業者には生涯に癌で死亡する確率約 2 割に 0.41 % が上乗せされると見積もられる．

ただし，名目確率係数の「名目」とは「標準人」に対する確率という意味である．体質や性別，生活習慣の差は統計的にならされているので，この計算で個人個人の癌死亡確率を正確に推測できるわけではない．

---

(2) 公衆被曝

職業人に対する線量限度が放射線リスクの定量的な推定に基づくのに対し，公衆に対する線量限度の実効線量 1 mSv/年は，総合的な判断に基づき勧告されている．

これは，放射線を取扱う職業人にとっては，放射線が死亡の総リスクの主要を成すと認識するのが容易なのに対し，一般公衆の生活の場では，放射線以外にも致死リスク要因が非常に多く，総リスクに占める放射線リスクの寄与を定めるのがきわめて難しいことによる．

自然放射線もリスクを与えると考えた場合，自然放射線による被曝のレベルと線量限度が不均衡であることは適切とは考えられない．自然放射線による実効線量の世界平均は 2.4 mSv/年，このうち空気中のラドン壊変生成核種の吸入によるものを除いて 1 mSv/年程度である．ただし，地域により変動がある（II-3 章参照）．公衆の線量限度は自然放射線による被曝レベルと同等の線量に設定されている．

⁂線量限度と線量拘束値

1990 年勧告以降，ICRP は防護の最適化の判断を行う場合に，線量拘束値の使用を最適化の制限条件として推奨している．しかし線量拘束値の考え方は，日本の現行法令と放射線防護の体系には未だ取り入れられていない．

線量限度は，個人の累積線量を制限するための限度である．したがって個々の線源からの被曝について制限をかけていない．しかし，ある個人はさまざまな複数の放射線源により被曝する可能性がある．職業人の場合，累積線量を把握するためには，複数の放射線取扱施設での線量の記録を一元的に管理するか，名寄せする必要が生じる．一般公衆のある個人に対してそのような管理を行うことは困難である．

◆日本では，複数の事業所で従事した場合には，所属先の個人被曝線量計を持参する，あるいは，被曝線量を通知するなどして，実質上名寄せを行っている．

線量拘束値は，一つの着目している線源からの個人被曝線量，あるいは一つの職種に従事することによる被曝線量の上限値である．ある個人が想定される行動をとる時，一つ一つの線源からその線量拘束値を超えない線量を受けていれば線量限度を超えないような値が予測的に選ばれる．

線量拘束値を超えないように行為を計画することによって，最適化の結果が少数の個人だけが大きな線量を受けるような好ましくない状況となるのを避けることができる．

線量拘束値は防護対策の最適化に用いるためのものであり，制限値ではない．つまり，仮にある個人が拘束値を超える線量をある線源から受けたとしても，その個人の他の線源からの線量を総計した累積線量が線量限度を超えなければ，その個人の行動は制限されない．被曝の管理はあくまで個人線量を線量限度に照らして行われる．

第III部

放射線安全取扱の実際

　放射線安全取扱の目的は被曝，汚染を予防すること，および万一事故が生じた場合には被曝，汚染を最小限に止めることである．安全取扱とは放射線源を扱う者自身のみならず，周囲の者，一般人の安全も確保するために必要とされる具体的な知識と技術である．

　放射線源の安全取扱は，線源の種類によらない共通の事項と個々の線源に固有な事項とがある．ここでは最初に，線源の種類によらない共通の事項について説明する．次に線源を密封線源，非密封線源，加速器，シンクロトロン光，X線発生装置などに分けて，個々の安全取扱法を説明する．

III-1
放射線を扱うに当たって

図 III-1-1 放射線安全取扱の 4 本柱

ここでは，線源の種類によらない共通な事項について述べる．共通事項は，図 III-1-1 に示すように(1)予防と事故対策，(2)使用資格，(3)被曝管理と防護，(4)管理区域入退管理の 4 本柱からなる．

1 予防と事故対策

(1) 原則

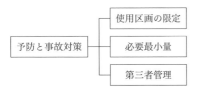

図 III-1-2 予防と事故対策の基本

放射線安全取扱の原則は，被曝・汚染を起こさないことである．そのための予防対策を施す．万一事故などが生じた時に備えて，被曝・汚染を最小限に止めるための対策を立てておく．基本は，図 III-1-2 に示すように，(1)使用区画を限定し，(2)必要最小量を取扱い，(3)第三者管理下で作業する，ことである．

(2) 家風に従う

放射線施設は，施設ごとに安全を確保するための固有のルールを放射線障害予防規程，各種内規，マニュアルとして定めている．これを家風と言う．ルールは施設の規模，利用する線源の種類，使用者の人数，経験，使用頻度，測定器等の機器の種類と台数，主任者等の管理に携わる者の人数によって施設ごとに異なる．複数の施設を使用する場合は，特に個々の施設の家風に従うことに留意する．

(3) 主任者の指示に従う

安全に関する事項は，放射線取扱主任者および管理担当者（主任者等）の指示に従う．主任者等は被曝・汚染の予防方法，事故時の対応，施設内の線源の保管状況，防護機器・用品の種類と使用方法を熟知している．不明な点，疑問な点は自己流に判断しないで，主任者等に相談する．

2 使用資格

放射線を扱うためには，図 III-1-3 に示すように法令に従って健康診断，教育訓練を受けて放射線業務従事者（業務従事者）としての資格を取得し，事業所に登録しなければならない．登録すると，被曝管理が行われ，個人ごとに被曝線量計が貸与される．

図 III-1-3　放射線使用資格

教育訓練の実習に，線源を使用する場合は，実習生は業務従事者として扱われる．実習前に健康診断を受診しておく．

3 被曝管理と防護

被曝管理は全業務従事者に対して行われる．管理区域内では外部被曝は個人被曝線量計を用いて常時測定する．個人被曝線量計の着用部位および測定期間は男性，女性で異なる．測定期間は施設によっても異なることがある．

個人被曝線量計は共用したり，貸し借りしたりしてはならない．仮に有意の被曝が検出された場合，被曝した個人を特定できなくなる恐れがあるからである．防護の目的は，業務従事者の被曝線量を法定限度値以下のできるだけ低い値に抑えることである．被曝線量とは外部被曝線量と内部被曝線量の和を意味する．外部被曝は外部被曝防護の 3 原則に従うことによって低減させる．内部被曝は RI の体内摂取の 3 経路を制御することによって低減させる．

外部被曝防護の 3 原則とは，(1)放射線量は距離の二乗に反比例して（逆二乗で）減弱するので，線源と業務従事者との間の距離を離す，(2)放射線を減弱させるために線源と業務従事者との間に遮蔽物を置く，(3)被曝線量は時間に比例して増加するので，線源を取扱う時間を短くする，ことを言う．3 原則に従うことによって外部被曝線量を低減させる．

3 経路からの体内摂取とは，(1)RI を飲み込むことによって起こる経口摂取，(2)RI で汚染された空気を呼吸することによって起こる経気道摂取，(3)RI が皮膚表面や傷口から浸潤することによって起こる経皮摂取を言う．3 経路からの摂取量をできるだけ少なくするように制御することによって内部被曝線量を低減させる．

4 管理区域入退方法

放射線源は管理区域内で扱う．線源を扱わない一般の居室や実験室のある居住区域と管理区域とは区別し，行き来は厳密に管理される．これは法令に従って，登録されていない無資格者を管理区域に立ち入らせないため，および汚染を管理区域から居住区域へ拡散させないためである．例外として，表示付認証機器等の規制対象外の機器は管理区域外でも使用できる．

具体的な管理区域入退管理方法は線源の種類によって異なるので，種類ごとに説明する．

III-2
放射性同位元素の安全取扱

1 密封線源

密封された線源には，低線量率で使用する小線源から，高線量率照射に使用する大線源まである．それとは別に扱いが簡単な表示付認証機器もある．線源の種類により安全取扱方法は異なる［1-4］．

本節では，密封線源を図 III-2-1 のように(1)法律上の届出を要しない下限数量以下の密封線源，(2)法律上の届出を要しない表示付特定認証機器，(3)下限数量を超え下限数量の千倍以下の届出を要する密封線源（届出密封小線源），(4)届出を要する表示付認証機器，(5)下限数量の千倍を超え 10 TBq（テラベクレル：10^{12}Bq）未満の許可を要する密封線源，(6)10 TBq 以上の許可を要する密封線源に分類する［5, 6］．表 III-2-1 は密封線源として利用されている核種の下限数量の例を示している．(1)～(4)の密封線源を密封小線源，(5)を密封中線源，(6)を密封大線源と称することにする．

なお，表示付特定認証機器は各種機器の部品として使用されており，表示付特定認証機器のみが単独で実験，研究に使用されることはないので，本節では表示付特定認証機器は扱わない（IV-2 章 2 節参照）．

表 III-2-1 密封線源として利用されている核種の下限数量の例［5］

核種	数量 (Bq)	核種	数量 (Bq)
^{22}Na	1×10^6	^{125}I	1×10^6
^{55}Fe	1×10^6	^{131}I	1×10^6
^{57}Co	1×10^6	^{133}Ba	1×10^6
^{60}Co	1×10^5	^{137}Cs*	1×10^4
^{90}Sr*	1×10^4	^{147}Pm	1×10^7
^{90}Y	1×10^5	^{241}Am	1×10^4

* 放射平衡中の子孫核種も含む．

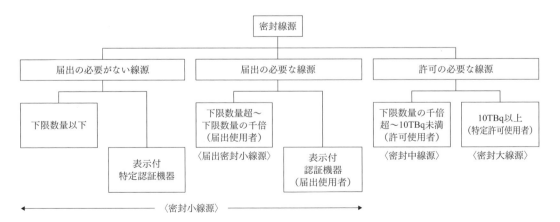

図 III-2-1 密封線源の分類

1.1 密封線源とは

密封線源の法律上の定義はないが，使用するときの技術基準が法令［5］や日本工業規格（JIS）［7］に定められている．危険性に関しては国際原子力機関（IAEA）によって基準値 D 値［8］が決められている．一般的に密封状態で汚染や漏洩がない状態に密封されている場合は密封線源として扱われている．

(1) 法令に規定されている使用基準

- 正常な使用状態においては，開封または破壊される恐れのないこと．
- 密封された RI が漏洩浸透などにより散逸して汚染する恐れのないこと．

(2) 日本工業規格による基準

- 設計使用条件下で RI が露出，散逸，汚染しない強さをもったもの．
- 所定の規格試験に合格したもの．
- ◆研究者自身が作成した線源は密封線源として正式には認められない．

(3) D 値

D 値とは，被曝事故の原因となる，あるいはテロリズムに利用される可能性のある線源について定められた危険度を判断するための値である．表 III-2-2 は IAEA によって決められた核種ごとの D 値の例を示している．表 III-2-3 に示すように，IAEA は放射線の影響の程度によって危険度を 5 つのカテゴリーに分け，D 値を用いて各カテゴリーに相当する放射能の範囲を指定している．

放射線障害防止法では，以下のいずれかに相当する線源は登録することを義務づけている．

- D 値の 10 倍以上の密封線源．
- 非破壊検査装置とリモートアフターローディング装置に装備された D 値以上の密封線源．

表 III-2-2 核種ごとの D 値の例

核種	D 値 (TBq)
^{60}Co	0.03
^{68}Ge	0.07
^{75}Se	0.2
^{90}Sr	1
^{137}Cs	0.1
^{192}Ir	0.08
^{226}Ra	0.04
^{241}Am	0.06
^{252}Cf	0.02

表 III-2-3 国際原子力機関（IAEA）による D 値のカテゴリー

カテゴリー	放射能	放射線の影響	具体例
1	$1,000D \leq$	数分～1 時間で死に至る	ガンマナイフ，遠隔治療装置
2	$10D \leq, < 1,000D$	数時間～数日で死に至る	RALS*，非破壊検査装置
3	$D \leq, < 10D$	数日から数週間で死に至る	密度計，レベル計
4	$0.01D \leq, < D$	一時的な症状が現れる	校正用線源，厚さ計
5	免除レベル<, $< 0.01D$	永久的な障害が起こる可能性なし	永久刺入線源など

* RALS：remote after loading system（リモートアフターローディング装置）．

▼**JIS 規格の密封放射線源の等級と試験方法**
1. 等級試験：温度試験，圧力試験，衝撃試験，振動試験，パンク試験の 5 種類の試験に合格する必要がある．線源には，これに放射性毒性による核種の分類（A，B_1，B_2，C），放射能レベル，試験条件の適合等級（1～6，X）が記号・数字等で表示されている（図 III-2-2）．表示は読みやすく容易に消えない方法で表示する．カプセルに表示できない場合は，線源用のコンテナ，あるいは線源ホルダ

または試験成績書に表示しなければならないこととなっている.

2. 漏出試験，拭き取り試験，浸せき試験，気体漏出試験等の放射性試験および真空発泡試験，ヘリウム試験等の非放射性試験があり，試験温度と昇温時間，検出限度と合格限度が規定されている．JIS では，非破壊検査装置，医療用装置，放射線応用計測器（厚さ計，レベル計，蛍光 X 線分析装置，石油検層装置，水分計，密度計）等に格納されている密封線源について，要求される等級が示されている．これらは放射性同位元素装備機器と呼ばれ，(1)放射線の物質による吸収・散乱を利用した装置，(2)放射線の電離作用を利用した装置，(3)放射線の照射により原子が発する蛍光 X 線を利用した装置，(4)中性子の原子核との反応を利用した装置が代表的なものである．

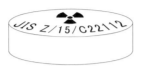

JIS Z/15/C22112	
15：等級決定に使用した規格の発行年	2：圧力に対する等級
C：放射性毒性レベルに関する記号	1：衝撃に対する等級
2：温度に対する等級	2：振動に対する等級
	2：パンクに対する等級

図 III-2-2 密封線源における日本工業規格（JIS）の記号表記例

1.2 密封小線源

密封小線源は，ピンセットやトングあるいはワイヤで遠隔操作する程度で安全に扱うことができる，比較的少量の放射能を密封した線量率が低い線源である．適切に遮蔽するなら，被曝の可能性が少なく手軽に使用できる．

(1) 下限数量以下の密封小線源

1）下限数量以下の密封小線源の規制

下限数量以下の密封小線源は，法令の規制対象外であるので，使用に当たって使用，保管，廃棄に関する帳簿を備えるなどの法的な義務がない．

2）下限数量以下の密封小線源の例

下記は，下限数量以下の密封小線源として市販されている例である.

①β線源

図 III-2-3 は，厚さ 0.1 mm の Al の窓が付いている ^{90}Sr の β 線源の例である．

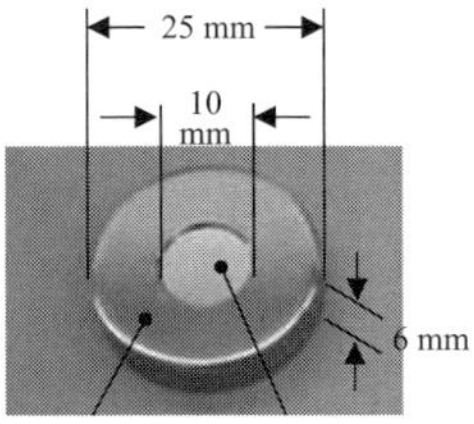

図 III-2-3 β 線源の例（^{90}Sr 5 kBq，[9] を改変）

真鍮クロムめっき　　窓：0.1 mm 厚 Al

> **窓とは**
> 窓とは，目的とする放射線を効率よく透過させるとともに線源表面を保護するために用いられる被覆部分のことを言う．α線，β線，低エネルギーのγ，X 線などの透過力の弱い線源では，窓材として各種の薄い金属膜が用いられる．したがって機械的な強度が弱い．エネルギーの高いγ線源の場合は，厚めの金属やプラスチックを用いることが多いので，機械的強度は強い．窓の材質と厚さは放射線の種類とエネルギーを考慮して選択されている.
>
> ^{90}Sr-^{90}Y などの高いエネルギーのβ線源は，薄いアルミニウム製の窓がついており，^{147}Pm などの低エネルギーβ線源は薄いベリリウムの窓で覆われている.
>
> ^{55}Fe，^{57}Co，^{109}Cd などの比較的低エネルギーの X 線源は，薄いベリリウム窓が使用されており，機械的強度は弱い.
>
> ^{60}Co，^{137}Cs などの比較的高エネルギーのγ線源はアクリル，ステンレスなどで被覆されており，機械的強度に優れている．

②陽電子線源

図 III-2-4 は，^{22}Na の陽電子線源の例である．金属材料の空孔分析などに使用される．線源は薄膜（カプトン：厚さ 7.5 µm のポリイミドフィルム）ではさんである．衝撃に弱い．

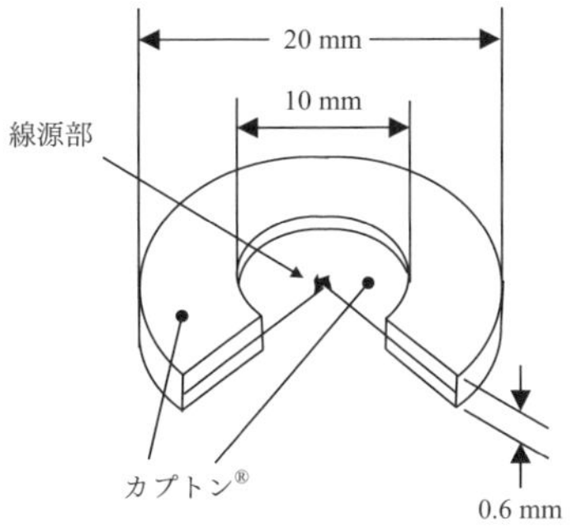

③X 線源

図 III-2-5 は，^{55}Fe の X 線源の例である．^{55}Fe，^{57}Co などは壊変（軌道電子捕獲）に伴い X 線を放出するので，X 線源として使用される．線源の周囲をアクリル樹脂で取り囲んでいるが，線源部はベリリウムの薄板で覆われているだけなので，取扱に注意を要する．

④γ 線源

図 III-2-6 は，^{60}Co の γ 線源の例である．線源の周囲をアクリル樹脂で取り囲んでおり，比較的破損しにくい．教育用の実験などに用いられる．

図 III-2-7 は，9 核種混合の γ 線体積線源の例である．マリネリ容器と呼ばれる容器に，9 核種を均一に吸着させたアルミナの粒（約 75 µm）を充填して封入した体積線源であり，環境中や飲食物中の放射能測定に使用する測定器の校正に用いられる．

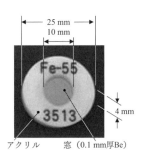

図 III-2-4　薄膜陽電子線源の例（^{22}Na 1 MBq，［9］を改変）

カプトン®は，東レ・デュポン社の開発による，耐熱，耐寒性，耐化学薬品製に優れたポリイミドフィルムのこと．

図 III-2-5　X 線源の例（^{55}Fe 10 kBq，［9］を改変）

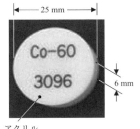

図 III-2-6　γ 線標準線源の例（^{60}Co 1 kBq，［9］を改変）

図 III-2-7　9 核種混合 γ 線体積線源（9 核種：^{109}Cd，^{57}Co，^{139}Ce，^{51}Cr，^{85}Sr，^{137}Cs，^{54}Mn，^{88}Y，^{60}Co，［9］を改変）

3）下限数量以下の密封線源の安全取扱

- β 線源の窓には薄い被覆材が使用されているので，窓は摩擦，衝撃に弱い．窓を破損させないようにする．
- 線源が破損して密封状態が失なわれた場合は，非密封線源として扱う．
- 下限数量以下の密封線源に対しては，特に安全取扱に関する法律上の規定はない．

> **▽下限数量以下の密封線源の廃棄**
> 　不要となった下限数量以下の密封線源の廃棄については特別な規制はないので，論理的には一般廃棄物として処分することができる．しかしながら，下限数量以下であっても一般ごみ中に放射線源が発見された場合には大きな社会問題となりかねない．このような事態を避けるために，線源を購入した業者に引き取ってもらうか，日本アイソトープ協会に引き取りを依頼することが行われている．

(2) 表示付認証機器

1) 表示付認証機器とは

- 表示付認証機器は放射性同位元素装備機器（RI 装備機器）のなかで，内部被曝の恐れがないこと，外部被曝が 1 mSv/年以下であることを条件として設計の認証を受けた安全性が高い装置を言う．
- 表示の内容は，(1)設計認証の文字，(2)三葉マーク，(3)原子力規制委員会または登録認証機関の名称，(4)認証番号である．
- 表示付認証機器は，届出のみで設置・使用が可能であり，他の RI 装備機器と比較して，管理上の規制が大幅に緩和されている．
- 大学などの研究機関では，表示付ガスクロマトグラフ用エレクトロンキャプチャディテクタ（以下，表示付 ECD と呼ぶ），校正用線源，^{241}Am を内蔵した中和器などの表示付認証機器が使用されている．

> **みなし表示付 ECD とは**
> 2005 年の障害防止法改正に伴い，旧法で表示付 RI 装備機器として承認されていた表示付 ECD は，新法での表示付認証機器とみなされること（みなし表示付認証機器）になった．

2) 表示付認証機器の例

① α 線源

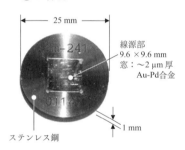

図 III-2-8 α 線源の例（^{241}Am 4 MBq，[9] を改変）

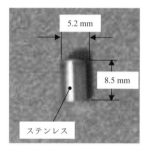

図 III-2-9 γ 線源の例（^{137}Cs 2 MBq，校正用，[9] を改変）

図 III-2-8 は，校正用に用いられる ^{241}Am α 線源の例である．α 線を透過させるために 1〜2 μm の金などの薄膜（窓）で線源の表面を被覆してある．

② β 線源

図 III-2-4 に類似した，下限数量以上の放射能量の ^{90}Sr β 線源，その他が市販されている．

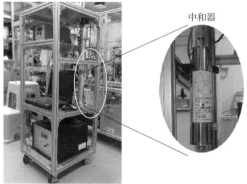

図 III-2-10 自作のエアロゾル分級装置に装着された ^{241}Am 中和器

名古屋大学大学院環境学研究科持田研究室提供．

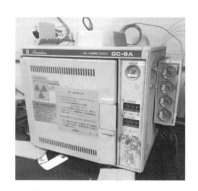

図 III-2-11 表示付 ECD の例

③γ線源

図 III-2-9 は，^{137}Cs γ線源の例である．

④中和器

図 III-2-10 は，エアロゾル粒子を粒径により選別を行う自作の分級装置で，^{241}Am 中和器を組み込んである．中和器は，捕集したエアロゾルに^{241}Am（3 MBq）のα線を照射して荷電状態を平衡荷電状態に安定化する．

⑤表示付 ECD

図 III-2-11 は，370 MBq の^{63}Ni を装備した表示付 ECD の例である．

表示付 ECD は，一般に 1 台につき 370 MBq または 555 MBq の^{63}Ni を装備している．ECD に装備されている^{63}Ni から放出されるβ線のエネルギー（66.9 keV）は低いので，β線は装置内で完全に吸収される．ECD セルからβ線あるいは制動 X 線が漏洩することはない．

図 III-2-12 中性子線源の例（^{252}Cf 3.7 MBq）

⑥中性子線源

図 III-2-12 はステンレス製の円筒に封入された^{252}Cf 中性子線源の例である．線源は中性子を遮蔽するためにポリエチレン製の容器に保管されている．中性子の遮蔽については，II-1 章 4.3 小節参照．

◆中性子は水素原子核との弾性衝突によりエネルギーを付与するため，水が多く含まれる人体に与える影響が相対的に大きいので，取扱に注意を要する．

> **中性子源**
> 小さな中性子源としては，^{241}Am-^{9}Be の
> $$^{9}\text{Be}(\alpha, n)^{12}\text{C} \tag{2.1}$$
> の核反応や^{252}Cf の自発核分裂が利用されている．

3）表示付認証機器の安全管理

表示付認証機器は機器ごとの使用，保管，運搬の条件（認証条件）を遵守して使用する．認証条件は使用機器ごとに文書として添付されている．

①使用時の安全対策

・線源部分に指，器具などで触らない．

・同一人が認証条件に定められた年間使用時間を超えて，機器から 50 cm 以内に近づかない．

・分解したり，不要な力を加えたりしない．

・落下，不要な加熱・冷却を与えない．

・万一，機器内の線源の格納部分が破損し線源が露出した場合は，現状を保存し，管理者に連絡して，指示を受ける．緊急を要するやむを得ない場合は，ゴム手袋を着用してポリエチレン袋などに封入し汚染拡大防止の措置を講ずる．必要以上に線源に触らない．

・使用中にやむを得ず長時間不在とする場合には，部屋に施錠し，盗難，紛失を防ぐ．

> **表示付 ECD およびみなし表示付 ECD の使用時の条件**
> 表示付 ECD およびみなし表示付 ECD は，以下のように使用することが定められている．
> ・同一人が年間 2000 時間を超えて，機器から 50 cm 以内に近づかない．
> ・ディテクタを交換する場合以外は，ディテクタをガスクロマトグラフから取りはずさない．

- ディテクタから RI を取りはずさない．
- ディテクタおよびキャリアガスの温度が 350℃を超えないこと．
- キャリアガスとして腐食性ガスを使用しない．
- ディテクタにキャリアガスまたは試料以外の物を用いない．

② 保管，廃棄時の安全対策
- 「放射性」または「Radioactive」と表示した専用の容器で保管する．
- 容器は施錠可能な部屋に保管する．
- 定期的に届出内容と現状を比較確認し，記録する．
- 廃棄時は購入業者，日本アイソトープ協会などに委託廃棄する．

③ 表示付認証機器のみを使用する場合の安全管理の枠組み
- 表示付認証機器のみを使用する場合は管理区域を設ける必要はなく，届け出ることにより一般の実験室で使用できる．
- 健康診断，教育訓練，被曝管理，汚染検査や空間線量率測定，放射線取扱主任者選任，放射線障害予防規程は必要ない．
- 使用する実験室を変更することも可能である．
- 放射線取扱主任者に代わる安全管理責任者を定めて，管理を行わせる．

④ 安全管理責任者の役割

安全管理責任者は，表示付認証機器取扱者に対して使用，保管，運搬に関して法令で定められている指示を行う．

- 法的には点検・記録は義務づけられていないが，装置が，設置場所から移動させられてないか，施錠可能かなどを点検し，点検担当者名，日時などを記録しておく（長時間使用しないうちに，線源が外され紛失した例がある）．
- 廃棄時には特に注意する．不要となった表示付認証機器は，製造者，販売業者に引き渡さなければならない．一般廃棄物または産業廃棄物としない．
- 運搬時は，L型輸送物として扱うなど，購入時の添付文書に従う．
- 安全管理責任者は，目につきやすい場所に使用，保管，廃棄に関する注意事項を掲示するなど，安全対策を講ずる．

> **安全管理責任者とは**
>
> 　法的には表示付認証機器に管理者を置くことは義務づけられていない．しかしながら機器管理の責任体制がはっきりしていなかったため，過去に表示付 ECD を一般廃棄物として廃棄し，社会問題となった例がある．このため，安全管理体制の中で責任者を明確にしておくことの重要性が認識され，慣例として自主的に安全管理責任者を置いて表示付認証機器の管理は行われている．
> - 届出使用者（部局長等）は，表示付認証機器の管理を行わせるために安全管理責任者を任命する．
> - 安全管理責任者には放射線取扱主任者のような国家資格を必要とせず，知識と経験があればよい．
> - 表示付認証機器を扱う者に対して法律上特別の名称はない．
>
> 　安全管理責任者は新しく表示付認証機器を購入したときには，認証機器ごとに下記の事項を記載した文書が添付されていることを確認し，添付文書を保管する．
> - 認証番号
> - 認証条件（使用，保管，運搬の条件）
> - 廃棄の方法
> - 法令に違反した場合に罰則が課されている旨
> - 使用の開始および廃止の届出の様式
> - 製造者等の連絡先

(3) 届出密封小線源

1) 届出密封小線源の例

①α線源

図 III-2-13 は，^{241}Am の α 線源の例である．実際の線源の概観は図 III-2-8 の表示付認証機器の α 線源と同じである．放射能量は同じであるが，表示付認証機器になっていないので，表示付認証機器に課せられている使用の制約を受けない．

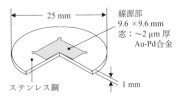

図 III-2-13 α 線源の例（^{241}Am 4 MBq，[9] を改変）

②γ線源

図 III-2-14 は，^{60}Co γ 線源の例である．

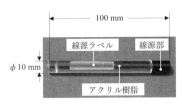

図 III-2-14 γ 線源の例（^{60}Co 3.7 MBq，[9] を改変）

2) 届出密封小線源の安全取扱

①安全対策

密封線源取扱施設の入口に，使用上の注意を掲示してあるので，熟読し遵守する．

安全対策のポイントは次の通りである．

- 被曝の防護：密封線源に対する被曝は外部被曝のみを考えればよい．外部被曝防護の 3 原則，距離・遮蔽・時間，に従って防護する．
- 密封性維持・確認：線源の密封状態は，使用方法と汚染検査の記録から確認する．
- 紛失防止：紛失は，使用の前後に線源を目視して確認し，記録することで防止できる．
- 盗難防止：線源は貯蔵庫などに保管し，鍵をかける．鍵は管理者が管理する．
- 帳簿の整備：使用・保管・廃棄の帳簿を備える．

②使用時の注意事項

線源の扱い方については次の通りである．

- α 線源や β 線源の薄い被覆材は破れやすいので，被覆材を傷つけない．
- 線源部分に触れない．
- 線源を容器から取り出すときおよび収納するときは，線源表面を傷つけないように扱う．先の尖った金属ピンセットで扱わない．テフロン性のピンセットや先端部分をゴム糊で被覆したピンセットなどを使用する．紙などで擦らない．図 III-2-15 はピンセットで傷ついた線源（^{210}Pb + ^{210}Bi）の例である．
- 被覆材を破損した可能性がある場合は，目視，汚染検査で確認する．
- 被覆材の破損などの異常を発見した場合は，現状を保存し，主任者等に相談する．

遮蔽とモニタについては次の通りである．

- β 線はプラスチックなどの原子番号の低い材質で遮蔽した後，制動 X 線を鉛などで遮蔽する．β 線を金属で遮蔽すると制動 X 線

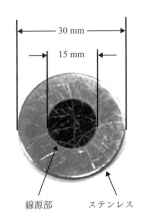

図 III-2-15 ピンセットで傷のついた線源（^{210}Pb + ^{210}Bi）

が生じる．
- γ線は鉛などの金属で遮蔽する．
- 個人被曝線量計を着用する．
- サーベイメータを使用する．電源および警報を常時 on にしておく．
- γ線照射装置使用時には部屋の入り口に「照射中」と表示する．無用な者を立ち入らせない．

汚染検査や記録については次の通りである．
- 使用終了後は線源を貯蔵室に収納し，紛失，脱落，汚染などのないことをサーベイメータやモニタ線量計で確認する．
- 使用のつど，使用者氏名，使用時間，日時，場所，方法などの使用記録をとる．

> **▼密封線源の廃棄**
> 不要となった密封線源は，日本アイソトープ協会に密封線源引取依頼書を提出し，引き取りを依頼することができる．このうち，障害防止法に関わる線源は許可または届出変更を，医療法に関わる線源は医療法上の届出を併せて行う．ただし，減衰した密封線源を同一核種・規格で，元の数量と同じ数量の線源と交換のために処分し，また，新しい線源を譲り受ける場合はこれらの届出を要しない．
> 過去に販売されたサーベイメータには密封校正用線源が附属したものもある．このうち法定の下限数量を超えるものについては届出の必要がある．このような線源も，使用しないものから，廃棄の手続きをとった上で引き取りを依頼していくことが望ましい．

3）校正用線源

校正用線源には，届出密封小線源もあり，下限数量以下の線源もあれば，認証機器となっている線源もある．校正用線源としての扱いは同じであるので，ここでまとめて説明する．

①校正用線源の一般的事項

校正用線源は，放射線測定器，モニタなどの校正に用いられる．
- α線源として ^{241}Am，β線源として ^{90}Sr，γ線源として ^{60}Co，^{137}Cs，中性子線源として ^{241}Am-^{9}Be，^{252}Cf がよく利用される．
- 校正用線源としては，固体状の密封線源が一般的であるが，放射能標準溶液も校正に用いられている．標準溶液はガラス容器壁面への吸着や沈殿などにより，放射能濃度が変化する場合があるので注意を要する．液体シンチレーションカウンタでは校正用に溶液線源が用いられる．

②標準線源
- 校正用線源のうち，標準線源には国家標準とのトレーサビリティが保たれている．
- 標準線源には線源成績書が，通常の校正用線源には仕様書が添付されている．線源成績書には，値付けした値に対する不確かさと信頼度が記載されている．

③標準線源の使用，保管時の留意点
- 標準線源の使用期間を表 III-2-4 に示す．
- 窓が Al 製のものは，使用環境によって腐食されることがあるので，保管には注意する．

表 III-2-4　標準線源の使用期間

線源の種類	使用期間
半減期が 5 年以下のもの	半減期程度
半減期が 5 年以上のもの	5 年程度
37 kBq 以下で窓厚 1 mg/cm^2 以下の線源	1 年程度
ステンレスカプセル入り γ 線源	10〜15 年
上記以外の γ 線源	5 年程度

4）その他の密封小線源

密封小線源には，1）〜3）で例示した線源のほかにも，α，β，γ，中性子線源としてさまざまな核種，放射能量，形状のものがある．これらは目的に応じて市販されているものを購入する．仕様を決めて製作を依頼することもできる．

1.3 密封中線源

密封中線源には，工業用に用いられるレベル計や厚さ計および非破壊検査装置に装備されているものや，各種医療用装置（表 III-2-5）に装備されているものがある．図 III-2-16 は工業用密封線源の一例である．ここでは，工業用非破壊検査装置と医療用リモートアフターローディング装置を取り上げる．

- ♣医療用の照射装置は，医師，診療放射線技師などの有資格者のみ使用できる．業務従事者のみの資格では扱うことができない [10]．

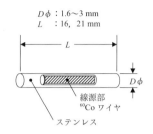

図 III-2-16 工業用 γ 線源の例（^{60}Co 37 MBq，[9] を改変）

表 III-2-5 密封線源を用いた医療装置

装置の名称	核種	用途	数量
リモートアフターローダ	^{192}Ir	放射線治療	296〜370 GBq
PET・SPECT 吸収補正用線源	^{68}Ge-^{68}Ga，^{137}Cs，^{133}Ba	体内放射能量の定量性確保のための画像処理データ取得	約 200 MBq（PET）
永久刺入線源	^{125}I，^{198}Au	放射線治療	10〜200 MBq/1 個
血液照射装置*1	^{137}Cs	輸血用血液中のリンパ球を失活させ移植片対宿主病を抑制	約 20〜100 TBq
ガンマナイフ*2	^{60}Co	放射線治療	1.11 TBq × 201 個（一式 223.11 TBq）

*1：10 TBq を超えているので，次小節の密封大線源に分類される．
*2：ガンマナイフは複数の線源から構成されており，一式が 10 TBq を超えているので，次小節の密封大線源に分類される．

(1) 非破壊検査装置

非破壊検査装置には，X 線を用いるものと密封線源を用いるものがある．ここでは後者について説明する．図 III-2-17 に，密封線源を用いた非破壊検査装置の模式図を示す．

1) 非破壊検査装置とは

非破壊検査では，鋼板や鋼管の溶接箇所や機械部品のキズ・劣化をその物体を壊すことなく調べるために，放射線を透過させてフィルムなどに記録して調べる．可搬型の装置では，^{192}Ir，^{60}Co などの密封線源が，ワイヤに接続された状態で格納容器に入っており，照射時は線源を，伝送管を通して照射筒の位置まで押し出し，終了時はワイヤを引いて格納容器に戻して使用する．

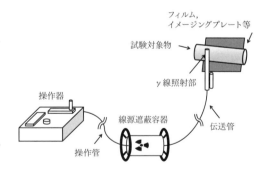

図 III-2-17 密封線源を用いた非破壊検査装置の模式図

2) 安全対策

可搬型検査装置を使用する場合は，検査対象物が存在する場所に管理区域を設定する．

- ◆管理区域の設定では，平面方向だけでなく，上下方向の線量率にも注意する．

安全対策上の注意点は次の通りである．

・使用場所の一時的変更届をあらかじめ原子力規制委員会に提出し，γ 線撮影届を 30 日前までに

所轄の労働基準監督署長に提出する．
- 1.3 mSv/3 月を超える範囲を管理区域とし，さくなどを設け，標識を付して不必要に人が入らないようにする．
- 線源および被照射体から 5 m 以内の場所に業務従事者を立ち入らせない（実効線量が 1 mSv/週以下の場所は除く）．
- γ線透過写真撮影作業主任者を選任して，作業の指揮・監督を行わせる．線源に応じて第 1 種もしくは第 2 種放射線取扱主任者の選任が必要となる．
- 業務従事者は個人被曝線量計を装着する．
- 常にサーベイメータを携行し，特に作業終了時に線源が確実に格納されたか確認する．
- 1 月ごとに装置の自主点検を行い，記録を残す．

(2) **遠隔操作式後充塡装置**

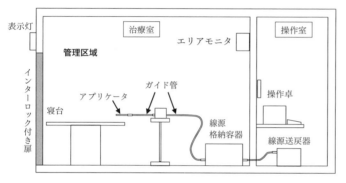

図 III-2-18 医療用中強度線源照射施設の例（RALS 施設）

1) 遠隔操作式後充塡装置とは

遠隔操作式後充塡装置（remote after loading system：RALS）は主に子宮癌の治療に用いられる装置である．

装置の構成は次の通りである．図 III-2-18 は施設と RALS の配置を示している．

- RALS は制御器，線源，アプリケータなどの照射器，アプリケータ支持器，これらを結ぶガイド管，線源格納容器，治療台，エリアモニタ，監視モニタなどで構成される．
- 線源にはステンレス製のカプセルに封入されたペレット状の ^{60}Co，^{137}Cs，^{192}Ir（約 37〜370 GBq）が用いられている．

使用の手順は次の通りである．
① 治療する医師など（術者）の被曝を避けるために，最初に患部に線源と連結している空のアプリケータを挿入しておく．
② 術者は遮蔽した操作室内で線源格納容器から線源を，ガイド管を通して移動させ，患部に接触しているアプリケータへ固定して照射する．
♣ 本装置は障害防止法と医療法の規制を受けるため，装置の使用者は業務従事者と放射線診療従事者の両方の資格を必要とする．

2) 安全対策

線源の脱落，位置不良などは術者の被曝，治療精度の低下，患者の無用な被曝事故の発生などにつながる．これらを防止するために，装置の動作などの確認を定期的に実施する．

確認のポイントは次の通りである．
- 出入口扉のインターロック，表示灯，警報装置の確認
- ガイド管の目視検査
- 線源駆動機構の模擬（ダミー）線源を用いる確認
- 線量計による線源の位置や線源格納の確認

- ガイド管と線源アプリケータとの接続などの確認
- 制御タイマおよび故障時のバックアップタイマの動作確認
- 停電時などの非常用電源の動作確認
- 汚染検査，線量率検査

1.4 密封大線源

密封大線源を使用する照射施設および装置には多種類ある．その中から，医療用の^{137}Cs血液照射装置［10］と，研究用に使用されている^{60}Co γ線照射施設について述べる．

血液照射装置では^{137}Cs放射能が20～100 TBq（表III-2-5）と，10 TBqを超える医療用密封線源が使用されており，医療法と障害防止法の両法の規制対象となる．

わが国の研究用密封大線源使用施設における，^{60}Co放射能の範囲は1 TBq～約10 PBq（ペタベクレル：10^{15}Bq）となっている［11］．

施設，装置の種類，放射能量や用途が異なっても安全取扱の基本は同じである．

(1) 血液照射装置

表III-2-5のように，血液照射装置は20～100 TBqの^{137}Cs線源を内蔵しているが，厚い鉛遮蔽を使用することによってコンパクトな装置となっている．

図III-2-19(1)に血液照射装置の例を示す．血液パックを照射台に載せた後，中央の円筒型の遮蔽体を回転させ，照射台を密封線源の前で停止させて，照射する．照射位置では，血液パックの載った照射台が回転しながら，むらなく照射を行う．

図III-2-19(2)は血液照射装置設置室の例を示している．血液照射装置は装置内のみが管理区域になっているので装置の外部に管理区域を設定する必要はないが，この例では管理を徹底するために装置設置室を設けてある．

1) 輸血用血液照射装置とは

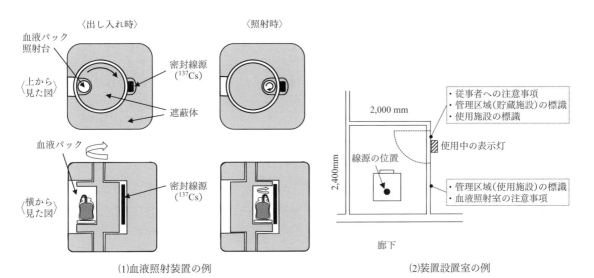

図III-2-19 血液照射装置および装置設置室の例

輸血用血液照射装置は輸血による移植片対宿主病（graft versus host disease：GVHD），すなわち免疫反応によって白血球が移植片を異物とみなして攻撃することを予防するために，血液に大線量（25〜50 Gy）を照射するために用いられる．

- 線源には，^{137}Cs が用いられている．
- 血液を滅菌した袋に封入して所定の時間照射する．
- ◆照射装置取扱者は，障害防止法に定められている業務従事者の資格を必要とする．

2) 安全対策
- 血液照射装置を使用する場合，その旨を自動的に表示する装置を設ける．
- 装置の機能：タイマの照射時間，操作ボタンの動作確認
- 線源：線源の校正と減衰補正，周辺の空間線量率分布の測定
- 漏洩線量測定，汚染検査
- 停電などの事故時への対策：手動装置の動作確認
- 定期的に点検し，結果を記録する．

(2) ^{60}Co γ線照射施設

1) ^{60}Co γ線照射施設とは

^{59}Co を熱中性子で照射すると，半減期が 5.27 年である放射性同位元素 ^{60}Co になる．^{60}Co が ^{60}Ni に壊変する際に，エネルギーが 1.17 と 1.33 MeV のγ線を放出する．^{60}Co 照射施設では，この 2 本のγ線を照射に用いる．

$$^{60}\text{Co} \rightarrow \text{}^{60}\text{Ni} + \gamma \quad (1.1 \text{ と } 1.3 \text{ MeV}) \tag{2.2}$$

2) γ線照射装置使用の利点
- 加速器照射に比べてγ線照射は，試料を線源の近くに置くだけであり，操作はきわめて簡単である．しかも照射台が広いので，大きな試料でも中に入れて照射することができ，特殊な極限条件下での照射も容易にできる．
- γ線は透過性がきわめて高いので，さまざまな形の装置の中にセットされた試料でも容易に照射することができる．

3) ^{60}Co γ線照射施設の例

図 III-2-20 に名古屋大学に設置されている ^{60}Co γ線照射室の平面図を示す．2016 年 11 月現在で，^{60}Co の量は 31.2 TBq，線源に最も近い位置での線量率は水の吸収線量で表すと 2.0 × 10^3 Gy/時である．線源から 1 m 離れた位置で照射すると，約 1 時間で致死線量に達する．線源は照射室の地下室に格納され，照射の際には自動的に照射室内にセットされる．照射室は厚さ平均 1.5 m のコンクリート壁で囲まれ，照射室外の線量は自然放射線のレベルになっている．

4) 安全対策

安全対策は，次に示すように施設面において多重に施されている．

- 施設利用登録者以外の立ち入りを防止するために

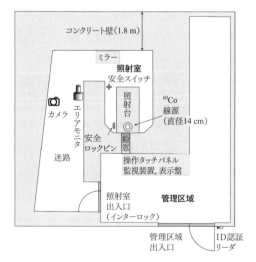

図 III-2-20　名古屋大学の ^{60}Co γ線照射室の平面図

操作室を管理区域内に設け，出入りを管理している．
- 遮蔽壁により操作室の線量率は自然放射線レベルとなっている．
- 出入口での線量を低減させるために照射室内は迷路になっている．
- インターロックシステムにより，線源が出ている時は入室できない．
- エリアモニタにより照射室内の線量率を連続測定・記録し表示する．
- 照射室内で人が作業している場合は，操作盤で線源を格納器から移動できないようにする室内の安全ロックを設けてある．
- 作業の様子はカメラを通して管理者がパソコン画面で監視する．
- 万一照射室に閉じ込められた場合には照射室側からドアを開けて脱出できる．
- 各対策の作動状況は，管理者のパソコン画面に表示される．
- 法定の汚染検査，漏洩線量測定，使用時間の確認などを実施する．

試料を照射するにあたっては，次の手順によって入室することで管理を行う．

① 使用記録：管理区域入退室をノートに記帳すると共に，照射内容（被照射物名・設置場所など）を電子ファイルにて保存する．

② 線源の格納確認：操作パネルを使用して使用中の線源を地下室に格納する．この際，線源の格納確認，格納器の完全密閉確認，エリアモニタによる照射室内の線量率の自動測定，線源付近の安全スイッチと安全ロックピンの確認，出入口扉とその電子鍵の確認を管理者がカメラを通してパソコン画面で行う．これらの安全確認がすべて正常な場合にのみ，照射室出入口扉の作動が可能になり，人が扉を開けて入室することができる．

③ 照射室入室：電子鍵を使用して手動で開錠する．個人認証用 ID を認識させたサーベイメータを電子鍵として使う．サーベイメータをかざすことによって，出入口扉に ID を認証させて開錠する．入室者はサーベイメータを必ず持つこととなり，放射線を測定しなければ入室できない．万一，線源格納システムやモニタシステムが故障していても，サーベイメータで線源が出ていることを確認でき，事故を防ぐことができる．このために自動にしないで，手動で開錠するシステムにしてある．

2 非密封線源

2.1 非密封線源の特徴

非密封線源とは，容器に封入されていない溶液，粉末，気体状の RI を指す．非密封線源は，下記の特有の性質を考慮して扱う [1-4]．

- 空気中へ飛散あるいは揮発した非密封線源を吸入したり，飲み込んだり，あるいは皮膚に付着させると，体内汚染の原因となる．
- 非密封線源を取扱う場合は，図 III-2-21 のように外部被曝と内部被曝が同時に起こりうるので，両方に対する防護対策が必要とされる．
- 防護対策には建物，施設，設備などの整備に関わ

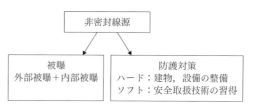

図 III-2-21 非密封線源取扱時の被曝と防護対策

るハード面からの対策と，作業者の安全取扱技術で対処するソフト面からの対策とが必要とされる．

2.2 非密封線源取扱施設

非密封線源取扱施設は，図III-2-22のようにRI実験を行う管理区域とRIを取扱ってはならない非管理区域（居住区域）とに分かれている．

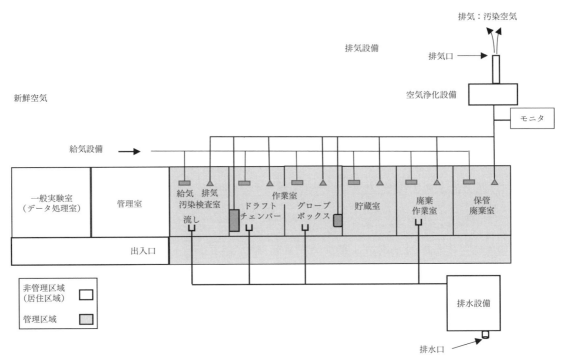

図III-2-22 非密封線源取扱施設

図III-2-23 標識の例

管理区域内の室，設備等は次の通りである．

- 管理区域は，目的に合わせてRIを使用する放射性同位元素作業室，線源を保管する貯蔵室，管理区域退出時に汚染の有無を検査する汚染検査室，実験室内の汚染物を廃棄物用の容器に詰め替えなどを行う廃棄作業室，廃棄物を一時的に保管する保管廃棄室などに分かれている．
- 室の配置は事業所ごとに異なる．
  - ◆非密封線源を使用する部屋は，障害防止法では「作業室」と言い，密封線源や発生装置を扱う部屋を「使用をする室」と言って区別している．一般的には両室を合わせて使用室と呼びならわされている．
- それぞれの室の前のわかりやすい場所に図III-2-23のような標識が付されている．

- 管理区域は汚染や被曝が起こりうることを前提として設けられている．そのため万一汚染が生じた時は，その範囲を最小限に止め，かつ汚染が非管理区域へ拡散しないように設計されている．
- 管理区域内の床は，汚染の浸透や固着を防ぐため，また除染しやすくするために溶液が浸透しにくく，平滑で継ぎ目の少ない材質で被覆してある．
- 管理区域は室内のRI濃度を法定の基準値以下に保つために常時新鮮空気で換気されており，作業室内には飛散しやすい線源を扱うためにドラフトチェンバーやグローブボックスが設置される．

2.3 非密封線源の安全取扱

(1) 非密封線源使用の流れ

非密封線源は図III-2-24に示す1．実験計画から8．記録の提出までの流れに沿って使用される．

▼知っておきたい放射化学用語
- 標識：化合物にRIを付加すること．
- 放射線効果：標識化合物自身のRIが放出する放射線により直接的，間接的に分解や化学変化をうけて自身とは異なる化合物が生成されること．
- 放射化学的純度：試料の全放射能に対する目的とする標識化合物の放射能の割合．最初純度が100％の試料であっても放射線効果により純度が低下することがある．
- 放射性核種純度：目的の核種に対する他の核種の混入率を指す．目的の^{32}Pに対する^{33}Pの混入などがその例である．
- 比放射能：RIを含む物質・分子の単位重量あたりの放射能で定義される．Bq/g，Bq/molで表す．
- 放射能濃度：RIを含む物質・分子の単位体積あたりの放射能で定義される．Bq/ml，Bq/μlで表す．
- 担体：RIと化学的性質が等しいか，あるいは類似した物質を言う．試料に含まれる元素がすべてRIの場合を無担体と言う．

---

(2) 実験計画

図III-2-24の1．の実験計画を立てる時には，主任者等と相談して，図III-2-25の5項目について検討し，使用核種を決定する．

各項目の検討事項は下記の通りである．

- 施設の許可条件：核種，1日最大使用量，3月使用量，年間使用量．
- 使用核種の性質：放射線の種類とエネルギー，半減期，被曝線量．
- 標識化合物の選択：化学形と標識位置，放射化学

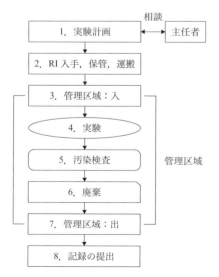

図III-2-24 非密封線源使用の流れ

図III-2-25 実験計画時の検討事項

的純度,放射性核種純度,比放射能,放射能濃度,送付時の容器,溶媒.
- 安全対策:防護用品,遮蔽器具,汚染検査用品(サーベイメータ他)の準備.
- 測定:測定器,データ処理法の確認.

> **気を付けよう微量 RI の特徴的な挙動**
> 微量な RI を扱っていると下記のような現象によって存在するはずの RI が検出されないことがあり,誤った結論に至ることがある.
> - ラジオコロイド:コロイド状態の微量物質に RI または標識化合物が付着したものを言う.RI または標識化合物自身がコロイドを形成しているわけではない.
> - 吸着:容器壁,共存物,沈殿などに吸着される.
> - 共沈:化学的性質が似た元素が共存していると,単独では沈殿を生じない条件下で標識化合物が他の物質の沈殿に伴って沈殿すること.

(3) RI の入手,保管,運搬

図 III-2-24 の 2. の RI の入手,保管,運搬では下記の点に留意する.

1) RI の入手

RI の入手方法には下記の 4 つの経路があり,それぞれの事業所で決められた手続きに従って入手する.
- 市販の標識化合物の購入
- 他事業所で放射化した試料の搬入
- 他事業所の研究者からの譲り受け
- 放射性医薬品の研究用への転用

2) RI の保管

保管時には下記 4 項目を考慮して核種,化合物に適した状態で保管する.
- 物理的性状:液体,気体,固体
- 保管温度:常温,低温,凍結
- 遮蔽器材:β,γ 線源に応じて使い分ける.
- 線源が漏洩しにくい容器を使用し,さらに吸収材を備えた外容器に保管する.

> **保管例**
> 例 1. 密閉してある飛散しにくい低エネルギー β 核種の低温保存標識化合物は,特別な遮蔽をすることなく貯蔵室内の冷蔵庫に保管する.
> 例 2. 常温保存の固体状の高エネルギー γ 核種は,所定の線量率以下となるように遮蔽して貯蔵室に保管する.
> 例 3. 容器に密閉し,低温保存してあっても飛散しやすい核種の標識化合物の溶液線源は,飛散対策として線源容器を活性炭等の吸収剤を添付した外容器に 2 重に封入する.

3) RI の施設内運搬

実験の前に RI を貯蔵室から実験室へ運搬し,実験後には再び貯蔵室へ保管するために運搬する施設内運搬では,線源容器の破損,漏洩,遮蔽,重量に注意する(IV-2 章 6.3 小節参照).

①対象容器:転倒・落下すると破損・漏洩する可能性のある線源容器
- ガラスバイアル他
- 試験管,マイクロテストチューブ(チップ)を立てたラック

② 対策1:線量率が低い線源容器
　・線源容器には必ず密栓する.
　・ポリエチレン濾紙などの吸収材を敷いたバットや蓋付き容器で運搬する.
③ 対策2:線量率が高い線源容器
　・遮蔽する.
　・遮蔽材で重くなる場合は,台車などで運搬する.

2.4 管理区域の入退

(1) 入退管理の目的

図III-2-24の3.および7.の管理区域の入退管理は,図III-2-26のように管理者が立ち入り者の制御,被曝管理,管理区域外への汚染の拡散を防止することを目的として行う.

留意事項は次の通りである.

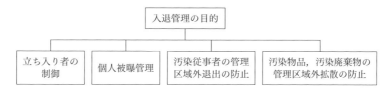

図III-2-26 入退管理の目的

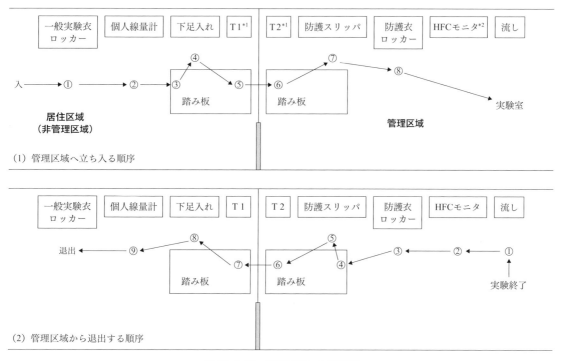

図III-2-27 管理区域の入退順序

*1:T1, T2:個人識別用認証端末.
*2:HFCモニタ:hand foot cloth monitor(ハンドフットクロスモニタ).

- 管理区域への立ち入り者の制御を行う．業務従事者の資格のない者を管理区域内へ立ち入らせない．見学者などは所定の手続きを取る．
- 業務従事者には個人被曝線量計を着用させ，個人被曝管理を行う．
- 汚染された業務従事者を管理区域外へ退出させない．2次汚染を防ぐために，退出前に必ず汚染検査を行い，汚染が発見された場合は，除染後に退出させる．
- 汚染物品や放射性廃棄物（汚染廃棄物）を管理区域外へ持ち出させない．

(2) 入退管理の例

業務従事者の認証や汚染検査，除染をスムーズに行うことができるように入退方法は工夫されており，基本的な入退の順序は変わらないが，施設の実情に合わせて異なる部分もある．図III-2-27は管理区域入退の順序の1例を示している．

1) 管理区域へ入る場合

管理区域へ入る場合は，図III-2-27(1)の①から⑧の順序に従う．

2) 管理区域から退出する場合

管理区域から退出する場合は，図III-2-27(2)の①から⑨の順序に従う．

2.5 実験

図 III-2-28 非密封線源の安全取扱

図III-2-24の4.の実験時の非密封線源の安全取扱に対しては，業務従事者が自身の安全を確保するための方法を図III-2-28にまとめてある．事前準備に始まり，汚染発生の防止と拡大抑制，外部被曝の防止，内部被曝の防止のための対策からなる．

(1) 事前準備

実験の開始にあたり，図III-2-29のように被曝・汚染の防止を図り，万一の場合は被曝・汚染を最小限に抑えるために実験室内を整理整頓し，防護用品・器具，汚染検査用品，廃棄物処理用品を準備する．

1) 整理整頓
- 不要な実験器材を収納し，作業範囲を広くとれるように必要器材を配置する．

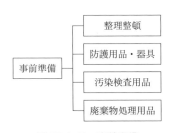

図 III-2-29 事前準備

- 実験器材は作業の妨げになり，予期しない汚染原因となることがある．整理整頓により汚染時には汚染物の発生量を少なくすることができる．

2) 防護用品・器具

①汚染対策用品

防護衣，防護スリッパ，ペーパータオル，手袋（ゴム，プラスチック，ポリエチレン），ポリエチレン濾紙，ポリ袋，ビニール袋，汚染吸着剤（吸水性ポリマー，他），除染剤（中性洗剤，他），マスク，活性炭マスク，RIマーク付きテープ，廃棄用プラスチック容器または袋

②汚染対策用器具

バット，ピンセット，オートピペッタ，ゴーグル

③被曝対策用品
- β線用：アクリル衝立，線源収納用アクリル容器，ピンセット
- γ線用：鉛ガラス衝立，鉛衝立，鉛ブロック，コンクリートブロック，防護エプロン，ピンセット
- 中性子線用：ポリエチレンブロック

3) 汚染検査用品・器具

①汚染検査用品：ペーパータオル，スミヤ濾紙，試験管，ポリ袋，ビニール袋，マジックペン

②汚染検査器具：サーベイメータ，ピンセット

4) 廃棄物処理用品

廃棄物を分類ごとに入れる容器，袋を用意する．容器には分類を記載しておく．

> **▼ヨウ素ガス汚染に対する秘策**
> ヨウ素ガスはポリエチレンや薄手のビニールを透過するので，ヨウ素廃棄物は厚手のビニール袋に封入する．袋内にはヨウ素を吸着するチャコールを投入し，袋の口はビニールテープなどで封をする．

(2) 汚染対策

汚染対策は，図III-2-30のようにコールドランと前処理で行う．

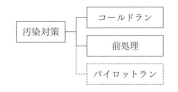

図 III-2-30　汚染対策

表 III-2-6　汚染しやすい場所

- 実験台の上
- バットの内部
- ドラフトチェンバーの底面および壁面

1) コールドラン
- コールドランとは，RIを使用することなく，RI使用時と全く同じ実験を行うことを言う．
- コールドランを行うことにより汚染の起こりやすい作業や被曝しやすい作業を把握し，実験計画の見直しも含めた対策を立てる．
- コールドランは一度だけでなく自信を持てるまで2～3回繰り返す．操作に習熟することによって操作時間を短縮し，被曝軽減を図ることもできる．
- コールドランは頻繁に行う必要はない．初めてRI実験を行う場合，これまでの実験とは異なる実験を行う場合，あるいは実験手順を変更した場合に行う．

2) 前処理
- 表III-2-6のような汚染しやすい場所をポリエチレン濾紙（ポリ濾紙）で被覆する．万一汚染した場合は速やかに汚染したポリ濾紙を廃棄するなど，効率的に除染することができる．
- 原液バイアルのような高濃度RI，あるいは大量のRIを使用する場合は，ポリ濾紙で被覆したドラフトチェンバー内でポリ濾紙で被覆したバット上で作業する．

> **▼パイロットランの効用**
> パイロットランとは，少量のRIを用いて本番と同じ予備実験を行うことである．パイロットランの目的はコールドランと同じであるが，パイロットランはコールドランほど頻繁には行われていない．パイロットランの緊張緩和効果は大きい．

(3) 外部被曝の防止対策

表III-2-7に示す外部被曝防護の3原則，遮蔽・距離・時間を活用して外部被曝線量を可能な限り低くする．

表III-2-7 外部被曝防護の3原則

(1)	遮蔽
(2)	距離
(3)	時間

1) 遮蔽

遮蔽器具を人体と線源との間に挿入して放射線を遮る．遮蔽するときには，表III-2-8に示すように放射線の種類に適した遮蔽材および遮蔽器具を選ぶ．

① α線

α線源は遮蔽する必要はない．

◆高エネルギーγ線を伴うα線源はγ線の遮蔽を行う．

② 低エネルギーβ・γ線

低エネルギーβ・γ線はα線と同様に遮蔽する必要がない場合が多いが，下記の点に留意する．

・これらの線源の場合，人体と線源との間の空気層あるいは線源容器が有効な遮蔽体となる．
・^{3}H は遮蔽する必要はない．
・200keV 以下のβ線放出核種（^{14}C，^{35}S，^{45}Ca）や数 10keV のγ・X 線源（^{125}I，^{55}Fe）を数 10kBq 程度まで使用する場合も遮蔽は必要ない．但し，線源容器を指で持つ場合は，線源部分から離れた部位を持つ．

③ 高エネルギーβ線

β線のエネルギーに応じた遮蔽材を選ぶ．

・高エネルギーβ線放出核種（^{32}P，^{90}Sr，^{90}Y）には，1 cm 程度の厚さのアクリル板を使用する．透明板を使用すると線源の状態を観察できるので操作しやすい．
・アクリル板は原子番号が小さいため制動X線の発生量が低くなるので被曝を無視できる．
・大量の線源を使用する場合は念のために制動放射線量を測定で確認し，必要に応じて遮蔽する．

> **▼なぜアクリル板はβ線遮蔽に最適なのか**
> ^{32}P の最大エネルギーのβ線の水中での飛程は約 8 mm であるので，1 cm のアクリル板で完全に遮蔽できる．加えて，アクリルのβ線による制動放射線発生率は低い．

④ 中・高エネルギーγ線

γ線のエネルギーに応じた遮蔽材を選ぶ．

・中・高エネルギーγ核種（^{24}Na，^{60}Co，^{131}I，^{137}Cs）には，鉛レンガやコンクリートブロックを使

表III-2-8 放射線の種類に適した遮蔽材

放射線の種類	核種	遮蔽材	備考
α線 低エネルギーβ線 低エネルギーX，γ線	^{3}H, ^{14}C, ^{35}S, ^{45}Ca ^{125}I, ^{55}Fe	遮蔽不要	・γ線を伴う場合はγ線を遮蔽する ・数百 kBq 以上使用時には適宜遮蔽する ・指先の被曝に注意
高エネルギーβ線	^{32}P, ^{90}Sr, ^{90}Y	アクリル板	厚さ 1cm
中・高エネルギーγ線	^{24}Na, ^{60}Co, ^{131}I, ^{137}Cs	鉛レンガ コンクリート ブロック	・放射能量が少ない場合は，鉛板，銅板等で十分 ・散乱線や漏洩線に注意

用する.
- 鉛ガラスや含鉛プラスチック製の衝立，容器などを活用すると目視しながら作業が可能となる．
- 放射能量が少ない場合は，薄い鉛板，銅板などで十分である．
- 遮蔽体の位置，組み立てに注意し，散乱線や隙間からの漏洩線による被曝に気をつける．

2) 距離

線源と人体との間の距離を大きくとることによって外部被曝線量を低減させる．

- 線量率は距離の二乗に反比例して減弱する．距離を倍にすると線量率は 1/4 に減少する．
- 非密封線源を使用する実験では，線源を持つ手の指先の被曝が最も大きくなる．
- ピンセット，トングなどを用いて距離を取る．

3) 時間

作業時間を短縮して，被曝線量を低減させる．

- 被曝線量は作業時間に比例して増加する．
- 時間短縮のために，コールドランまたはパイロットランを行い，操作に習熟する．
- 作業時間を短縮しようとして焦って作業するとかえって汚染を起こすので，無理をしない．

(4) 内部被曝の防止対策

体内汚染の除染が有効な核種は限られており，一般的には困難である．そのため，一旦汚染すると持続的に被曝する．

内部被曝を防止するには，表 III-2-9 の体内摂取の 3 経路を断つ．

表 III-2-9　体内汚染の 3 経路

(1)	経口摂取	：飲み込み
(2)	経気道摂取	：吸入
(3)	経皮摂取	：浸潤，刺入

1) 経口摂取

経口摂取は RI を飲み込むことによって起こる．対策は RI を口へ入れないことである．

- 喫煙，飲食，化粧などの禁止
- 手袋の着用
- 防塵マスクの着用（ヨウ素使用時は，チャコールマスク）

2) 経気道摂取

経気道摂取は，ガス・ダスト状の RI を吸入することによって起こる．対策はガス・ダスト状の RI の発生量，漏洩・拡散を減らし空気中濃度を低くすること，および吸入を防ぐことである．

①空気中濃度を低くするには

- ドラフトチェンバーやグローブボックス内で作業する．
- 原液バイアルの開封，高濃度 RI や大量の RI の取扱は，必ずドラフトチェンバーやグローブボックス内で行う．
  ◆揮発性がない場合は，小分けした線源は通常の実験台で使用してもよい．

>ドラフトチェンバー使用時に気をつけること
> - 所定の排風量が確保されていることを確認する．
> - チェンバー内へは腕のみを入れて作業する．チェンバー内へ頭部を入れない．
> - チェンバーから室内への逆流に気をつける．必要に応じて逆流防止衝立を使用する．

②吸入を防ぐには

- マスクあるいはチャコールマスクを着用する．

- マスクはダストや粒状性物質の補捉に有効である．
- チャコールマスクはヨウ素や各種ガス，粉塵の吸着能力に優れており，多くの核種の吸入阻止に有効である．

体内汚染の予防と除染対策が有効である稀な例

① ^{131}I, ^{125}I
- 放射性ヨウ素 ^{131}I, ^{125}I は体内摂取すると，選択的に甲状腺に蓄積し甲状腺を被曝させる．
- 摂取後短時間内に安定ヨウ素剤を服用することによって，甲状腺蓄積量をある程度抑えることができる．同位体希釈効果を応用している．
- 放射性ヨウ素を取扱う前の数日間，安定ヨウ素を含む昆布などを多めに食することによって，万一放射性ヨウ素を摂取しても甲状腺蓄積量を著しく低下させることができる．

② ^{3}H
- ^{3}H の場合は，利尿剤を服用することによって排泄を促進することができる．

3）経皮摂取

経皮摂取は皮膚の表面汚染の体内への浸潤と，刺し傷および切り傷からの浸潤とによって生じる．対策は皮膚の汚染と刺傷を防ぐことである．

皮膚の表面汚染対策としては防護用品を使用して皮膚の露出部分を最小限度にすることである．
- 防護衣，手袋を着用する．
- 安全眼鏡，ゴーグルなどを使用する．
- 必要に応じて帽子も使用する．

汚染防護用品は適切に使用する．
- 安全眼鏡，ゴーグルなどは除染できる場合は，再使用する．
- 汚染手袋は廃棄する．
- 汚染手袋を長時間使用しない．汚染が手袋を透過し，皮膚が汚染されることがある．
- 防護衣は軽微な汚染の場合は洗浄して再使用し，汚染が酷い場合は廃棄する．

刺し傷および切り傷対策は次の通りである．
- 注射器の取扱時に誤って自身を傷つけない．
  - ◆動物に RI 標識薬投与時に使用した注射針は汚染されている．
  - ◆核医学のインビボ検査では，たとえば RI 標識薬，メチレンジスルホン酸テクネチウム（^{99m}Tc-MDP）740 MBq を注射器にとり，医師が患者に静脈注射する．
- 鋭利な刃物，ガラス片，金属片の取扱には十分注意する．

2.6 汚染検査

(1) 汚染検査の対象と方法

汚染検査は図 III-2-31 のように表面汚染検査と体内汚染検査に大別される．それぞれに適した方法で検査を行う．

(2) 表面汚染検査

表面汚染検査は，検査の行い方によって図 III-2-31 のように直接法と間接法に分けられる．

1) 直接法と間接法の違い
- 直接法では，サーベイメータを用いて直接表面汚染を検査する．GM管式サーベイメータの使用が一般的である．
- 間接法では，拭き取った試料（スミヤ）または集塵試料を測定する．
- 一般的に使用される測定器
  - γ核種：NaI(Tl) シンチレーション検出器
  - β核種：GM計数管，液体シンチレーションカウンタ
  - ^{3}H：必ず液体シンチレーションカウンタを用いる．

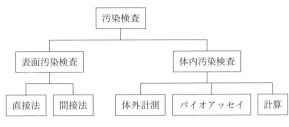

図 III-2-31 汚染検査の対象と方法

> **▼直接法および間接法の弱点**
> 1) 直接法の弱点：β核種に弱い．
>   - ^{3}H：ガスフロー式サーベイメータでも検出効率が極めて低い．
>   - ^{14}C，^{35}S：GM管式サーベイメータで検出できるが，検出効率は低い．
> 2) 間接法の弱点
>   - サンプリング部位の情報しか得られない．
>   - 検査結果が出るまでに時間がかかる．

2) 表面汚染検査のタイミングによる分類

表面汚染検査は検査を行うタイミングによって図 III-2-32 のようにⒶ実験時の汚染検査，Ⓑ定期汚染検査，Ⓒ管理区域退出時の汚染検査に分かれる．

◆ γ核種を使用している場合は，汚染検査と同時に空間線量率測定も行う．

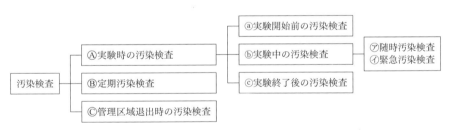

図 III-2-32 表面汚染検査のタイミングによる分類

Ⓐ実験時の汚染検査

実験時の表面汚染検査は，実験開始前であるか，実験中であるか，実験終了後であるかによって留意点が異なる．

ⓐ実験開始前の汚染検査

実験開始前には汚染しているはずがないとの先入観にとらわれず，確認のために汚染検査を行う．
- 実験台を複数のグループが共用している場合は，毎回必ず実験前に検査する．
- 他人が使用した後の実験台は汚染しているものとして対処する．前の使用者が実験台を汚染させたまま放置してある可能性がある．汚染検査を行わないと，他人の汚染で2次汚染を起こすことがある．

・実験台が専用である場合であっても，前回実験の終了時に汚染検査を忘れている場合もある．前回の検査記録で確認して，場合によっては検査を省略しても良い．

ⓑ実験中の汚染検査

実験中の汚染検査には，汚染の有無を適宜確認する随時汚染検査と，明らかに汚染が発生したときに行う緊急汚染検査とがある．

㋐随時汚染検査
- 作業の区切りごとに，手，器具類の汚染検査を行う．
- 随時検査を行うことによって，大きな汚染や，汚染の拡大を防止することができる．
- 実験中は常にサーベイメータの電源を on にしておき，プローブは使いやすい状態で固定しておく．
- プローブを実験台上に放置しておくと，作業の邪魔になるし，床に落下して破損することもある．

㋑緊急汚染検査
- RI の入った容器を落下させるなど明らかに汚染の発生が自覚される場合は，直ちに実験を中止し，詳細な汚染検査を行う．
- 慌てずに冷静に対処する．
- 付随災害（負傷，火災，他）の発生も有無を確認する．

> **急がば回れ**
> - 汚染した時にはパニックに陥らずに冷静に対処する．
> - まず，自分自身の汚染検査を行い，汚染のないことを確認した後，室内の床，実験台，実験器具の検査を行う．

汚染発見時の対処は次の通りである．
- 実験中に汚染が発生した場合の対処法は汚染の程度によって異なる．
- 汚染の程度が軽い，あるいは汚染が限局している場合は，該当部位をマークしてポリ濾紙で覆うなどの応急措置を施し，実験は継続する．実験終了後に再度汚染検査を行い，除染する．
- 汚染の程度が酷く，範囲が広い場合は，実験を中止し，詳細な汚染検査と除染を行う．

表面汚染検査は下記の手順に従って行う．
- サーベイメータの電源が on になっていることを確認する．
- 最初に自身の手の汚染を検査する．
- 汚染されていない手でサーベイメータを持ち，衣服，スリッパ，他の検査を行う．
- いきなり汚染部位に近づかない．汚染していないと思われる場所から，汚染していると思われる場所へ向かって検査を進める．
- 自分自身の周りの床から検査を始め，検査範囲を広げる．
- 実験台上，実験器具の検査を行う．
- 検査時には，室内の簡単な見取り図を描き，汚染が発見されたときには計測値を記録する．
- 汚染が広範囲に及ぶ場合は，検査と除染を同時進行させる．
- 広範囲の汚染や高度の汚染が発見された場合は，管理者に応援を頼む．

ⓒ実験終了後の汚染検査

実験終了時には，必ず汚染検査を行い，記録を提出する．

- 検査は上記の表面汚染検査の手順に従う．
- 記録は，汚染がない場合であっても「汓染なし」，または「BG」と記載する．記載がないと，安全側に立って検査を行っていないものとみなされる．

Ⓑ定期汚染検査

定期汚染検査とは法令に従い最低毎月1回行う検査を言う．
- 定期汚染検査結果は記録し，管理担当者に提出する．
- 記録方法は実験終了後の汚染検査に同じ．
- 定期汚染検査時には必ず線量率測定も行う．

Ⓒ管理区域退出時の汚染検査

管理区域からの退出時には，管理区域出入口付近に設けられている汚染検査室または汚染検査コーナーで検査を行う．

検査は図 III-2-33 のように決められた順序で行う．
- 最初に手を洗う．
  ○ 手は最も汚染されている可能性が高い．
  ○ 汚染直後であれば水洗だけで大部分の汚染は除去できる．
  ○ 手を洗わずに次項 HFC モニタを使用するとモニタの検出部が汚染され，次の使用者が2次汚染される．
- HFC（hand foot cloth monitor）モニタでは，最初に手足を検査する．
- 手足の汚染がないことを確認した後，クロスモニタで衣服の検査を行う．表 III-2-10 の汚染されやすい部位を重点的に検査する．

図 III-2-33 管理区域退出時の汚染検査の順序

表 III-2-10 衣服の汚染されやすい部位

(1) 袖口
(2) 腹部
(3) かかと
＊ズボンの裾はめくり上げる

(3) 体内汚染検査

体内汚染の検査法には，体外計測法，バイオアッセイ法，計算法の3種類がある．体内汚染検査は，管理者が行い，業務従事者自身が行うことはない．

体内汚染検査の実状を次に示す．
- ほとんどの施設では，通常管理者が法令に従い計算法で体内被曝線量の評価を3カ月に1回実施している．管理者は，空気中 RI 濃度のモニタリングを行っており，異常値が表示されない限り体内汚染の可能性は低いからである．
- 体外計測法またはバイオアッセイ法で体内汚染検査を日常的に行っている施設は稀である．バイオアッセイ法では測定試料として糞，便などの排泄物を使用する場合が多く衛生上の問題があること，および測定前の試料調整に特殊な技術と長時間を要する場合が多いことから，バイオアッセイ法は敬遠されている．
- 放射性ヨウ素（^{125}I, ^{131}I）による甲状腺の汚染は体外計測によって高感度で検出できる．数百 kBq

以上を取扱う場合は実験終了後 24 時間前後に甲状腺の汚染検査を行う．
- 業務従事者が体内汚染の心配を感じた場合は，管理室に連絡して体内汚染検査を行ってもらう．

2.7 除染

除染対象には人体の体内汚染の除染と表面汚染の除染があるが，ここでは，表面汚染の除染のみを対象とする．体内汚染の除染については触れない（2.5 小節(4)「内部被曝の防止対策」参照）．

(1) 遊離性汚染と固着性汚染

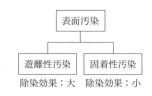

図 III-2-34 遊離性汚染と固着性汚染

表面汚染には図 III-2-34 のように除染効果が大きい遊離性汚染と除染効果があまり期待できない固着性汚染とがある．
- 除染は早いほど効果が大きい．汚染直後は遊離性汚染であったものが時間経過とともに固着性汚染に変化するので，汚染は発見次第できる限り迅速に行う．
- 業務従事者が行う除染では，通常，遊離性汚染を対象としている．

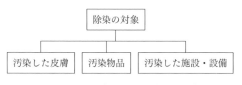

図 III-2-35 表面汚染の除染の対象

(2) 表面汚染の除染

表面汚染の除染は，図 III-2-35 のように皮膚の除染，物品の除染，施設・設備の除染に応じて行う．
除染時には下記の点に留意する．
- 除染により必ず液体廃棄物や固体廃棄物が生じる．廃棄物の発生量が少なくなる方法を選択する．
- 除染により汚染を拡大する場合もある．汚染が拡大しにくい方法を選択する．

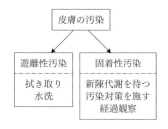

図 III-2-36 皮膚の除染

1) 皮膚の除染

皮膚の除染は図 III-2-36 のように遊離性汚染と固着性汚染に応じた方法で行う．
①原則
- 水ないし微温湯と中性洗剤で除染する．
- 皮膚を傷つけない．傷口から汚染が浸潤し，体内汚染の原因となる．

②具体的な除染方法
- 汚染部位をペーパータオルで被覆する．溶液は吸収し，粉末は飛散を防ぐ．
- 最初は流水で洗い流す．
  ○汚染直後であればほぼ遊離性汚染の状態のみであるので，流水洗浄でほとんど除染される場合が多い．
  ○時間経過とともに固着性汚染へ移行するので，微温湯や中性洗剤の準備に手間取る場合は流水での洗浄を最優先させる．
- 手の爪の生え際に汚染が残ることが多い．柔らかい爪ブラシで除染する場合であっても過度に

擦って傷つけない．
- 汚染したガラス片，金属片他で傷つけた時
  ○傷口を圧迫して血液を絞り出し，流水で洗浄する．
  ○傷口の応急手当てを行い，その後医師の診察を受ける．
  ○使用核種と数量を勘案して体内汚染検査を必要とする場合もある．管理室に相談する．
- 固着性汚染が残る場合
  ○新陳代謝により表皮が交代し剥落するのを待つ．
  ○手に高度の汚染が残る場合は，汗と共に汚染が遊離してくるので，接触により汚染が拡大する．
  ○汗と汚染を吸収するために綿の手袋を着用する．手袋は適宜交換する．
  ○汚染手袋は洗浄再使用も可能であるが，廃棄する場合が多い．
- 強アルカリなどは，除染効率は良いが，皮膚組織を損傷するので，原則として使用しない．

2) 物品の除染

物品の除染は，汚染物品の特徴を踏まえて図 III-2-37 のように遊離性汚染と固着性汚染に応じて行う．

①汚染物品の特徴
- 非密封線源の取扱に使用される実験器具や防護用品などの物品の多くは使い捨て（ディスポーザブル）にされているので，除染を必要とする物品は少ない．
- 主な除染の対象となるのは実験器具のうちのガラス製品，金属製品と防護衣である．
- 高度の汚染物は，除染に伴う被曝，2次汚染，大量の廃棄物の発生が予想される場合，除染することなく廃棄する．

②具体的な除染方法
- 実験器具は，拭き取りまたは洗浄で除染する．
- 短半減期核種で汚染された物品は，除染することなく保管し，減衰を待つ．場合によっては遊離性汚染のみ簡単に除染した後，保管する場合もある．
- 酸，アルカリ使用時にはガスの発生の可能性がある．ガスによる壁面，天井や他の物品の2次汚染に気をつける．ガス吸入による体内汚染に備えて防護マスクを着用する．
- 有機溶媒は揮発性であるので，基本的には使用を避ける．やむを得ず使用する場合はチャコールマスクやチャコールフィルター付き防護マスクを着用するなどの吸入による体内汚染対策を行う．酸，アルカリのガスと同様に2次汚染にも気をつける．
- 防護衣などの衣類は，最初に流水モードで洗濯機を運転して汚染を洗い流す．これだけで汚染直後であればほとんど除染される．その後中性洗剤で洗浄する．
- 固着性汚染が残る場合は，汚染が軽微である場合は物品をビニール袋などに封入して保管し，再利用することもある．それ以外は廃棄する．保管時には，表面に所有者名，汚染日時，核種，放射能，保管期間，その他を記載し，適切な遮蔽を施す．

3) 施設・設備の除染

施設・設備の除染は図 III-2-38 のように遊離性汚染と固着性汚染に応じて行う．除染対象は，床，壁，実験台，流し，ドラフトチェンバーなどである．

図 III-2-37　物品の除染

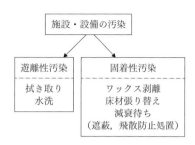

図 III-2-38 施設・設備の除染

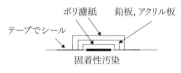

図 III-2-39 固着性汚染の遮蔽・飛散防止処置

① 施設・設備の汚染の特徴
- 一部に汚染が発見された場合は，室内が広範囲に汚染されている可能性があるので，室内全体を詳細に検査する．
- ドラフトチェンバー内は，底面だけでなく壁面や窓が汚染されていることが多い．
- 高度の床汚染などの除染は床シートの張り替え，斫りなどを要する場合があるので管理室に相談する．

② 具体的な除染方法

施設・設備の除染方法は，遊離性汚染と固着性汚染とでは大きく異なるので，個別に述べる．

遊離性汚染の場合は次のようにする．
- 汚染検査により汚染の範囲，汚染の程度を把握してから除染する．
- 実験台上は常時ポリ濾紙で被覆されているはずであるので，汚染ポリ濾紙をはがすことで除染は完了する．汚染範囲が狭い場合は汚染部位を切り取るだけでよい場合もある．
- 床の除染は，汚染の程度が低い部位から高い部位へ除染を進める．汚染は水または薄めた中性洗剤溶液を含ませたペーパータオルで拭き取る．除染効果は床の材質によって異なる．
- ドラフトチェンバー使用時には，前面の窓以外の内部をポリ濾紙で被覆する場合が多いので，この場合はポリ濾紙を交換することで除染が完了する．ポリ濾紙で被覆してない場合の除染は床・実験台の除染と同様に行う．

固着性汚染の場合は次のようにする．
- 固着性汚染が残るのは，床の汚染が圧倒的に多い．非密封 RI 施設の床は液体が浸透しにくく，平滑な材料で作られており，通常，床の上はワックスが塗布されている．固着性汚染はワックス内に浸透しているので，ワックスを剥離することによって固着性汚染は除染されるはずである．
- ワックスを剥離しても除染されず，床材まで汚染されている場合の対応は，半減期と核種によって異なる．
- 長半減期核種の場合は，床材を張り替える．
- 短半減期核種の場合は，汚染部位を被覆して減衰を待つ．被覆する理由は，汚染部位を業務従事者が歩き，摩擦で汚染が飛散して体内汚染の原因となるのを防ぐため，および外部被曝を防止するためである．
- 被覆の方法は核種，線量率などの状況に応じて図 III-2-39 のように適宜対処する．

汚染部位をポリ濾紙で覆い，その上を鉛板，アクリル板，他で被覆して遮蔽し，さらにポリ濾紙で覆い，テープなどでシールする．外側のポリ濾紙には汚染年月日，放置期間，核種，遮蔽有無時の線量率，他を記録しておく．鉛板やアクリル板などの材質，厚さは核種や線量率に応じて適宜選択する．

2.8 廃棄

廃棄物は図 III-2-40 の分類に従って放射性廃棄物と非放射性廃棄物とに分けて廃棄する．

廃棄時には，下記の点に留意して放射性廃棄物の減容に努める．
- 放射性廃棄物は日本アイソトープ協会［12］の分類に従い，非放射性廃棄物はそれぞれの施設の分類に従って分別する．
- 使用済みの実験器具やペーパータオルなどを廃棄する場合は，放射性廃棄物と非放射性廃棄物を厳密に区別して専用の容器に廃棄する．

> **汚染されているか判断に迷うときの対処**
> 実験に集中していると廃棄しようとしているものが汚染されているかどうかはっきりしないことがある．このような場合は，放射性廃棄物とみなす．迷ったら汚染しているとして安全側に立って対処する．

(1) 非放射性廃棄物

- 汚染されていない，線源輸送に使用された段ボール箱，発泡スチロール，紙・ビニールなどの緩衝材，鉛・アクリル容器などは非放射性廃棄物とする．但し，念のために汚染検査は行う．
- 容器に貼られた RI マークを剥がした後，分別して廃棄する．
- 廃棄物の分類は施設ごとに異なるので，それぞれの施設の基準に従って分類する．一般廃棄物，産業廃棄物，資源塵などに加えて感染性廃棄物が発生する施設もある．一般廃棄物，資源塵は地域の廃棄物処理やリサイクルの状況によってさらに詳細に分類する施設が多い．

(2) 放射性廃棄物

図 III-2-40 に示すように低濃度の放射性廃液は管理者によって，各施設の排水設備から一般下水へ希釈廃棄され，低濃度の放射性気体は各施設の排気設備によって大気中へ希釈廃棄される．排水および排気には業務従事者が関わることはない．
放射性廃棄物は日本アイソトープ協会（廃棄業者）［12］によって有料で引き取られている．

以下は業務従事者が関わる事項である．
- 放射性廃棄物は日本アイソトープ協会の基準に従って分類する［12］．
- 日本アイソトープ協会の廃棄物容器には 14 項目にわたる物の収納が禁止されている．
  - 揮発油，アルコール，二硫化炭素などの可燃性液体
  - 爆発物および自然発火するおそれのある物
  - その他 12 項目
- 廃棄物の種類ごとに日本アイソトープ協会が定めた放射能濃度の基準以下であることを確認する．

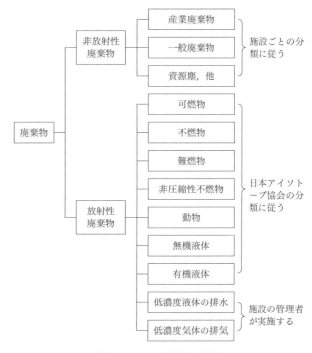

図 III-2-40 廃棄物の分類

・誤った分類，収納禁止物の混入，濃度基準超などによって放射性廃棄物の取扱時に不具合，事故が発生した場合，損害賠償を求められる．

2.9 記録

線源は入手から使用，保管，廃棄までを記録し，記録を保管することが法令で義務づけられている．
・入手記録は施設ごとに定められた書式に記入する．
・入手量と廃棄量は一致しなければならない．両者が一致しない場合は，紛失したことを示す．
・複数回に分けて使用する場合は，総廃棄量と入手量が一致しなければならない．

III-3
放射線発生装置の安全取扱

1 加速器

1.1 加速器の種類

加速器は荷電粒子を電場により加速し，粒子に運動エネルギーを与える装置である．加速器粒子は電子，陽電子，軽イオンの陽子から重イオンのウランなどがある．

加速器の到達エネルギーの年代による変遷（リビングストンチャートと呼ばれる）を図 III-3-1 に示す．新しい加速原理が発見されるたびに大きく飛躍するのがわかる．

加速器には以下のような種類のものがある．(1)倍電圧整流回路を何段にも重ねることにより高い電圧を得る，静電加速によるコッククロフト・ウォルトン型加速器．イオンおよび電子の大電流加速ができる．電子線による高分子の特性改善などの応用分野に広く利用されている．またコッククロフト・ウォルトン型整流回路に類似したシェンケル型整流回路において，その

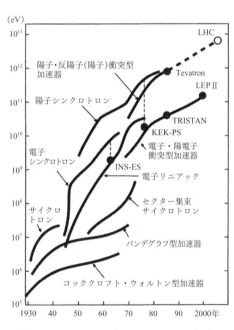

図 III-3-1 リビングストンチャート [13]

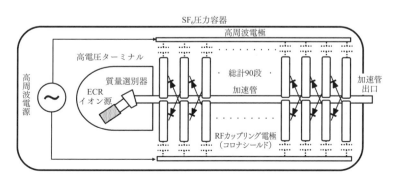

図 III-3-2 ダイナミトロンの構造と昇圧原理の模式図

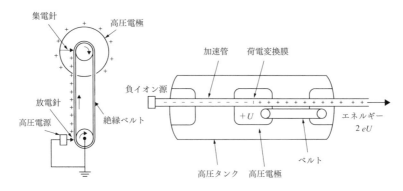

図 III-3-3 （左）バンデグラフ型加速器，（右）タンデム型加速器 [14]

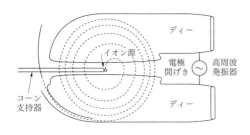

図 III-3-4 サイクロトロン内のイオン軌道 [15]

コンデンサーとして RF カップリング電極とその外側の RF 電極との間の浮遊容量を利用し，さらに昇圧回路全体を絶縁ガスである SF_6 の高圧容器内に入れることで，数 MV の加速電圧が得られるダイナミトロン型加速器がある（図 III-3-2）．(2)絶縁物のベルトに電荷を乗せて運び高電圧を得るバンデグラフ型加速器．加速粒子のエネルギーの一様性がよい．途中で加速粒子の荷電変換を行い加速電圧の 2 倍のエネルギーに加速できるタンデム型加速器もある（図 III-3-3）．(3)多重加速（共鳴加速）の原理を用いた線形加速器，リニアックまたはライナックとも呼ばれる．粒子がギャップから次のギャップまで飛行する時間が，ちょうど高周波の半周期になるように電極の長さを選ぶと粒子は高周波に同期してギャップで次々に加速される．(4)磁場に垂直に置かれた扁平な空洞電極（ディーと呼ばれる）を一定の周期で励振することによりギャップのところでイオンを繰り返し加速し，高エネルギーを得るサイクロトロン（図 III-3-4）．サイクロトロンの発展したものとして，より高いエネルギーまで加速できるシンクロサイクロトロン，シンクロトロンがある．(5)時間的に変動する磁場の作る誘導起電力を利用して電子を加速するベータトロン．30 MeV（メガ電子ボルト：10^6 eV）程度までのものは医療用機器および工業用透過試験装置として使われている．その他に，シンクロトロン光発生に用いられる蓄積リングなどがある．

1.2　加速器施設の利用上の注意

　加速器施設内で安全に放射線業務を行うには，(1)従事者自身，(2)施設周辺の人々，(3)事業所周辺の人々への被曝線量を容認できるレベル以下に低減できるように従事者および施設に対して管理運営を行うことが重要である．この考え方は放射線取扱施設の安全管理のすべてに共通する考え方である．
　放射線業務従事者個人は，教育訓練・健康診断など，所定の手続きを済ませた後，管理区域に立ち入ることができる．従事者が施設管理者の指示に従って業務を行えば，施設内外および周辺の人々が安全であるように，施設管理者には，自動警報装置およびインターロック（後述）の設置ならびに施設検査の定期実施が義務づけられている．しかしながら従事者のわずかな不注意により，重大な事態を招く恐れがあるので加速器施設の利用にあたっては十分注意する必要がある．重大事故を起こせば，

その施設は相当期間，使用停止になり，他人にまで大きな迷惑をかけることになる．被害者は自分だけではないことを肝に銘じて実験を行う必要がある．

ここでは従事者の被曝事故防止について，加速器の運転中と停止後に分けて述べる．また平成22(2010)年の障害防止法改正により新たに導入された，放射化物の取扱についても述べる．

(1) 運転中

加速器施設では，誤って運転中に入ると重大な被曝事故が起こり得る．不注意による事故の未然防止のために自動警報装置とインターロックの設置が法令により義務づけられている．したがって，実験の都合上便利であるからと言って，インターロックを故意にはずして実験を行ってはならない．このことは例外なしに守る基本である．

放射線エリアモニタは，必要に応じて加速器室の内外に設置する．エリアモニタの線量が設定基準を超えると，加速器が自動的に停止するようにインターロックに組み込まれており，利用者のみならず周辺の人々への安全確保の配慮が基本になっている．図III-3-5に加速器施設の一例として名古屋大学大学院工学研究科の2.8 MVダイナミトロン加速器施設を示す．この施設では，大強度の中性子を発生するため，施設内にさらにコンクリートやホウ素入りのポリエチレン板などの遮蔽材からなる重照射室が設けられている．

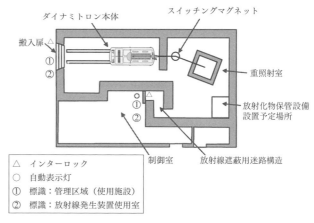

図III-3-5 名古屋大学大学院工学研究科の2.8 MVダイナミトロン加速器

加速器施設に立ち入る場合には，必ず個人被曝線量計を身に付けなくてはならない．もし，個人被曝線量計を付けた上着を加速器施設内に置き忘れてビームを発生させてしまうと，実際には人が被曝していないにもかかわらず，線量計が異常な数値を示すこととなり，被曝管理上大きな支障となるので注意が必要である．

> **▼自動警報装置とインターロック**
> 　自動警報装置とは，加速器が運転中であることを自動的に表示するものであり，加速器と連動して点灯表示する．加速器施設に人が誤って入らないよう，出入り口の上などの見やすい位置に設置する．
> 　インターロックは人の通常出入り口や機材搬入口などに設置する．加速器の運転と施錠とが連動し，運転中は外部から扉が開けられないようにするか，あるいは万一開けられた場合には加速器を自動的に停止させる仕組みとなっている．

(2) 停止後

サイクロトロンのような大型加速器施設では，運転停止後でも放射化に伴う残留放射能による被曝の恐れがある．特にビームラインやターゲット付近，あるいは照射室では空間線量率に気をつける必要がある．加速器施設に立ち入る際は，必ずサーベイメータを持参して入室し，空間線量率を測定することを習慣づける．また，不必要な物品を持ちこまないように注意するとともに，管理区域から物

品を持ち出すときは放射線管理室員立会いのもとに汚染のないことを確認する．大強度の中性子発生を伴う加速器施設では，空気中の^{40}Arの放射化により生成される半減期が1.8時間の放射性の^{41}Arにも注意を払わなくてはならない．適切な排気設備により排気を行うか，排気設備がない施設では^{41}Arが減衰して空気中濃度が基準値以下に下がるまで入室を待つ必要がある．

(3) 放射化物

平成22年の障害防止法改正により，加速器（放射線発生装置）については放射化物を特別に管理することが必要となった．ただし運用上，核子あたりの最大加速エネルギーが2.5 MeV未満のイオン加速器（ただし，重水素とトリチウムの核反応などを用いて中性子を発生させる目的で使用される加速器を除く）および最大加速エネルギーが6 MeV以下の電子加速器（医療用直線加速装置のうち，X線の最大エネルギーが6 MeV以下のものを含む）については，当該加速器の本体および遮蔽体などの周辺設備などは放射化物としての管理は不要であるとされている．なお，ここで言う放射化物とは，放射化により放射能を帯びた一般的な汚染物を指すのではなく，放射線発生装置を構成する機器（たとえばターゲット，ビームライン，電磁石など）または遮蔽体として用いられている物のうち，装置から取り外された物のことである．

これら放射化物の管理のためには，使用施設内に適切な遮蔽能力を有する放射化物保管設備を設置するか，または廃棄施設内に設置された保管廃棄設備の利用が必要となる．ただし，装置から取り外した放射化物を速やかに払い出す場合には，設備の設置は不要である．放射化物保管設備は再利用を念頭におき保管する設備であり，保管廃棄設備は廃棄を前提とした設備であり，いずれについても記帳管理が必要である．

1.3　放射化を伴う大型の加速器施設

大型加速器施設では，複数の実験室があり加速ビームはビームライン（真空ダクト）を通して利用する実験室に導入される．実験室では，標的を真空容器中に封入し，核反応などに伴う放射線の測定（原子核実験，分析実験など），あるいは，RI製造などを行う．管理区域は，法令上の管理に加えて，第1種管理区域：外部被曝と内部被曝が想定される高線量の区域と第2種管理区域：外部被曝のみを考慮すれば良い区域に区別している場合もある（図III-3-6）．

第1種管理区域では，そこを気密にして実験中はフィルターを通して空気を循環させ，線量を確認しつつ外部に排気している場合もある．その場合でも，第2種管理区域よりも負圧になるように管理し，万一気密性が損なわれても放射性物質が外部に漏洩しないようにしている．

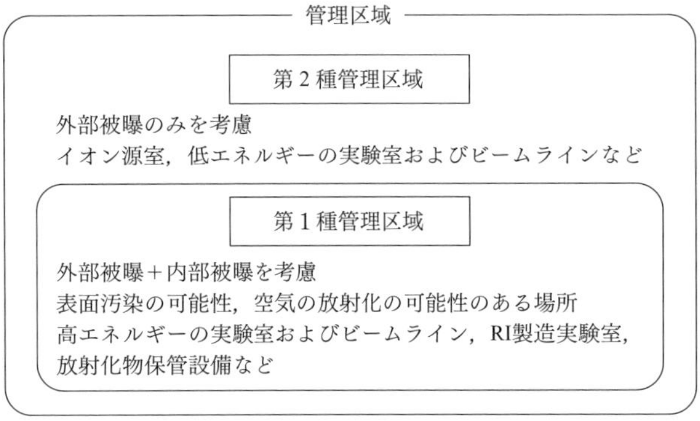

図III-3-7は，大型のサイクロトロン施設の概念図である．RI製造を伴う加速器あるいは標的容器の内部が放射化する場合は，非密封施設と同等であるので，給排気設備，排水設備を設置し，汚染検査室，除染のための設備を設けるなど非密封RI施

```
┌─────────────── 管理区域 ───────────────┐
│  ┌─────────────────────────────┐      │
│  │       第2種管理区域            │      │
│  └─────────────────────────────┘      │
│  外部被曝のみを考慮                      │
│  イオン源室，低エネルギーの実験室およびビームラインなど │
│  ┌─────────────────────────────┐      │
│  │       第1種管理区域            │      │
│  └─────────────────────────────┘      │
│  外部被曝＋内部被曝を考慮                 │
│  表面汚染の可能性，空気の放射化の可能性のある場所 │
│  高エネルギーの実験室およびビームライン，RI製造実験室，│
│  放射化物保管設備など                    │
└──────────────────────────────────────┘
```

図III-3-6　大型加速器施設における管理区域の例

設と同様に管理する．加速ビーム利用だけの実験で内部被曝の心配がない場合（あるいは，第2種管理区域として設定した場合）は，実験着の着用，靴の履き替えは必ずしも必要ない．

実験中は線量が上昇するので，標的を設置した部屋（照射室と呼ばれる）およびビームラインがある場所に空間線量計を設置して線量をモニタするとともにインターロックを設置し，人が立ち入らないような対策を講じる．分析マグネットや収束マグネットなどの近傍のビームラインやビームダンプ（最後にビームを止める場所）は放射化している場合が多いので，実験時以外も管理者以外は立ち入りできないよう設定することが望ましい．利用者は，実験上必要な場合以外はみだ

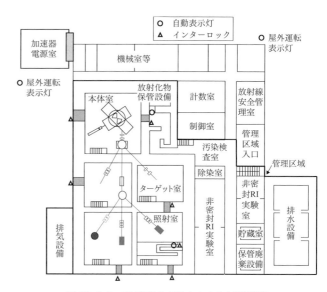

図 III-3-7 RI 製造を目的とした加速器施設

照射室で RI を製造する．壁は迷路構造になっている．太線内が管理区域である．

りに近づかない．放射化物保管設備についても同様である．大型加速器は，加速エネルギーが高く中性子の発生を伴うので，中性子が測定できる個人被曝線量計を着用する．

多量の液体窒素あるいは超伝導マグネットの液体ヘリウムを用いる場所では，酸欠にも注意する．窒息防止インターロックを備えている場合もある．

加速器の規模による区分

加速器はその規模（加速粒子と加速電圧）によって放射化の有無が大よそ区別できる．それに応じて，放射化物の対策が決められている（表 III-3-1）．放射化の可能性がない加速器は，密封線源施設と同様に利用する．放射化の可能性がある加速器，あるいは，RI 製造を目的とした加速器は，非密封 RI 施設と同様に利用する．

表 III-3-1 加速器の規模による放射化の範囲

	放射化の範囲	放射化の可能性がない	標的周辺のみ	加速器本体のみ	加速器本体, 遮蔽体, 建屋
電子加速器	加速エネルギー (MeV)	< 6	6〜15	15〜30	30 <
	装置		医療用直線加速器（ライナック），シンクロトロン光リング		
電子以外の粒子加速器	加速エネルギー (MeV)	< 2.5	2.5〜10		10 <
	装置	分析用加速器, 年代測定用加速器（タンデトロン）	加速粒子数の少ないもの	ベビーサイクロトロン	中性子発生装置*

*エネルギーに依らない．

2 シンクロトロン光

2.1 シンクロトロン光発生の原理と特性

シンクロトロン光とは，図III-3-8に示すように，光速に近い速さで運動する電子に磁場がかかり急激にその軌道をローレンツ力によって曲げられる際に進行の接線方向に発生する光であり，制動放射線の一種である．放射光，シンクロトロン放射光などとも呼ばれる．通常のX線に比べて桁違いに輝度が高いことにより，その利用が急速に広まっている．

◆ 輝度とは，単位面積，単位立体角あたり，単位エネルギーバンド幅あたりの光子フラックスで定義され，通常単位としては（photons/(s・mm^2・mrad^2・0.1%bandwidth)）で表される．単に，強度と考えても概ね良い．

図III-3-8のように加速電子が光速度に近い速さで運動しているときに，磁場を上から下にかけると，進行方向と直角の矢印の方向に力を受けて図のように電子は曲がり，円軌道を描く．軌道の接線方向にシンクロトロン光が放出される．シンクロトロン光は，電子の速度が速くなればなるほど，またその進む方向の変化が大きいほど，より絞られた指向性の高い高輝度の光となり，短い波長の光を含むようになる．一方，通常のX線は高速電子が物質中の電場により制動を受けて発生する制動放射線である（III-4章参照）．現在のシンクロトロン光施設は第3世代と呼ばれ，高輝度光が得られる挿入光源が主体の時代である（図III-3-9）．指向性，波長連続性，偏光性，パルス性などの特徴を持ったシンクロトロン光の波長は赤外・可視光，真空紫外線からX線にいたる広い領域にわたっている（図III-3-10）．

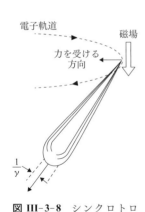

図 III-3-8 シンクロトロン光発生の概念図

γは電子のエネルギーと静止エネルギーの比であり，$1/\gamma$は広がりの程度を表す．

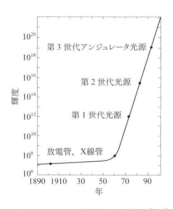

図 III-3-9 X線輝度の増加［16］

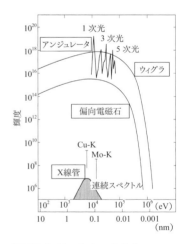

図 III-3-10 Spring-8からのシンクロトロン光の輝度スペクトル［17］

2.2 シンクロトロン光施設

シンクロトロン光施設は，入射器，蓄積リング，ビームラインという三つの部分からなる．入射器

と蓄積リングは利用者にとって共通の光源装置であり，ビームラインは実験の目的により，波長域やビームの形状が異なる，さまざまなものが用意されている．

図 III-3-11 にあいちシンクロトロン光センターの配置図を示す．

加速器本体および実験室は管理区域①である．加速器の電子入射器②は，電子または陽電子を発生させ高周波空洞により加速し，光速近くのビームを作る装置であり，線形加速器を用いる．さらにエネルギーを上げるためのドーナツ状のブースターリング③に導入して加速し，蓄積リング④に入射する．蓄積リングはドーナツ状の真空容器中に電子（または陽電子）を蓄えてシンクロトロン光を発生させるものである．蓄積リング内には複数個の電子の塊（バンチ）が，一定間隔で周回している．シンクロトロン光を放出することによりエネルギーが減衰するため，その損失分を補い絶えず一定の軌道とエネルギーを保つように，加速空洞が設置されている．リングの周囲に設置された偏向電磁石で電子または陽電子を曲げると軌道の接線方向に鋭い指向性を持つシンクロトロン光が発生する．偏向電磁石の隙間からシンクロトロン光がビームライン⑤に取り出され，実験ハッチ⑥（図 III-3-11 下）

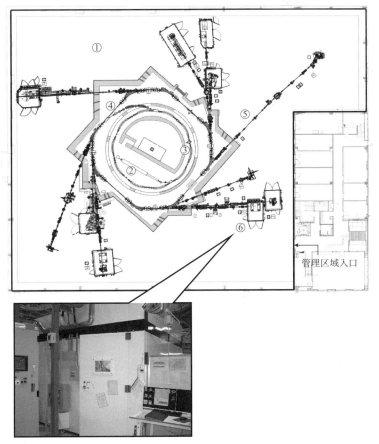

図 III-3-11 あいちシンクロトロン光センターの概略図と硬 X 線実験ハッチ（下）

太線で囲った範囲が放射線管理区域．①実験ホール．②電子線入射用線形加速器．③ブースターリング（1.2 GeV まで電子を加速する）．④電子の蓄積リング．⑤シンクロトロン光のビームライン．蓄積リングまで壁で遮蔽されている．挿入光源（アンジュレータ）は蓄積リングの直線部分に設置されている．⑥実験ハッチ．数 mm の鉄で遮蔽されている．窓は鉛ガラス製．扉にはインターロックが装備されている．ビームの最終端には 20 cm 厚（鉛 15 cm，鉄 5 cm）の γ 線ストッパーがある．

と呼ばれる利用者の実験室まで導かれる．

　赤外線からX線までの連続した波長の白色光が得られる偏向電磁石の他に，直線部分の真空中に，アンジュレータとウィグラという挿入光源の電磁石がある．アンジュレータでは，磁石のN極とS極のペアを交互に極性を変え配置した磁場に電子を通すことにより，電子が周期的に小さく蛇行し，蛇行のつど発生するシンクロトロン光が干渉することにより，準単色の高輝度光が得られる．ウィグラでは大きく複数回蛇行させることにより，偏向電磁石により得られるシンクロトロン光よりさらに明るく，アンジュレータの波長より短い，エネルギーの高い連続波長光が得られる．

2.3　シンクロトロン光施設の利用上の注意

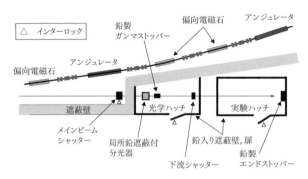

図 III-3-12　ビームラインと光学ハッチおよび実験ハッチの概念図

　シンクロトロン光施設内にあるビームラインを用いて実験を行うには，放射線管理区域に入退出するので，放射線業務従事者としての教育・訓練・手続きが必要である．実験上の注意はX線照射ボックス付きのX線発生装置を用いる時（III-4章参照）と基本的にはほぼ同じである．

　加速器室は線量が高くなるので，加速器の維持管理に携わる人のみが入室し，一般の利用者が立ち入る必要はない．入口にはキースイッチなどのインターロックが装備されており，運転中に扉を開けるとビームストッパーによって，あるいは，加速空洞への高周波電力の供給が止まることによって，加速器のビームが止まる．

　大規模なシンクロトロン光施設のビームラインおよび実験室の概念図（図III-3-12）を示す．利用者は実験ホール内の各実験スペースで蓄積リングから放射されるシンクロトロン光を利用する．シンクロトロン光には，赤外線から硬X線（III-4章）の範囲まで含まれている．ビームラインに試料を置きシンクロトロン光を当て，波長を分光して実験を行う．赤外線から軟X線（III-4章参照）領域までのシンクロトロン光は，大気を通過する際に大きく減衰されるため，通常は真空容器の中に試料を置くので，人体に影響を及ぼすことは少ない．一方，硬X線についてはシンクロトロン光自体の性質から，分光結晶により1回散乱されるような場合かなりの指向性を示す一方で，遮蔽材によって多重散乱された場合どの方向にも出てくる可能性がある．したがって，分光器，ミラー，スリット，測定試料などが散乱体となりうる物質の周辺，覗き窓およびビームライン下流には注意が必要である．散乱線はエネルギーが低いので，空間線量率測定用のNaIシンチレーション式サーベイメータではほとんど測れない．X線領域まで感度のある薄窓型NaIシンチレーション式サーベイメータを用いる．感度は落ちるが，漏洩スポットの有無はGM管式サーベイメータでも可能である．

　大型シンクロトロン光施設では，通常，照射中に人が立ち入ることができないようにインターロックが装備された小型の実験ハッチと呼ばれる実験室と，ビームラインのシャッターやスリットが設置されている光学ハッチと呼ばれるエリアが設けられている．光学ハッチの下流シャッター（あるいは，メインビームシャッター）を閉めないと実験ハッチに入れない．また，実験ハッチの扉を開けるとシャッターが閉まる（このとき，加速器のビームは止まらない）．実験ハッチの壁面は余分な散乱線が遮

蔽できるように数 mm の厚さの鉄および鉛ガラスでできている．ビームストッパーは 10 cm 程度の厚い鉛製である．

共同利用施設の利用

シンクロトロン光施設や大型加速器施設のような共同利用施設では，当該施設で実験者を受け入れる職員と実験期間だけ利用する外部利用者がいる．

1) 受入者
・年次講習を定期的あるいは実験で年度最初に来所した際に実施し記録を残す．
・当該施設だけの被曝線量を知るために，独自に個人被曝線量計を貸与する場合が多い．その被曝線量は，後日，所属先の放射線安全管理室などを通して，個人に通知する．
・カードリーダなどによって管理区域および実験エリアの利用者の出入を管理する．

2) 外部利用者
・所属元で放射線業務従事者登録を行い，放射線業務に係る特殊健康診断および年次講習を受けておくことが求められる．
・個人の全放射線業務に係る被曝線量を知るために，所属元で発行する個人被曝線量計を持参して実験する．（法令上は，必ずしも必要ではないが，たいていの場合，持参することが求められる．研究用原子炉や中性子発生を伴う加速器を利用する場合は，中性子を測定できる個人被曝線量計を用いる．）

以上のことは，加速器施設に限らず，非密封・密封線源の共同利用施設の場合も同様である．

III-4
X線発生装置の安全取扱

　X線発生装置（X線装置）は，胸部集団検診をはじめとする医療現場，飛行機の手荷物検査など多くの場で使われ目にする機会が多く，利用者数も放射性同位元素，加速器に比べて多い．X線装置は電源のオン・オフで放射線を発生・停止でき，あたかも水道の蛇口をひねるかのごとくに利用できるため，放射線を発生しているということに無頓着になりやすく，その結果，被曝事故も少なくない．X線の漏洩は，遮蔽の薄い個所およびピンホールから局部的に強く起こる．小型で扱いが簡単ではあっても，放射線を発生する装置であることを十分認識して使用することが重要である．

　X線装置は原則として管理区域に設置する．理工学等の教育・研究の場ではインターロックを有するX線照射ボックス付きX線装置が多く利用されており，それらは「装置内のみ管理区域」という特例措置が設けられている．本章では，最初にX線装置の概略，X線の発生機構およびX線の性質について述べ，最後にX線の安全取扱について述べる．

1　X線装置の概略

1.1　X線装置の構成

　X線装置はX線管，加速用の高電圧発生器および制御器から構成されている．管電圧が高ければ，制動X線（連続X線）のほかに特性X線も発生する．X線装置には100～200Vの電源を降圧して

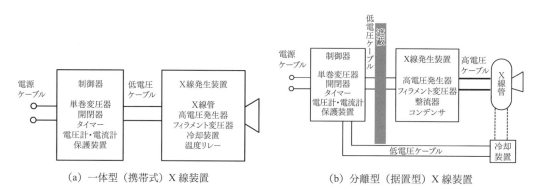

図 III-4-1　X線装置の構成図

10～20V をフィラメントに供給する低電圧回路と，数十から数百 kV に昇圧してフィラメントの熱電子を加速する高電圧回路に大別できる．

工業用 X 線装置には，一体形（携帯式）図 III-4-1(a)と分離形（据置式）図 III-4-1(b)がある．一般に，管電圧 100～300 kV，管電流 3 mA 程度の比較的出力の小さい装置は X 線管と高電圧発生器が1つの容器に収納された一体型で，制御器を低電圧ケーブルで接続している．管電圧が 50 kV 程度で管電流が数十 μA 程度の携帯型蛍光 X 線分析装置が市販されている．分離型では，高電圧発生器と X 線管は高電圧ケーブルで接続され，制御器は遮蔽によって区切った場所に配置する．X 線管の陽極は，冷却水あるいは冷却油を循環させて冷却している．制御器，X 線発生器部分には，それぞれ必要となる装置が組み込まれている．

工業用 X 線装置は，電子線加速方式によって高圧変圧器方式，線形加速器などにも分類される．高圧変圧器方式とは，変圧器を用いて高電圧を発生し X 線管の両極間に印加して，フィラメントからの熱電子を加速する方式である．現状では管電圧 450 kV までの装置が製造されており，X 線装置の主流となっている．線形加速器はライナック（リニアック）と呼ばれ，マイクロ波の電場で加速する方式である．X 線のエネルギーが 1 MeV 以上の場合は，放射線取扱主任者の資格が必要である．X 線作業主任者の資格で取扱可能な 0.95 MeV のライナックも市販されている．

1.2　X 線発生機構

X 線は赤外，可視，紫外線と同じ電磁波である．図 III-4-2 に示すように，X 線の波長は 0.001～10 nm の範囲にあり，長波長側は紫外線に移行し，短波長側はγ線と重なる．低エネルギーの X 線を軟 X 線，高エネルギーの X 線を硬 X 線と呼ぶ．

通常の X 線管の構造を図 III-4-3 に示す．X 線管は一般にガラス管でできており，内部は高真空状態である．フィラメントを加熱して熱電子を放出させ，陰極と陽極間に数十 kV の高い電圧（管電圧）を加えると，熱電子は陽極に向かって加速され，数十 keV のエネルギーを得て陽極の金属（ターゲット）に衝突し，X 線が発生する．タングステンをターゲットとした X 線管から発生する X 線は図 III-4-4 のようなエネルギースペクトル（強度分布）を示す．X 線は連続したエネルギー分布を示す連続 X 線（白色 X 線，制動 X 線，阻止 X 線とも呼ばれる）と，ターゲットの元素特有な線スペクトルを示す特性 X 線とからなっている．X 線を外部に放射する放射口は，X 線の減弱を減らすために，Be などの低原子番号の金属箔が用いられる．

X 線の発生する部分を真正面の方向から見た場合を実焦点と言う．この実焦点を X 線束の利用方向から見た場合に実効焦点と呼ぶ．透過試験で画質の良い写真を撮影するためには実効焦点が小さい方がよい．

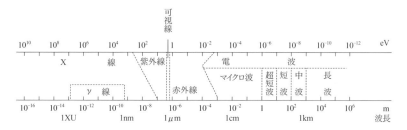

図 III-4-2　電磁波の波長とエネルギーの関係 [18]

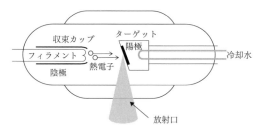

図 III-4-3 X線管の構造

1.3 連続X線

運動エネルギーを持つ電子が陽極に衝突して，物質中の電場により急激に制動されて減速したときに電磁波が放出される．これを制動X線と言い，連続したエネルギー分布をもつため連続X線とも言う．運動エネルギー E (eV)（加速電圧 V）をもつ電子が一度の衝突で完全に制止すると，最大エネルギー，すなわち最短波長 λ_{min} のX線が放出される．

$$h\nu_{max} = hc/\lambda_{min} = E \text{ (eV)} \tag{4.1}$$

の関係から，最短波長 λ_{min} (nm) $= 1239.5/V$ となる．これを，デュエヌ・フントの法則と言う．最短波長 λ_{min} は管電圧が高くなるほど短波長側に移動する．最高強度を示す波長も同様に管電圧が高くなるほど短波長側に移動する．

図 III-4-4 はタングステン（原子番号 74）をターゲットとして管電圧を変えた場合に発生するX線のエネルギー分布である．X線のエネルギーは，管電圧を最高エネルギーとして三角形状に分布する．X線管を出るまでに低エネルギー部分が吸収される（影の部分）．ターゲットであるタングステンのK電子の結合エネルギーよりも管電圧が高くなると軌道

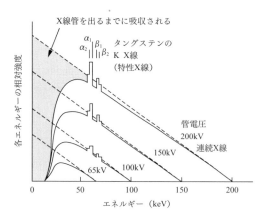

図 III-4-4 タングステン（原子番号 74）ターゲットから発生するX線エネルギー分布 [19]

破線は吸収のないときの計算値．実線は，Al板 1 mm 厚の吸収があるとき．

電子が叩き出され，引き続いて特性X線（K X線）が発生する（次小節参照）．

単位時間あたりX線管から放出される連続X線の全エネルギー ε は

$$\varepsilon = kiV^2Z \tag{4.2}$$

で表される．但し i は管電流，V は管電圧，Z は原子番号，k は比例定数である．比例定数は $k \approx 1 \times 10^{-9}$ である．管電圧一定では連続X線の全強度は原子番号に比例する．工業用透過検査や医療には高融点のタングステンターゲットのX線管が用いられる．X線に変換される効率は 100 kV で 0.74 % であり，ほとんどが熱として消費されるため，タングステンターゲットの支持体としては，熱伝導性がよくて冷却が容易な銅が用いられる．

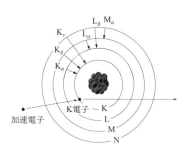

図 III-4-5 特性X線の発生機構

1.4 特性X線

図 III-4-5 に示すように加速された電子がK殻電子にエネルギーを与えて軌道から追い出し，イオン化する場合を考える．この内殻電離の状態の原子は非常に不安定であるので，外側の軌道から電子がK殻に移る．そのとき，両殻の準位差に相当するエネルギーが特性X線として放出される．図 III-4-4 のスペクトルをみると，連続X線の上に2本の特性X線が重なっている．左側の特性X線はL殻電子がK殻に移行するとき発生する K_α 線，

右側の特性X線はM殻電子がK殻に移行するときに発生するK_β線である．

特性X線を発生させるためには，電子をある一定値以上に加速する必要がある．この電子の加速に必要な管電圧の限界値を励起電圧と言い，軌道電子を殻外に叩き出すのに必要なエネルギーに相当する．特性X線の波長は管電圧を高めても変化せず，ターゲット元素に特有である．ターゲットの種類が変われば，特性X線の波長も変わる．ターゲット元素の原子番号Zと同系列の特性X線の波長λとの間にはモーズリーの法則

$$1/\sqrt{\lambda} = k(Z-S) \tag{4.3}$$

がある．k, Sは系列特有の定数である．すなわち，特性X線のエネルギーはターゲット元素の原子番号が大きくなるとともに高くなり，波長は短くなる．

2 X線の吸収と遮蔽

2.1 吸収係数

X線が物質中を通過すると，トムソン散乱（レーリー散乱），光電効果，コンプトン効果および電子対生成の相互作用により，その強度を減弱する．強度I_0の単色X線束が厚さxの物質を通過してIに減衰したとすると

$$I = I_0 e^{-\mu x} \tag{4.4}$$

という関係が成立する．これを減弱曲線と言う．μ(/m)を線吸収係数と言う．μはII-1章4.2小節で述べた4つの効果のうち，主要な3つの和で表される．

$$\mu = \tau + \sigma_C + \chi \tag{4.5}$$

ただし，τは光電効果による係数で，$h\nu$がK軌道電子の結合エネルギーに相当するK吸収端（II-1章4.2小節参照）より大きい領域では$Z^6/(h\nu)^2$にほぼ比例する．σ_Cはコンプトン効果による係数で，図III-4-6ではコンプトン散乱係数σ_sとコンプトン吸収係数σ_aの和となるが，$h\nu$の増加に伴って減少し，Zが増すと少しずつ減少する．χは電子対生成による係数で，$h\nu < 1.022$ MeV では 0，$h\nu > 1.022$ MeV では$h\nu$の増加と共に増大する．

◆ 入射光子のエネルギーのうち，散乱光子に移るエネルギー量に関する確率をコンプトン散乱係数，反跳電子に移るエネルギー量に関する確率をコンプトン吸収係数と言う．

◆ 干渉性散乱であるトムソン散乱はここでは除外する．

図III-4-6に鉛に対する質量吸収係数を示す．質量吸収係数（cm^2/g）はμを密度ρで割った値である．μは吸収端の近傍ではτと同様に不連続な変化を示す．一般に$h\nu$の増加につれて減少し，その度

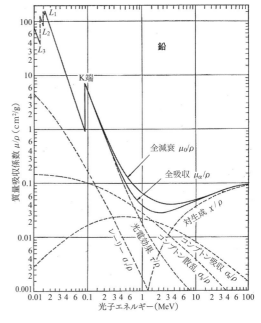

図III-4-6 鉛の質量吸収係数 [20]

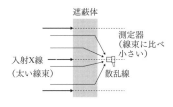

図 III-4-7 太い線束による X 線の減弱

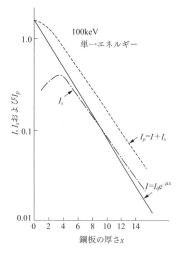

図 III-4-8 単一エネルギーの細い線束 I と太い線束 I_p の X 線の減弱 [18]

合いは初め急で，徐々に緩やかになる．1 MeV を越えてから最小値があり，その後増加する．

化合物などの複合材料で i 番目の成分の重量比を x_i とすると，全質量吸収係数は

$$\mu/\rho = \sum_i (\mu/\rho)_i \cdot x_i \tag{4.6}$$

で表される．

X 線の透過力を表すのに半価層（half-value layer : HVL）が用いられる．細い入射 X 線の線束が物質を透過後，その透過 X 線の強度が 1/2 に減弱したときの物質の厚さを半価層と言う．X 線が物質中を透過するときの減弱は（4.4）式で表せるので，半価層 $x_{1/2}$ は，次式（4.7）となり，

$$I/I_0 = 0.5 = e^{-\mu x_{1/2}} \tag{4.7}$$

線吸収係数の逆数に 0.693（= log2）を掛ければ求まる．X 線の強さを 1/10 に減弱させる遮蔽体の厚さを 1/10 価層と言う．1/10 価層は半価層の 3.32（= log10/log2）倍である．

単一波長で太い X 線束が物質を透過する場合は，透過線以外に物質内部で発生した散乱線が透過してくる場合がある（図 III-4-7）．散乱線の影響を考慮すると，透過線の強度 I，散乱線の強度 I_s として，検出器位置の全強度 I_p は，

$$I_p = I + I_s = I \times (1 + I_s/I) = I \times B \tag{4.8}$$

となる．ここで，B はビルドアップ（再生）係数と呼ばれ，線源の形状，X 線のエネルギー，物質の種類および厚さに大きく依存する．おおよそ目安として，$\mu x < 1$ のとき $B \approx 1$（薄い遮蔽体），$\mu x > 1$ のときは $B \approx \mu x$（厚い遮蔽体）となる．さらに，X 線のエネルギーが 2 MeV 以上で，遮蔽体の原子番号が 20 以上の場合には，$B \approx 1 + \mu x$ となる．太い線束 I_p の場合は，散乱線が加わることにより減弱曲線の勾配は細い線束 I に比べて緩やかになり，見かけ上減弱係数は小さくなる（図 III-4-8）．

2.2 連続 X 線の吸収

X 線管から発生するのは連続 X 線であるので，物質の吸収による減弱は複雑である．吸収端の存在がさらに問題を複雑にしている．連続スペクトルの変化を図 III-4-9 に示す．鉄板を通過すると低エネルギー成分の減弱が著しく，最高強度の X 線エネルギーは大きい方に移動する．低エネルギーの X 線は高エネルギーの X 線に比べて吸収係数が大きく，吸収されやすいためである．このように，吸収体を置くことで X 線を硬くする，すなわち透過力の強い X 線にすることができる（このような役割の物質を濾過板と言う）．

ある物質について，連続 X 線の半価層が，ある単色光の半価層に等しいとき，その単色光の X 線波長を，その連続 X 線

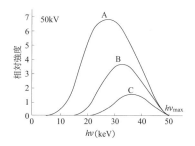

図 III-4-9 吸収板による連続 X 線のエネルギースペクトルの変化の概念図 [21]

A は吸収板なし，B は 0.1 mm 厚，C は 0.3 mm 厚の鉄板を通過した後のエネルギースペクトル．

の実効波長と言う．対応するエネルギーを実効エネルギー，実効電圧と言う．

一般に実効電圧は管電圧の 1/2 以下，実効波長は最短波長の 2 倍以上である．この半価層を通過した X 線はより硬くなるので，これを再び 1/2 にするのに必要な半価層は最初の半価層よりも厚くなる．以下同様で，これらを第一半価層，第二半価層，‥‥と呼ぶ．

連続 X 線についても単色 X 線と同様に，減弱の様子は，

$$I = I_0 e^{-\bar{\mu} x} \tag{4.9}$$

と書ける．$\bar{\mu}$ は吸収体の厚さ x での平均吸収係数である．x が厚くなれば $\bar{\mu}$ は小さくなる．実効エネルギーと平均吸収係数は，吸収体がある厚さ以上になるとほぼ一定となる．

2.3 X 線の遮蔽

X 線が物体に照射されると，図 III-4-10 のように透過，前方散乱，後方散乱が起こる．X 線装置の照射野以外に装置を透過する線を漏洩線と呼ぶ．散乱線のうち，透過線となす角が 90 度未満のものを前方散乱線，90 度以上のものを後方散乱線と呼ぶ．これらの X 線の線量は，使用する装置，管電圧，管電流によって異なる上，物体の材質，厚さ，照射された X 線の拡がりなどによっても異なるので，実験者を被曝から守るには，種々の条件における線量率を知り適切な遮蔽を施す必要がある．X 線装置の周辺を，鉄，鉛，鉛ガラスなどの板，あるいは，鉛などの重金属を含む透明なプラスチック板などで遮蔽する方法がよく用いられる．図 III-4-11 に遮蔽効果の一例を示す．重金属，特に鉛が有効である．吸収端があってやや複雑ではあるが，密度の大きいものほど有効である．遮蔽体の能力を表すのに鉛当量という値を用いることが多い．鉛当量とは，遮蔽体と同じ能力をもつ鉛の厚さを言う．

物質の厚さと透過線の線量率との関係（図 III-4-12）に示すとおり，鋼板を透過した X 線の線量率は吸収を受けて減少する．前方散乱線の線量と散乱角の関係（図 III-4-13）は，散乱角 θ が増加するにつれて前方散乱線は減少する．一方，図

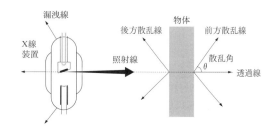

図 III-4-10 透過，前方散乱，後方散乱 X 線

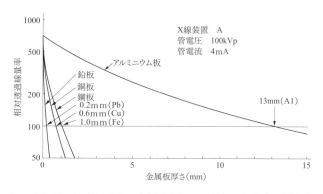

図 III-4-11 材質が異なった場合に透過線量が等しくなる厚さを求めた例 [21]

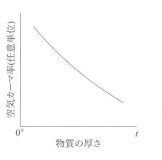 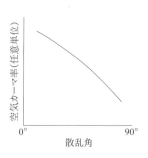

図 III-4-12 鋼板による X 線の減弱　　**図 III-4-13** 前方散乱線と散乱角の関係

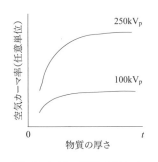

図 III-4-14 鋼板の厚さと後方散乱線の線量の関係

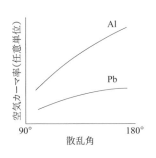

図 III-4-15 散乱体が異なった場合の散乱角と後方散乱線の関係

III-4-14 に示すように後方散乱線は散乱体が厚い場合には厚さに依存しなくなる．また，後方散乱線の線量は散乱角 θ が増加するに従って増加し，散乱体の原子番号 Z が小さいほど大きい（図 III-4-15）．

漏洩線量率は X 線装置固有で，同一形式の装置でも，必ずしも一致しないことに注意する．漏洩線量率（空気カーマ率）は，X 線装置構造規格（厚生労働省告示第 92 号）によって決められている．

余分な X 線を低減するためには，照射筒，絞り，濾過板，散乱 X 線低減材料および遮蔽物を適正に用いる必要がある．点線源から発生した X 線の進行方向に垂直な単位面積あたりの強度は，真空中では点線源からの距離の二乗に反比例して弱くなる．軟 X 線は空気による吸収も無視できない．

> **▼X 線の遮蔽用具**
> - 照射筒：放射口に取り付けるラッパ状の遮蔽物で，照射野を制限し散乱線を減らす働きを持つ．それによって，障害防止と透過写真の場合の像質が改善される．
> - 絞り（スリット）：遮蔽板に必要な範囲だけ間隙を作ったものを，放射口に貼り付けて使用するものである．
> - 濾過板：軟線を取り除くために利用する．軟線とは波長の長い X 線で，(1)透過力が弱く，(2)散乱線の発生が多く，(3)皮膚における吸収が多い，という性質がある．

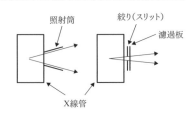

図 III-4-16 X 線の遮蔽用具

3　X 線装置の安全取扱

(1) 利用上の注意

1) 一般的事項
- 管理区域を設定・明示し，X 線作業主任者を選任する．
- 人がみだりに入らないように，出入口を 1 ヵ所にする．必要ない人を立ち入らせない．
- ケーブル類の導通，絶縁の確認，接続端子の汚れなどを確認する．
- 照射筒，濾過板，絞りなどが正しく取り付けられているか確認する．
- 定格出力，型式，製造者名および製造年月日，作業主任者または管理責任者，緊急連絡先，線量測定の結果を表示する．
- 個人線量計に関する注意事項，事故が発生した場合の応急措置などを掲示する．
- X 線照射ボックス付き X 線装置については，以下のことにも注意する．
    ○ 特例措置として X 線作業主任者を選任しなくてもよいが，その場合でも管理責任者を選任し，作業主任者と同様に安全管理に努める（IV-3 章参照）．
    ○ インターロックを容易に解除できないように，解除用の鍵，パスワードなどを管理する．
    ○ 漏洩検査を行い，必要に応じて遮蔽を施す．

○漏洩線量は，低エネルギーまで測れる電離箱や薄窓型シンチレーション式サーベイメータを用いる．
○「装置内のみ管理区域」の標識および定められた表示（図III-4-17）をX線装置のそばのよく見えるところに貼付し，装置の安全性を周知する．

2) 使用に際して
・放射線業務従事者として登録し，必ず個人被曝線量計を着用する．
・使用前に慣らし運転（エージング）を十分に行う．
・警報装置が正しく作動すること，管理区域などが正しく表示されていることを確認する．
・照射筒，絞り，濾過板を使用して不要なX線を除去する（みだりに取り外さない）．
・使用記録をつける．

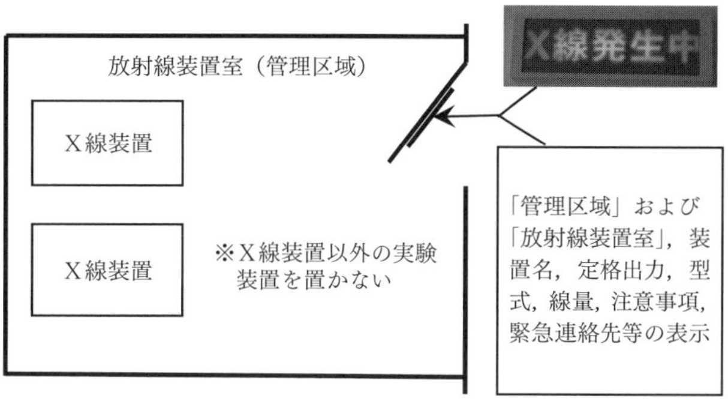

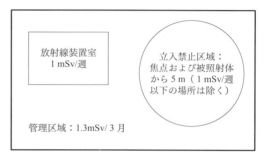

図 III-4-17 放射線装置室と警報装置

図 III-4-18 管理区域，放射線装置室および立入禁止区域で定める線量

・X線照射ボックス付きX線装置については，以下のことにも注意する．
○安全装置（インターロック）が働くことを確認し，使用中はみだりに解除しない．
○X線照射ボックスをはずしたまま，あるいは，開けたまま運転しない．

(2) 管理区域・放射線装置室（X線装置室）・立入禁止区域

X線装置は原則として専用の部屋の中に設置し，その部屋を管理区域とする（IV-3章参照）．管理区域には一般の人が立ち入らないようにする．発生する放射線が 20 μSv/時以上の時は放射線装置室（X線装置室）を設ける．X線装置室にはX線装置以外の実験装置を置いてはならない．X線装置室の入り口には，X線装置室の標識，設置されているX線装置の装置名，定格出力，型式，線量，放射線とわかる標識，装置を取扱う上での注意事項，事故が起こった場合の緊急連絡先が記載されていなければならない（図III-4-17）．管理区域ごとに，X線作業主任者を選任する．例外としてX線装置室を設けなくてもよい場合もある（(4)「X線照射ボックス付きX線装置」参照）．

X線装置室以外でX線装置を用いるときは，そのX線管の焦点および被照射体から 5 m 以内の場所（1 mSv/週以下の場所を除く）を立入禁止区域とし，作業者を立ち入らせてはならない．これをまとめたものが図III-4-18 である．立入禁止区域を設定した場合は，屋内外を問わずそこは管理区域となる．

❖X線照射ボックス付きX線装置の注意
X線照射ボックス付きX線装置の場合は，X線照射ボックスの外側が管理区域境界となるので外側に測定器を密着させて測定する．コリメータなどの部品の種類や状態を変更した結果，大きく漏洩した例や，特殊な装置で局所的に強く漏洩した例がある．
装置の外側には管理区域を設けなくても良いが，背面や外側にある高圧ケーブル導入孔，X線照射

ボックスの隙間などは特に漏洩検査を細かく行い，必要に応じてカバーを追加するか，あるいは，装置の後背部には人が通行できないようにさくを設けるなどの措置を講じることが望ましい．

定格出力 50 kV の X 線装置の場合はおよそ 30 keV をピークとする X 線が発生していると考えられるので，電離箱式サーベイメータや X 線・低エネルギーの γ 線を測定できる薄窓型 NaI シンチレーション式サーベイメータを使用する．電離箱式サーベイメータは感度が悪いので，薄窓型 NaI シンチレーション式サーベイメータで測定した後，電離箱式サーベイメータで線量を評価するのが望ましい（II-2 章 3.1 小節参照）．

(3) 警報装置

管理区域および X 線装置室の入口に，自動警報装置を設ける．装置のスイッチと連動した回転灯あるいは自動表示灯のようなものがある．ただし，管電圧が 150 kV 以下の X 線装置の場合は，自動警報装置以外の警報装置でもよい．ほとんどの X 線回折装置は管電圧が数 10 kV 以下なので，自動警報装置は付けなくてもよいが，装置使用時には，「X 線発生中」の標識を付ける（図 III-4-17）．実際には多くの市販の装置は回転灯か自動表示灯を備えている．

(4) X 線照射ボックス付き X 線装置

最近の教育・研究用 X 線装置は，遮蔽容器内および X 線照射ボックス内に設置されインターロックを有しており，「装置内のみ管理区域」となっているものが多い（図 III-4-19）．また，遮蔽扉が開いているときはスイッチを誤って入れても通電しないように，容易に解除できない場所にインターロックが装備されている．インターロックは通常，専用の鍵で操作するが，装置の特性・操作に習熟した人以外は，みだりに解除できないように鍵を管理することが必要である．最近は，コンピュータでパスワードによる管理をしている装置もあるので，そのパスワードを管理する．

(5) X 線装置の定期的な点検および漏洩線の測定

X 線装置を設置あるいは移設後，初めて使用する時に漏洩検査を行う．それ以降は，1 年以内ごとに定期的に装置の点検を行い，結果は 3 年間保存する．管理区域がある場合は漏洩線量の測定は 6 カ月以内ごとに行う（装置内のみ管理区域の場合は，1 年ごとでもよい）．漏洩線を測定するには，測定器のエネルギー範囲・感度に注意を要する．管理区域境界の 1.3 mSv/3 月を検出可能なサーベイメータを使用する．

(6) 運転記録

運転記録は X 線装置を運転するつど，記載する．運転記録簿には，運転日時，運転時間，従事者名，使用時の出力，使用の目的などを記載する．

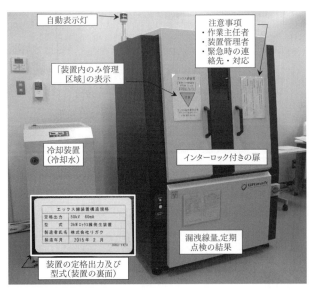

図 III-4-19 照射ボックス付き（密閉遮蔽型）X 線回折装置
名古屋大学アイソトープ総合センター所有．

III-5
緊急時の対応

1 緊急時とは

緊急時とは，表 III-5-1 のように障害防止法 [1, 5, 6] の事故時および危険時を合わせた状態であり，直ちに何らかの対応を要する事態であるとする（IV-2 章 4.4 および 4.5 小節参照）．

表 III-5-1 緊急時の例

1. 火災 2. 地震	} 危険時	} 障害防止法の定義
3. 線源の所在不明 4. 線源の盗取	} 事故時	
5. 汚染 6. 被曝 7. 未登録線源の発見		

(1) 障害防止法での位置づけ

障害防止法の危険時および事故時の定義は下記のようになっている．

- 危険時：地震，火災，その他の災害が起こったことにより放射線障害が生じたか，または生じる恐れがあるとき．
- 事故時：線源の所在不明，線源の盗取，その他が生じたとき．
- ◆ その他については具体的に指定していない．その他の事例として，筆者の経験に基づいて実際に起きた時に緊急に対処しなければならない 5. 汚染，6. 被曝，7. 未登録線源の発見を表 III-5-1 に追加してある．

> ▼未登録線源とは
> 　未登録線源とは，障害防止法が制定される以前に使用していた線源が古い建物の取り壊しなどによって発見される線源などのことを言う．発見された場合は，緊急に周囲の汚染検査や退職者も含めて関係者の被曝線量の評価などを行うことになる．

(2) 緊急時の対処

緊急時の対処は下記のように事故時の場合と危険時の場合とで異なる．

- 事故時には，放射線施設特有な放射線障害，被曝，汚染への対処が必要になる．
- 危険時には，火災，地震などの災害への対処と同時に放射線施設特有な事故時の対処が必要となる．

2 緊急時対応の原則

図 III-5-1 は，緊急時（危険時＋事故時）対応の原則を示している．
- 安全確保，通報，拡大防止に当たっては，安全第 1 とし，危険は過大評価する．過小評価してはならない．
- 危険であるか，危険でないかの判断に迷う時は，危険であるとして対処する．

1) 安全確保
- 人命の安全を第 1 とする．
- 無謀な勇気（蛮勇）を出さない．
- 高価な実験装置・器具，大事な試料などであっても放置して逃げる．
- 安全確保後に，可能な範囲で通報，拡大防止を行う．

2) 通報
- 逃げながら，あるいは安全を確保した上で，同室，隣室付近にいる者に大声で知らせる．
- 通報は緊急連絡網に従って通報する．図 III-5-2 は大学における連絡網の例である．
- 定期的に通報訓練を行い，慣れておく．

3) 拡大防止
- 安全確保後に，余裕があれば初期消火や汚染拡大防止を試みる．

4) 危険の過大評価
- 危険は過大評価することがあっても過小評価してはならない．
- 汚染しているか否か不明の場合は汚染しているものとして対処する．

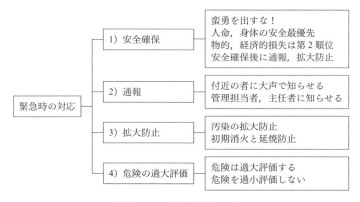

図 III-5-1 緊急時対応の原則

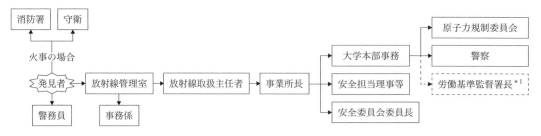

図 III-5-2 大学における緊急連絡網の例

＊1：事故発生時および医師の診察および処置を受けたものがいる場合は労働基準監督署長に報告する（IV-3 章 5.5 小節参照）．

3 業務従事者が取るべき具体的対応

業務従事者が発見者となる場合が最も多い．業務従事者は次のように対応する．
- 原則に従い安全を確保した上で，通報，拡大防止を行う．
- 状況に応じて，原則に捕らわれずに臨機応変に対処する．救出，初期消火，汚染防止，被曝防止措置を優先する場合もある．大声で付近の者に知らせながら，救出などを行う場合もある．
- 火災時は，図 III-5-2 のすべての通報が行われる．
- 事故時は，通常，放射線取扱主任者または放射線管理室への通報のみで事態は収拾される．以後の通報に業務従事者が関わることはない．

1) 通報のポイント

表 III-5-2 は通報の手順と項目を示している．
- 昼間と夜間の連絡体制は異なることが多い．夜間に備え，関係者の携帯番号および自宅の電話番号などの連絡先を明記しておく．
- 通報項目はわかる範囲でよい．状況を正確に確認しようとして時間を浪費しないこと，および怪我，火傷，汚染，被曝しないことに留意する．

2) 拡大防止対策のポイント
- 余裕のない場合は，拡大防止対策は行わない．
- 初期消火，延焼防止では，近くにある消火器，砂，水をかける．
- 汚染拡大防止では，汚染区域がわかるように目印を置く．身近にある机，椅子，他を用いる．
- 線量率が高い区域も前項にならって目印を置く．

3) 避難時のポイント

避難のポイントには，図 III-5-3 に示すように余裕がない場合の避難，余裕がある場合の避難，避難後の対応に分かれる．余裕がない場合と余裕がある場合とでは，避難の仕方が異なる．

余裕がない場合の避難は次の通りである．
- 余裕がない場合とは，緊急事態そのものであり，火勢が強い，煙が急速に充満してくるような状況，あるいは線量率が高い状況を言う．
- 状況が不明な場合も余裕がない場合に含まれる．
- 火災時には，管理区域出入口のドアは自動的に開錠されるので，通常の管理区域退出手順は無視して退出し，最寄りの出入口や緊急避難口から避難する．
- スリッパなどが汚染されていて，避難経路に沿って汚染が拡散することがあっても，鎮火後に除染すればよい．RI 実験に使用する非密封 RI 量程度からの 2 次汚染では，放射線障害が起きることはない．
- 避難後は必ず汚染検査を行う．

表 III-5-2 通報のポイント

通報手順	通報項目
①発見時には直ちに大声で付近の者に知らせる ②非常ベルを鳴らす ③放射線管理室（担当者）へ連絡する ④警務員へ連絡する ⑤消防署へ連絡する	①いつ（月日，時刻） ②どこで（住所，建物，階，部屋番号） ③誰が（所属，氏名，年齢，男女，職種） ④何が起きた（火事，汚染，被曝，他） ⑤どうなった ⑥通報者および受信者（所属，氏名，時刻）

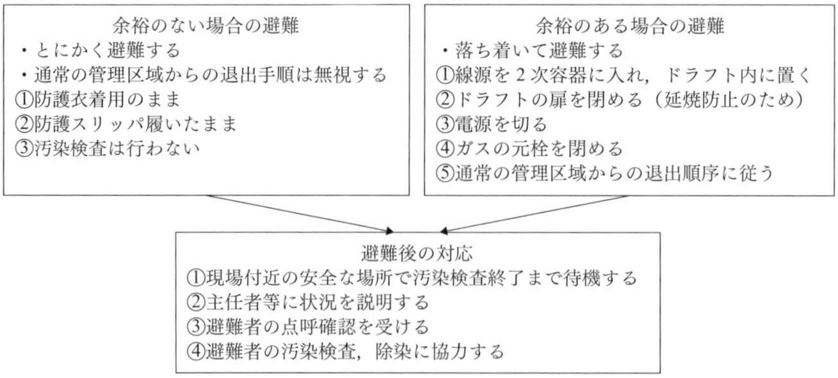

```
┌─────────────────────────────────┐  ┌─────────────────────────────────┐
│      余裕のない場合の避難           │  │      余裕のある場合の避難          │
│ ・とにかく避難する                  │  │ ・落ち着いて避難する              │
│ ・通常の管理区域からの退出手順は無視する │  │ ①線源を2次容器に入れ，ドラフト内に置く │
│ ①防護衣着用のまま                  │  │ ②ドラフトの扉を閉める（延焼防止のため）│
│ ②防護スリッパ履いたまま             │  │ ③電源を切る                     │
│ ③汚染検査は行わない                │  │ ④ガスの元栓を閉める              │
│                                 │  │ ⑤通常の管理区域からの退出順序に従う │
└─────────────────────────────────┘  └─────────────────────────────────┘
                    ↓                                  ↓
           ┌──────────────────────────────────────────┐
           │              避難後の対応                  │
           │ ①現場付近の安全な場所で汚染検査終了まで待機する │
           │ ②主任者等に状況を説明する                   │
           │ ③避難者の点呼確認を受ける                   │
           │ ④避難者の汚染検査，除染に協力する           │
           └──────────────────────────────────────────┘
```

図 III-5-3 避難時のポイント

余裕がある場合の避難は次の通りである．

- 余裕がある場合とは，別棟の建物が火災の場合，あるいは同一建物であっても上方階が火災である場合を言う．
- 落ち着いて避難する．
- 通常の管理区域退出順序に従う．

避難後の対応は次の通りである．

- 避難者が安全な場所で待機するのは，主任者等に状況を説明するため，および点呼確認が終わるまで業務従事者が管理区域内に残存しないことを確認するためである．自宅や研究室などへ戻らない．
- 汚染検査と除染は，事業所近辺に臨時に設置する汚染検査・除染コーナーで行う．汚染をこのコーナーの外部へ拡散させない．

第IV部

放射線安全に関わる法令

　ここでは，放射線安全に関わる法令を解説するが，条文を追って項目ごとに詳細に記述するのではなく，法令は安全を確保するためにどのような目標を定め，その目標を達成するためにどのような基準を定めているのかを理解できるように構成されている．

　放射線を道具として使用する者は必ずしも法令を熟知する必要はないが，法令に関する基本的な知識を備えて，自らと公衆に対する安全の確保に努める責任がある．ここでは，放射線を取扱う者と関わりが深く，知っておくことが望ましい事項に焦点を絞って述べる．

IV-1
法令間の関係

1 法律制定の背景

　法律の具体的な内容に入る前に，放射線安全に関わる法律が定められてきた歴史的・社会的背景を，放射線が発見されたところから辿ってみることにする．

　放射線の一種であるX線は1895年にレントゲンによって発見された．その翌1896年にレントゲンの実験を追試していた研究者がX線によって火傷を負ったと報告されている．ベクレルは1986年にウラン（U）が放射性であることを発見した．その2年後1898年にキュリー夫人がラジウム（Ra）を抽出してから放射性同位元素（radioisotope, RI）の利用が始まった．キュリー夫人はラジウムによって火傷をしたという．アイソトープ利用の発端を開いたキュリー夫人自身が放射線障害を受けた．

　ラジウムもX線も発見直後からさまざまな分野で利用され始めたが，それに伴って障害を負った者も増えた．このため放射線防護の必要性が認識され1928年の第2回国際放射線医学会（ICR）では，その対策として国際X線・ラジウム防護委員会を発足させた．この委員会は，1950年に国際放射線防護委員会（International Commission on Radiological Protection：ICRP）へと名称変更し，現在はイギリス公認のNPOとして活動している．ICRPは活発に活動し，多くの放射線防護に関する勧告を行ってきた．世界各国の放射線防護に関する法律はほとんどICRPの勧告を取り入れて作られている．

　日本の法律はICRPの勧告を基にして昭和32（1957）年に「放射性同位元素等による放射線障害の防止に関する法律（障害防止法）」[1] として制定された．その後，ICRPの新しい勧告が出されると，それに従って法律も改正されてきた．ICRPの1990年勧告 [2] などを基にしてわが国の実情に合わせて障害防止法が改正されたのが平成17（2005）年である．2007年勧告 [3] は未だ法律に取り入れられていない．

2 主要な法律の規制対象

　図IV-1-1は放射線障害防止に関係する主要な法令間の関係を示している．法律案は国会の両院で可決されて法律となる．法律を施行するために，内閣が制定する施行令（政令），府省が発する施行規則（府省令）及び告示（府，省）等が定められる．施行に際して適宜通知やガイドラインも出されている．これらを総称して法令と呼ぶことにする．規則，告示，通知は複数制定されている場合が多い．法令は上位のものが基本的な内容を定め，下位のものほど具体的，個別的な内容を定めている．

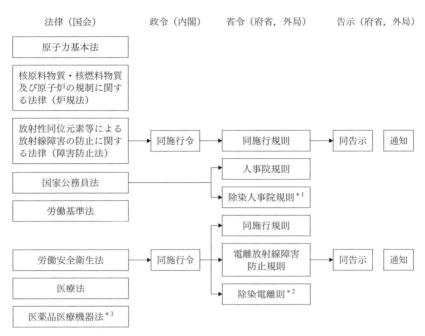

図 IV-1-1 放射線に関わる各種法令

* 1：東日本大震災により生じた放射性物質により汚染された土壌等を除去するための業務等に係る電離放射線障害防止規則．
* 2：東日本大震災により生じた放射性物質により汚染された土壌等の除染等のための業務等に係る職員の放射線障害の防止，人事院規則10-13．
* 3：医薬品・医療機器等の品質・有効性及び安全性の確保等に関する法律（旧薬事法）．

放射線の規制に関わる法律は幅広い分野［4-10］にわたるが，図 IV-1-1 に示す原子力基本法，核原料物質・核燃料物質及び原子炉の規制に関する法律（炉規法），放射性同位元素等による放射線障害の防止に関する法律（障害防止法），労働基準法，労働安全衛生法，医療法，医薬品・医療機器等の品質・有効性及び安全性の確保等に関する法律（医薬品医療機器法）の8つの法律は放射線を使用する立場からとりわけ重要である．放射線の規制には，これらの法律以外にも表 IV-1-1 に示すような多数の法律が関与している．航空法であれば，航空機による放射性物質等の輸送基準を定める告示［11］が出されている．このように各法律の主たる対象は放射線，放射性物質ではないものの，対象の一部に放射線，放射性物質が含まれる場合は関連事項を定めている．

表 IV-1-1 放射線規制に関係する法律の例

建築基準法	大気汚染防止法
作業環境測定法	水質汚濁防止法
道路運送車両法	海洋汚染及び海上災害の防止に関する法律
環境基本法	
航空法	廃棄物処理・清掃法
郵便法	獣医療法
消防法	計量法

放射線を放出するものは，使用目的から(1)核原料物質，核燃料物質，(2)放射性同位元素，放射線発生装置，(3)放射性医薬品の3つに分類される．それぞれ，(1)炉規法，(2)障害防止法および労働安全衛生法［12, 13］，(3)医療法および医薬品医療機器法によって規制されている．

原子力基本法は放射線関係の法律の根幹をなしており，原子力の研究，開発，利用（原子力利用）の推進に当たっては安全の確保を旨とすると定め，安全の確保を図るため環境省の外局として原子力規制委員会を置くとしている．原子力規制委員会設置法では，委員会の目的は国民の生命，健康及び財産の保護，環境の保全並びに我が国の安全保障に資することであると定めている．放射線による障害を防止し，公共の安全を確保するため，放射性物質及び放射線発生装置に係る製造，販売，使用，

測定等に対する規制その他保安及び保健上の措置に関しては，別に法律で定めるとしており，これに従って障害防止法が定められた．障害防止法の制定時には科学技術庁がこれを所掌したが，文部科学省を経て，現在は原子力規制委員会が所掌している．

原子力基本法も原子力規制委員会設置法も，主たる内容は原子力に係る製錬，加工，貯蔵，再処理及び廃棄の事業並びに原子炉に関する事項であり，放射線の利用はその一部としてしか扱われていないが，障害防止法は全体が放射線の利用に関わる内容になっている．但し，障害防止法は 1 MeV 未満の X 線を規制対象としていないが，労働安全衛生法（労安法）ではこれを規制対象としている．どの放射線を使用するかによって，障害防止法または労安法，あるいは両方によって規制されることになる．

2011 年 3 月 11 日に発生した東北地方太平洋沖地震に伴う東京電力福島第 1 原子力発電所の事故により放出された放射性物質等の除染等に従事する者に対して，労安法では「東日本大震災により生じた放射性物質により汚染された土壌等を除去するための業務等に係る電離放射線障害防止規則（除染電離則）」[14] が追加され，国家公務員法では同じく「東日本大震災により生じた放射性物質により汚染された土壌等の除染等のための業務等に係る職員の放射線障害の防止（除染人事院規則）」[15] が追加された．このように放射線に関わる法令は社会の状況に対応して整備されている．

放射線安全に関わる法令は幅広い分野にわたって細かい網の目のように張り巡らされているが，一方では網の目からこぼれ落ちている対象がある．それは，大学や研究機関において研究，教育に X 線を使用する学生である．現在の日本には，学生の X 線使用を規制する法律が存在しない．学生の安全は所属する機関の善意に委ねられているのが実状である．

IV-2
放射性同位元素等による放射線障害の防止に関する法律

1 障害防止法の構成

　障害防止法 [1, 4-6] は，放射性同位元素（RI），放射線発生装置（発生装置）または RI によって汚染された物（放射性汚染物）の取扱を規制することによって，取扱者の放射線障害（障害）を防止し，公共の安全を確保することを目的として制定されている．

　障害防止法は第 1 章 総則，第 2 章 使用の許可及び届出，販売及び賃貸の業の届出並びに廃棄の業の許可，第 2 章の 2 表示付認証機器等，第 3 章 許可届出使用者，届出販売業者，届出賃貸業者，許可廃棄業者等の義務等，第 4 章 放射線取扱主任者，第 5 章 登録認証機関等，第 6 章 雑則，第 7 章 罰則，第 8 章 外国船舶に係る担保金等の提供による釈放等からなっている．

　障害防止法を施行するために，平成 28（2016）年 12 月の時点で有効な施行令は 1，施行規則は 4，告示は 20，通知は 28，ガイドラインは 1 定められている．放射線業務従事者（業務従事者）は膨大な法令全般にわたって逐条的に理解する必要はない．本書では，法令の内容を整理し，業務従事者に関わりが深い事項を取り上げて解説する．

　法令の内容は，図 IV-2-1 に示すように次の 5 項目に整理することができる．
①管理体制：使用者の義務，放射線取扱主任者，放射線障害予防規程，事故・危険時の措置
②人の管理基準：教育訓練，健康診断，被曝，汚染，測定
③線源の管理基準：所持，使用，保管，貯蔵，廃棄，運搬
④施設の管理基準：許可，届出，変更，使用・貯蔵・廃棄施設
⑤検査，罰則：施設検査，定期検査，定期確認，立ち入り検査，罰則

　法令の内容は，①，②，③，⑤を行為の基準，④を施設の基準に分けることができる．業務従事者が行う使用，保管，貯蔵，廃棄などの実際の行為は行為の基準に基づいて安全取扱方法として III-2 および III-3 章に具体化されている．以下では上記 5 項目について，概要を説明する．

図 IV-2-1 障害防止法の構成

2 用語

同じ言葉であっても日常的に用いられている意味と障害防止法での意味とで異なる場合がある．また，障害防止法上の定義と自然科学的定義とでは数値や意味が異なることもある．以下に主要な用語の定義と数値を示す．

(1) 放射線

放射線とは次の電磁波または粒子線を言う．但し，1 MeV 未満の電子線，X 線は障害防止法では放射線とみなさない．医療用の胸部撮影用 X 線装置，CT 装置，他から発生する X 線は障害防止法では放射線とみなされないが，電離放射線障害防止規則（電離則）[16]では放射線とみなしている．

- α 線，重陽子線，陽子線，その他の重荷電粒子および β 線
- 中性子線
- γ 線および特性 X 線（軌道電子捕獲によって発生する特性 X 線に限る）
- 1 MeV（メガ電子ボルト）以上のエネルギーを有する電子線および X 線

(2) 放射性同位元素

放射性同位元素（RI）とは，放射線を放出する同位元素およびその化合物並びに含有物であって，RI が 1 種類の場合は，その濃度および数量が核種ごとに定められた下限値を超えるものを言う．表 IV-2-1 に下限値の例を示す．

下限値は次のように適用される．

- 1 核種の場合は，定められた下限値を超えると規制対象となる．
- 下限値以下の複数の核種がある場合は，それぞれの核種の下限値に対する比の和が 1 を超える場合は，RI とみなされる．
- 下限値は事業所ごとに適用される．

(3) 放射性同位元素装備機器，表示付認証機器，表示付特定認証機器

表 IV-2-1 下限値の例

核種	数量 (Bq)	濃度 (Bq/kg)	核種	数量 (Bq)	濃度 (Bq/kg)
^{3}H	1×10^9	1×10^6	^{41}Ar	1×10^9	1×10^2
^{14}C	1×10^7	1×10^4	^{40}K	1×10^6	1×10^2
^{18}F	1×10^6	1×10^1	^{45}Ca	1×10^7	1×10^4
^{32}P	1×10^5	1×10^3	^{60}Co	1×10^5	1×10^1
^{33}P	1×10^8	1×10^5	^{125}I	1×10^6	1×10^3
^{35}S	1×10^8	1×10^5	^{131}I	1×10^6	1×10^2

放射性同位元素装備機器（RI 装備機器）には，表 IV-2-2 のように，許可または届出を必要とする一般の RI 装備機器と，安全性が設計上確認されて認証を受けた認証機器とがある．認証機器は，さらに届出を要する表示付認証機器と届

表 IV-2-2 RI 装備機器の種類

種類		条件	許可・届出
①RI 装備機器		—	許可・届出が必要
②認証機器		安全性が設計上確認された RI 装備機器	
	表示付認証機器[*1]	表示付，安全基準を満たしているもの	届出必要
	表示付特定認証機器[*1]	表示付，特に安全であることが認められたもの	届出不要

[*1]：表示の内容：1. 認証印，2. 認証者の氏名等，3. 認証番号．

出を要しない表示付特定認証機器の2種類に分かれている．

表示付特定認証機器の例を次に示す．
- 煙感知器
- レーダー受信部切替放電管
- 表面から 10 cm の位置での 1 cm 線量当量（H_{1cm}）率が 1 μSv/時以下の RI 装備機器であって原子力規制委員会が指定したもの．現在は下記のもののみ．
    ○ 集電式電位測定器
    ○ 熱粒子化式センサー
- ◆表示のないものは認証機器とはみなされない．通常の RI 装備機器として扱われる．

表 IV-2-3　放射線発生装置の種類

①サイクロトロン	⑤ベータトロン	⑨ファン・デ・グラフ型加速装置
②シンクロトロン	⑥プラズマ発生装置	⑩コッククロフト・ワルトン型加速装置
③シンクロサイクロトロン	⑦変圧器型加速装置	
④直線加速装置	⑧マイクロトロン	

(4) 放射線発生装置

放射線発生装置（発生装置）とは，表 IV-2-3 のものを言う．但し，装置表面から 10 cm の位置での最大 1 cm 線量等量率が 600 nSv/時以下のものは除く．

(5) 使用者

使用者とは，原子力規制委員会から使用の許可を受けた事業所および原子力規制委員会に使用の届出を行った事業所の代表者である学長，研究所長，社長などを言う．

使用者には，許可使用者，特定許可使用者，届出使用者および表示付認証機器届出使用者がある．特定許可使用者とは下記のいずれかに該当する者を言う．
- 密封線源の場合は 10 TBq 以上の貯蔵能力がある貯蔵施設を有する許可使用者．
- 非密封線源の場合は下限値の 10 万倍以上の貯蔵能力がある貯蔵施設を有する許可使用者．
- 放射線発生装置の許可使用者．

(6) 放射線業務従事者

放射線業務従事者（業務従事者）とは，管理区域に立ち入り RI または発生装置を扱う者を言う．管理または管理に付随する業務（取扱業務等）に従事する者も業務従事者となる．

業務従事者等は，主任者が法令または予防規程に基づいて行う指示に従わなければならない（3.2 小節参照）．
- ◆見学者のように一時的に管理区域に立ち入る者は業務従事者とはみなされない．

(7) 放射線施設

放射線施設とは，使用施設，貯蔵施設，廃棄施設を言う．

(8) 線量

線量とは，実効線量，等価線量，1 cm 線量当量（H_{1cm}）および 70 μm 線量当量（$H_{70\mu m}$），H_{1cm}率および $H_{70\mu m}$率の総称である（II-4 章参照）．

各線量は下記のように扱う．
- 外部被曝の実効線量は H_{1cm}，皮膚の等価線量は $H_{70\mu m}$ とし，眼の水晶体の等価線量は H_{1cm} または

$H_{70\mu m}$ のいずれか大きいほうで示す．

- 実測 H_{1cm} および $H_{70\mu m}$ は積算式個人線量計での測定値に相当し，実測 H_{1cm} 率および $H_{70\mu m}$ 率はサーベイメータなどの単位時間あたりの値に相当する．
- 被曝線量は，障害防止法の放射線による被曝線量および障害防止法の放射線の定義に含まれていない 1 MeV 未満の X 線および電子線による被曝線量を合算して管理する．
- 業務従事者の被曝線量は，医療被曝と自然放射線による被曝は除いて評価する．

(9) 管理区域

線量や濃度が表 IV-2-4 の基準値を一つでも超える可能性のある場所を管理区域と言う．

(10) 限度値

限度値は表 IV-2-5 に示すように空気中濃度，排気中濃度，排水中濃度，表面密度に対して定められている．濃度限度の例は表 IV-2-6 に，密度限度は表 IV-2-7 に示す．

表 IV-2-4　管理区域となる場所

事項	基準値
1. 外部被曝の実効線量 H_{1cm}	1.3 mSv/3 月 *1
2. 空気中の RI の 3 カ月の平均濃度	空気中濃度限度の 1/10
3. RI によって汚染された物の表面密度	表面密度限度の 1/10
4. 外部被曝＋内部被曝	複合して割合の和が 1

*1：1.3 mSv/3 月は，13 週/3 月，40 時間/週の条件下で 2.5 μSv/時に相当する．

表 IV-2-5　限度の種類

限度の種類	測定場所
空気中濃度限度 *1	人が常時立ち入る場所，実験室等
排気中濃度限度 *2	排気口
排水中濃度限度 *3	排水口
表面密度限度 *4	人が常時立ち入る場所で人が触れるものの表面

*1：空気中 RI 濃度限度とは，放射線施設内の，人が常時立ち入る実験室等において，人が呼吸する空気中の RI の 1 週間の平均濃度の限度値である．
*2：排気中の RI の濃度限度とは，排気口における 3 カ月間の平均濃度の限度値である．
*3：排水中の RI の濃度限度とは，排水口における 3 カ月間の平均濃度の限度値である．
*4：表面密度限度とは，放射線施設内の人が常時立ち入る場所において，人が触れる物の表面の 1 cm² あたりの RI 密度限度である．表 IV-2-7 は α 核種とそれ以外の核種に対する限度値である．

表 IV-2-6　RI の種類が明らかで，かつ 1 種類である場合の限度値の例 [1]

RI の種類		空気中濃度限度	排気中濃度限度	排水中濃度限度
核種	化学形等			
^{3}H	元素状水素	1×10^4	7×10^1	
^{3}H	水	8×10^{-1}	5×10^{-3}	6×10^1
^{14}C	二酸化物	3×10^0	2×10^{-2}	
^{14}C	メタン	7×10^0	5×10^{-2}	
^{22}Na	全ての化合物	1×10^{-2}	9×10^{-5}	3×10^{-1}

表 IV-2-7　表面密度限度

区分	密度限度 (Bq/cm²)
α 線を放出する RI	4
α 線を放出しない RI	40

3　安全管理体制

3.1　使用者の役割

使用者は法令の基準に合った建物・施設および管理体制を整備し，維持する．

使用者の責務は次の通りである．

- 使用者は放射線障害予防規程を制定する．
- 使用者は業務従事者に放射線障害が生じないように教育訓練，健康診断，被曝線量測定，その他

を実施して全体を管理・監督する．
- 使用者は放射線取扱主任者免状を所持する者の内から主任者を選任し，放射線障害の防止について監督を行わせる．主任者が職務を行うことができない場合には，主任者免状を有する者を代理者として選任し主任者の職務を代行させる．
- 使用者は放射線取扱主任者の意見を尊重しなければならない．

3.2 放射線取扱主任者とその代理者

放射線取扱主任者（主任者）および代理者（主任者等）は放射線障害の防止について監督を行う．主任者等には下記のような条件が課されている．
- 主任者の免状には表 IV-2-8 のように 3 種類あり，種類により管理できる事業所が異なる．
- 代理者は，主任者免状を所有しておりかつ所定の講習を受講した者の中から，主任者の職務を代行させるために選任される．代理者については，前小節参照．
- 主任者は資質の維持・向上を図るために 3 年ごとに講習（定期講習）を受けなければならない．

表 IV-2-8　主任者の区分と管理可能な施設

	第1種	第2種	第3種
特定許可使用者	○		
特定許可使用者以外の非密封線源許可使用者	○		
特定許可使用者以外の密封線源許可使用者	○	○	
届出使用者	○	○	○
販売業者	○	○	○
賃貸業者	○	○	○
許可廃棄業者	○		
表示付認証機器届出使用者	主任者不要		
表示付特定認証機器使用者			

3.3 放射線障害予防規程

予防規程に定める事項として，法令は下記の 17 項目を挙げている．各事業所は，使用の実態を考慮して 17 項目の中から必要な項目を予防規程に定める．

予防規程には，具体的な RI 入手手続，汚染検査方法と結果の記録方法，健康診断の手続，各種マニュアル，その他を定め，日常的に使用しやすいように整備する．

予防規程に定める 17 事項は次の通りである．
- 取扱に従事する者の職務および組織に関すること．
- 主任者等の安全管理に従事する者の職務および組織に関すること．
- 主任者の代理者の選任に関すること．
- 施設の維持および管理に関すること．
- 放射線施設の点検に関すること．
- RI または放射線施設の使用に関すること．
- RI の受入れ，払出し，保管，運搬，または廃棄に関すること．
- 放射線の量および RI による汚染の状況の測定，結果に対する措置．
- 教育および訓練に関すること．
- 健康診断に関すること．
- 障害を受けた者，または恐れのある者に対する保健上必要な措置に関すること．
- 記帳および保存に関すること．
- 地震，火災，その他の災害時の措置に関すること．

- 危険時の措置に関すること．
- 放射線管理状況の報告に関すること．
- 廃棄物埋設を行う場合は放射線障害防止のために講ずる措置．
- その他放射線障害防止に関し必要な事項．

3.4 記帳・記録

表 IV-2-9 に示す項目を RI の受入れ・払出し・使用，発生装置の使用，保管，廃棄，教育訓練，運搬，点検ごとに帳簿に記載しなければならない．

表 IV-2-9 記帳事項

		種類	数量	年月日	目的	方法	氏名	場所	期間	項目	結果[*1]
RI	使用	○	○	○	○	○	○	○			
	受入れ,払出し	○	○	○							
発生装置		○		○	○	○	○	○			
保管		○	○				○	○	○		
廃棄		○	○	○		○	○	○			
教育訓練				○			○			○	
運搬				○		○					
点検				○			○				○

[*1]：結果に対して講じた措置の内容も含む．

4 人の安全管理

4.1 教育訓練

表 IV-2-10 業務従事者等の教育訓練の項目と時間数

項目	時間数の下限	
	業務従事者	管理区域に立ち入らない者[*1]
1. 放射線の人体に与える影響	30分	30分
2. RI 又は発生装置の安全取扱	4時間	1時間30分
3. 障害防止法	1時間	30分
4. 障害予防規程	30分	30分
計	6時間	3時間

[*1]：放射線を取扱うが管理区域に立ち入らない者として，加速器の運転のみを行う者がある．

業務従事者等は，表 IV-2-10 に示すような項目と時間数以上の教育訓練を受けなければならない．

1) 時期
- 初めて管理区域に立ち入る前または取扱業務に従事する前．
- 使用開始後は1年を超えない期間ごとに教育訓練を受ける．
- ◆前者は新人教育，後者は継続教育または再教育と言われている．

2) 時間数：法律は最低限の時間を示している．
3) 省略：項目の全部または一部に十分な知識と技能を有していると認められる者は当該項目の教

育訓練を省略できる．コラム参照．

> **▼省略の扱いについて**
> ・実際にはほとんど省略は認められていない．
> ・主任者に選任されていなくても，主任者の資格を有している者を省略扱いする場合がままある．資格を有していても，必ずしも最新の知識，技術を熟知しているわけではないので，省略扱いは不適切である．
> ・教育訓練を担当する主任者であっても，法令に従って定期的に登録機関が実施する講習を受けなければならない．

4.2 健康診断

業務従事者の健康診断は，初めて管理区域に立ち入る前および立ち入った後は1年を超えない期間ごとに行う．

(1) 健康診断の内容

健康診断は問診と検査または検診からなり，以下の項目を検査する．
・問診：①被曝歴．①を有する場合，②作業場所，③内容，④期間，⑤線量，⑥障害の有無．
・検査または検診：①末梢血液中の血色素量またはヘマトクリット値，赤血球数，白血球数および白血球百分率，②皮膚，③眼，④その他原子力規制委員会が定める部位および項目．

(2) 健康診断の時期

・初めて管理区域に立ち入る前の血液検査と皮膚検査は必ず実施する．
・眼の検査および2回目以降の血液と皮膚の検査は医師が必要と認めた場合のみ実施する．
・臨時健康診断：以下のような場合には臨時の健康診断を随時実施する．
　〇 RIを誤って吸入または経口摂取したとき．
　〇表面汚染密度を超えて皮膚が汚染され，容易に除去できないとき．
　〇皮膚の創傷面が汚染され，またはその恐れがあるとき．
　〇実効線量限度または等価線量限度を超えて被曝したとき，またはその恐れがあるとき．

(3) 健康診断結果の記録

健康診断の結果は下記の項目を記録し，永久保存する．記録の写しを健康診断のつど本人に交付する．
①実施年月日，②氏名，③医師名，④結果，⑤診断結果に基づいて講じた措置．

4.3 被曝・汚染管理

被曝および汚染管理では，基準に基づいて測定を行い，被曝線量を算定し，業務従事者の被曝線量が法定の限度値を超えないようにする．測定結果も所定の期間ごとに集計し，記録する．

表 IV-2-11 法令条文での女性の区分

女性の区分[*1]	障害防止法	電離則
女性1[*2]	女子（女性2, 3, 4を除く）	女性（女性2, 3を除く）
女性2	本人の申し出等により妊娠の事実を知ることとなった女子	妊娠と診断された女性
女性3	妊娠不能と診断された者	妊娠する可能性がないと診断された者
女性4	妊娠する意思がないことを書面で申し出た者	―

[*1]：区分の整理は筆者によるものであり，法令には女性1, 2, 3, 4とは記載されていない．
[*2]：女性1は，妊娠可能な女性を指す．

表 IV-2-12 外部被曝測定部位

従事者の区分	基本部位	追加部位（体幹部以外で線量が最大になる部位）	
		追加部位[*1]	追加部位2[*2]
男性および女性3, 4	胸部	①または③	①，②，③以外の最大部位
女性1および2	腹部	①または②	

[*1]：中性子はH_{1cm}のみを測定する．
[*2]：$H_{70\mu m}$のみを測定する．

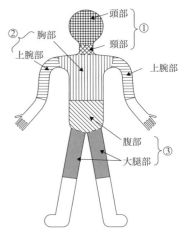

図 IV-2-2 人体の区分

(1) 被曝線量の測定と算定の基本および女性の区分

1) 被曝線量の測定と算定の基本

- 被曝線量は外部被曝と内部被曝についてそれぞれ測定し，実効線量を算定する．
- 等価線量は外部被曝線量から算定する．
- 結果は記録し，記録のつど記録の写しを本人に交付する．
- 見学などの一時立ち入り者はH_{1cm}が$100\,\mu Sv$を超える恐れがない場合は測定しなくてよい．

2) 女性の区分

女性は，表IV-2-11のように妊娠の有無によって障害防止法では4区分されており，次章で述べる電離則では3区分されている．

下記の点に留意する．

- 区分により測定，記録，集計の期間および線量限度値が異なる．
- 女性3および女性4の限度値と期間は男性と同じである．
- 妊娠中とは，妊娠と診断されてから出産までの間を言う．

(2) 外部被曝の測定

外部被曝は，管理区域内に立ち入っている間は継続して測定する．
測定部位と線量の種類について次に示す．

- 人間の体を図IV-2-2のように①頭部・頸部，②胸部・上腕部，③腹部・大腿部に区分する．胸部および腹部からなる部位を体幹部と言う．
- 外部被曝は，表IV-2-12に示すように従事者の区分に従って基本部位および追加部位のH_{1cm}および$H_{70\mu m}$を測定する．
- 男性および女性3, 4の基本部位は胸部であり，女性1, 2の基本部位は腹部である．
- 通常は，基本部位のみを測定する．

・最大被曝線量が基本部位以外の場所である場合
  ○男性および女性3, 4の最大被曝線量が，②胸部・上腕部以外である場合は，①または③のどちらか最大となる部位（追加部位1）の H_{1cm} および $H_{70\mu m}$ を測定する．
    測定部位＝基本部位＋追加部位1
  ○女性1, 2の最大被曝線量が，③腹部・大腿部以外である場合は，①または②のどちらか最大となる部位（追加部位1）の H_{1cm} および $H_{70\mu m}$ を測定する．
    測定部位＝基本部位＋追加部位1
  ○①，②，③以外の部位が最大となる場合は，その部位の $H_{70\mu m}$ を追加測定する．
    測定部位＝基本部位＋追加部位2
    ①，②，③以外の部位とは，前腕部，手，下肢部，くるぶし，足（末端部）を指す．

(3) 内部被曝の測定

内部被曝の測定はRIを吸入または経口摂取した者，および摂取の恐れのある場所に立ち入る者に対して行う．表IV-2-13は内部被曝の測定頻度と期間に対する障害防止法と電離則の比較を示している．

男性および女性1, 3, 4は3カ月，女性2は1カ月を超えない期間ごとに行う．

◆電離則では妊娠と診断された場合は，胎児の被曝を公衆の被曝と同程度以下とするためにより厳しい限度を適用している．表IV-2-14の*5参照．

(4) 汚染測定

汚染測定は非密封線源を使用する管理区域から退出するときにRIによって汚染される恐れのある手，足，その他の人体部位，および作業衣，履物，保護具その他の人体に着用している部位について行う（汚染測定（検査）についてはIII-2章2.6小節参照）．

(5) 線量限度

線量限度は表IV-2-14に示すように確率的影響に対する実効線量限度と確定的影響に対する等価線量限度が定められている．

(6) 緊急作業に係る線量限度

緊急作業に係る男性および女性3, 4の業務従事者の線量限度は，表IV-2-15に示すように実効線量で100 mSv，眼の等価線量は

表IV-2-13 内部被曝測定の頻度と期間

区分	頻度と期間	障害防止法	電離則
男性および女性1, 3, 4	1回/3月	○	○
女性2（妊娠中の女性）	1回/1月	○	○
1.7 mSv/月を超える恐れのある女性1[*1]	1回/1月	—	○

*1：1.7 mSv/月は5 mSv/3月または20 mSv/年に相当する．

表IV-2-14 線量限度

区分		線量
実効線量限度	(1) 5年間蓄積線量[*1]	100 mSv/5年間
	(2) 年間線量[*2]	50 mSv/年
	(3) 女性1[*3]	5 mSv/3カ月
	(4) 女性2[*4]	1 mSv
等価線量限度	(1) 眼の水晶体[*2]	150 mSv/年
	(2) 皮膚[*2]	500 mSv/年
	(3) 女性2の腹部[*5]	2 mSv

*1：平成13年4月1日以後5年ごとに区分した各期間内の蓄積線量．
*2：4月1日を始期とする1年間の蓄積線量．
*3：4月1日，7月1日，10月1日，1月1日を始期とする3カ月ごとの蓄積線量（電離則：妊娠に気づかない時期の胎児の被曝を，特殊な状況下での公衆の被曝と同程度以下にするための線量）．
*4：本人の申請により使用者等が妊娠の事実を知った時から出産までの間の内部被曝線量（電離則：妊娠と診断されてから出産までの間）．
*5：使用者等が妊娠の事実を知った時から出産までの間の腹部表面の外部被曝線量．腹部表面の外部被曝線量が2 mSvを超えなければ，胎児の被曝は1 mSvを超えない．

表IV-2-15 緊急作業に係る被曝の限度

線量		限度
実効線量		100 mSv
等価線量	眼の水晶体	300 mSv
	皮膚	1 Sv

300 mSv,皮膚の等価線量は 1 Sv である.

(7) 集計と記録

外部被曝と内部被曝の測定結果および人体表面汚染の測定結果の集計と記録,および実効線量と等価線量の算定と記録は,表 IV-2-16 のように決められた期間ごとに行い,記録は保管する.

表 IV-2-16 集計と記録

	測定の集計と記録	実効線量および等価線量の算定と記録
外部被曝	・男性＋女性 1, 2, 3 ①3月ごと：始期 4月1日, 　7月1日, 10月1日, 　1月1日 ②1年ごと：始期 4月1日 ・女性 2（出産までの期間） 1月ごと：始期 毎月1日	・男性＋女性 1, 2, 3 ①3月ごと：始期 4月1日, 　7月1日, 10月1日, 　1月1日 ②1年ごと：始期 4月1日 ・女性 2（出産までの期間） 1月ごと：始期 毎月1日
内部被曝	男女：測定のつど	
人体表面の汚染	男女：表面汚染密度を超えて汚染し,容易に除染できない場合	

図 IV-2-3 事故届

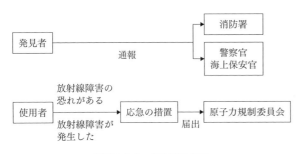

図 IV-2-4 危険時の措置

4.4 事故届

使用者は事故が生じたときには図 IV-2-3 のように警察官または海上保安官に届け出る.

4.5 危険時の措置

使用者は,図 IV-2-4 のように地震,火災,その他の災害が起こったことにより,放射線障害の恐れがある場合または放射線障害が発生した場合は,安全を確保してから直ちに応急の措置を講じ,原子力規制委員会へ届け出る.発見者は直ちに通報する.応急の措置を講ずるための作業を緊急作業と言う.具体的な対応は III-5 章を参照.

(1) 応急の措置

- 火災時には,消火,延焼の防止に努める.直ちに消防署に通報する.
- 放射線施設内部にいる者,付近にいる者に避難するよう警告する.
- 放射線障害を受けた者,または受けた恐れがある者を速やかに救出し,避難させる.
- 汚染が生じた場合は,速やかに広がりを防止し,除去する.
- 余裕がある場合は,線源を安全な場所に移す.線源の周囲に縄を張り,または標識を設け,見張

り人をつける．縄張り内に関係者以外の者が立ち入ることを禁止する．
・その他必要な措置を講ずる．

(2) 緊急作業時の防護

・緊急作業に従事する者の線量を外部被曝防護の3原則に従って極力少なくする．
・被曝の限度は表IV-2-15参照．

(3) 通報と届出

図IV-2-4は危険時に発見者および使用者に義務づけられている行動を示している．
・発見者は，直ちに警察官または海上保安官に通報する．火災時には消防署へ通報する．
・使用者は，遅滞なく原子力規制委員会へ下記の事項を届け出る．
　○災害等が生じた日時，場所，原因．
　○発生した，または発生の恐れのある放射線障害の状況．
　○講じ，または講じようとしている応急の措置の内容．

5　施設の管理

5.1　許可と届出

(1)　許可申請・届出と検査の枠組み

図IV-2-5はRI，発生装置を使用する場合の許可申請・届出と検査の枠組みを示している．各事業所は使用に先立ち，原子力規制委員会へ表IV-2-17の事項について許可申請または届出を行う．

◆下限数量以下の非密封RIの管理区域外使用については，本書では取り上げない．

1）許可の場合
・原子力規制委員会から委託された登録検査機関が，施設が申請書通りの能力があるか検査を行い，合格した後使用開始となる．
・使用開始後は，不定期に立入検査が行われる．

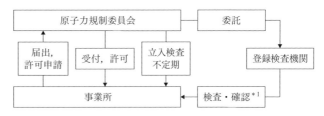

図IV-2-5　許可申請，届出，検査の枠組み

＊1：特定許可使用者のみ，施設検査，定期検査（1回/3～5年），定期確認（1回/3～5年）がある．

表IV-2-17　許可または届出事項

事項	個別	共通
RI	種類，数量，密封の有無	氏名，使用の方法・場所施設の位置・構造・設備
発生装置	台数，性能	

・特定許可使用者に対しては登録検査機関により施設検査，定期検査，定期確認が行われる．

2）届出の場合
届出が受理されれば，それ以上の手続きを要することなく，使用を開始できる．

♦ 発生装置は特定許可使用にあたるので，届出使用はない．

(2) 許可，届出と下限数量との関係

図 IV-2-6 は RI の許可，届出と下限数量との関係を表している．密封，非密封のいずれの線源であっても下限数量以下であれば法規制の対象外となる．

1) 密封線源

密封線源の規制は下限数量の 1000 倍と 10 TBq を基準にして 3 区分される．
- 下限数量の 1000 倍以下の場合は届出で使用できる．
- 下限数量の 1000 倍超〜10 TBq 未満の場合は許可を要するが，検査と確認は要しない．
- 10 TBq 以上の場合は許可を要し，かつ検査と確認を要する．

2) 非密封線源

非密封線源の規制は下限数量の 10 万倍を基準にして 2 区分される．
- 下限数量を超える場合は許可を要する．
- 下限数量を超え下限数量の 10 万倍未満の場合は，検査と確認は要しない．
- 下限数量の 10 万倍以上の場合は，検査と確認を要する．

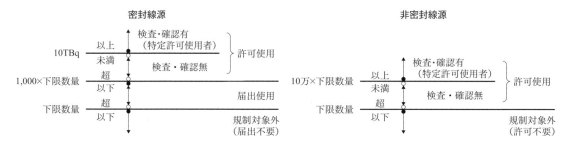

図 IV-2-6 線源の種類・量と許可・届出・検査の関係

検査・確認については図 IV-2-5 参照．

5.2 施設の位置・構造・設備

放射線施設は，使用施設，貯蔵施設，廃棄施設から構成されており，各施設が満たすべき共通の技術基準が，表 IV-2-18 の事項に対して定められている．

表 IV-2-19 は場所による実効線量限度を示している．

表 IV-2-20 は，表 IV-2-18 の共通事項を除く各施設固有の技術基準を示している．

表 IV-2-18 各施設に共通する技術基準

事項	建物の位置	主要構造部等[*1]	管理区域境界[*2]	遮蔽
技術基準	地崩れ，浸水の恐れの少ない場所	耐火構造または不燃材料	柵その他の施設標識	遮蔽壁または遮蔽物 表 IV-2-19 の線量以下

[*1]：壁，床，梁，屋根，階段，間仕切り，間柱，付け柱．
[*2]：管理区域内にみだりに人が立ち入らないようにする施設を設ける．

表 IV-2-19 場所による実効線量限度

場所	実効線量限度
人が常時立ち入る場所	1 mSv/週
管理区域境界	1.3 mSv/3 月
事業所境界，事業所内居住区域	250 μSv/3 月
病院・診療所の病室	1.3 mSv/3 月

表 IV-2-20 施設に固有の技術基準

施設等				技術基準
使用施設	非密封RI	作業室	構造	・壁，床は突起物，くぼみ，目地の隙間が少ない構造 ・フード，グローブボックス等は排気設備に連結する．
			仕上げ	・表面は平滑 ・気体・液体が浸透しにくく腐食しにくい材料
		汚染検査室	場所	管理区域内の出入口近くに設ける．
			備品	放射線測定器，洗浄設備，更衣室，除染材を備える．
			構造	・壁・床は作業室に同じ． ・洗浄設備の排水管は排水設備に連結する．
		管理区域	出入口	・出入口は通常1か所 ・非常口・荷物搬入口：外部から開閉不可とする． ・緊急時には内部から脱出可とする．
	密封RI	使用室	出入口	400 GBq 超：自動表示装置 100 TBq 超：自動表示装置＋インターロック
	発生装置	使用室	出入口	自動表示装置＋インターロック
貯蔵施設		貯蔵室 貯蔵箱	構造	・開口部は特定防火設備に相当する防火戸 ・耐火性
		容器	構造	・空気を汚染させる恐れのある RI 容器は気密な構造 ・液体状 RI がこぼれにくい構造
			材料	液体が浸透しにくい材料
			汚染対策	・液体，固体用容器で亀裂，破損の恐れのあるものが対象． ・受け皿，吸収材等の汚染拡大防止の設備または器具を設ける．
		扉，蓋		外部に通じる部分には鍵等の閉鎖用の設備または器具を設ける．
廃棄施設[*1]	非密封RI	排気設備	能力	・作業室，廃棄作業室内の空気中濃度を法定限度以下にする． ・排気口における排気中濃度を法定限度以下にする．
			構造	排気口以外から気体が漏れにくい構造
			材料	腐食しにくい材料
			汚染対策	ダンパーを設ける． （故障時に汚染空気の広がりを急速に防止する．）
	液体状RI	排水設備	能力	・排水口での排水中濃度を法定限度以下にする． ・排水監視装置で監視し，事業所境界の排水中濃度を法定限度以下とする．
			構造	排液がこぼれにくい構造
			材料	腐食しにくい材料
	RI 等	保管廃棄設備	構造	外部と区画されていること．
			扉，蓋	外部に通じる部分には鍵等の閉鎖用の設備または器具を設ける．
			容器	・耐火性の構造 ・他は貯蔵施設の容器の基準に同じ．

*1：焼却および固化は省略．

▼廃棄作業室と保管廃棄設備の関係
・廃棄作業室では汚染物を保管廃棄容器（ドラム缶など）へ収納する作業を行う．
・保管廃棄設備は廃棄物を保管する設備であり，一旦保管廃棄設備に収納した廃棄物を取り出して再使用することは禁じられている．
・保管廃棄設備では廃棄物の詰替えを行ってはならない．

・再使用する汚染物は遮蔽や飛散対策を施した後，貯蔵施設で保管し，必要に応じて使用する．

6 線源の管理

図 IV-2-7 線源管理の対象

線源の管理では，図 IV-2-7 のように線源の使用，保管，廃棄，運搬で扱うすべての線源を対象とする．

6.1 使用の基準

(1) 共通事項

密封線源，非密封線源，発生装置に共通する使用の基準は下記 4 項目に整理される．
- RI または発生装置は，使用施設内で使用する．
- 遮蔽，距離，時間を考慮して業務従事者の被曝線量を線量限度以下に保つ．
- 使用施設，管理区域内の目につきやすい場所に障害防止に関する注意事項を掲示する．
- 管理区域に人がみだりに立ち入らないように措置する．業務従事者以外の者が立ち入る場合は，業務従事者の指示に従わせる．

(2) 非密封線源

非密封線源固有の使用の基準は下記 9 項目に整理される．
- 非密封線源は作業室で使用する．
- 室内の空気を換気し，室内の濃度を空気中濃度限度以下に保つ．
- 室内での飲食・喫煙を禁止する．
- 作業室または汚染検査室内の人が触れる物の表面は表面密度限度以下に保つ．
- 作業室では，作業衣，保護具等を着用する．着用したまま作業室から退出しない．
- 作業室から退出時には，人体および着用物の汚染検査を行い，汚染時には除染する．
- 表面密度限度を超える汚染物をみだりに作業室から持ち出さない．
- 表面密度限度の 1/10 を超える汚染物をみだりに管理区域から持ち出さない．
- 陽電子 RI 汚染物は，陽電子 RI の原子数が 1 未満になる前に，みだりに管理区域から持ち出さない．

(3) 密封線源

密封線源固有の使用の基準は下記 5 項目に整理される．
- 正常な使用では開封または破壊される恐れがないこと．
- 漏洩，浸透等で散逸して汚染する恐れがないこと．
- 非破壊検査等の目的で使用の場所を変更する場合は，届け出る．
- 使用の場所を変更した場合は線源の紛失，漏洩等を測定器を用いて検査する．異常が判明した時

には，探査，その他障害防止に必要な措置を講じる．
- インターロックを設けた場合
  ○搬入口，非常口等の出入口は外部から開閉できないよう措置する．
  ○室内に閉じ込められた者が速やかに脱出できるように措置する．

(4) 発生装置

発生装置固有の使用の基準はインターロックのみである．インターロックを設けた場合の措置は，前項密封線源の場合に同じ．

6.2 保管の基準

保管の基準は下記6項目に整理される．
- 線源は容器に入れ，貯蔵室または貯蔵箱に保管する（線源容器の構造と材料は表IV-2-20の貯蔵施設の欄参照）．
- 貯蔵施設の能力を超えて線源を保管しない．
- 貯蔵箱または密封線源用の耐火性の容器は簡単に持ち運びできないように措置する．
- 貯蔵室内の表面が表面密度限度を超えないようにする．
- 被曝対策，汚染対策，注意事項は，使用の基準に同じ．
- 陽電子RIおよび陽電子RI汚染物（陽電子RI等）は，封をしてから7日間を超えて管理区域内で保管する，
  ◆ 7日間：陽電子RIの原子数が1未満になることが確実な期間．

6.3 運搬の基準

運搬の基準は，図IV-2-8に示すように事業所内運搬と事業所外運搬に分けて定められている．

図IV-2-8 運搬対象と運搬場所

(1) 事業所内運搬と事業所外運搬

- 事業所内での運搬対象を運搬物と言い，事業所外での運搬対象を放射性輸送物と言う．
- 運搬物と放射性輸送物に対して，別々の運搬基準が定められている．

(2) 事業所内運搬の基準

事業所内での運搬物は表IV-2-21のように封入の状態によって2種類に分類される．
原則として，RIまたはRIで汚染されている物（RI等）は容器に封入して運搬する．表IV-2-21のNo.2の汚染物は容器に封入を要しない．

1) 容器の基準
- 容器を入れる外箱は，各辺が10 cm以上の直方体であること．
- 容易に，かつ，安全に取扱うことができること．
- 運搬中に温度，内圧の変化，振動などによって亀裂，破損などが生ずる恐れがないこと．

表 IV-2-21 運搬物の種類と条件

No.	運搬物の種類		条件
1	RI 等を封入した容器		容器の基準を満たすもの
2	容器封入不要	法定濃度以下の汚染物	濃度（Bq/g）が A2 値の 1/10,000 以下の汚染物であって飛散・漏洩防止、他の措置を講じたもの
		汚染大型機械等	容器封入が著しく困難なものであって障害防止措置を講じたもの

表 IV-2-22 放射性輸送物の種類と基準

放射性輸送物の種類		基準
L 型輸送物		危険性が極めて少ない RI 等 表 IV-2-25 参照
A 型輸送物	特別型 RI 等[*3]	A1 値以下の放射能量[*4]
	特別型 RI 等以外のもの[*3]	A2 値以下の放射能量[*4]
BM 型輸送物 BU 型輸送物	特別型 RI 等	A1 値を超す放射能量
	特別型 RI 等以外のもの	A2 値を超す放射能量
低比放射性 RI 等[*1] 表面汚染物[*2]	IP-1 型輸送物	1cm 線量当量率，放射能，放射能濃度，固体，液体，気体等に従って分類
	IP-2 型輸送物	
	IP-3 型輸送物	

[*1]：放射能濃度が低い RI 等であって，危険性が少ないもの．
[*2]：RI 等で汚染されたものであって，危険性が極めて少ないもの．
[*3]：特別型 RI 等とは表 IV-2-23 のような基準を満たすものである．特別型 RI 等以外のものには，特別な基準はない．
[*4]：A1 値および A2 値：核種が 1 種類の場合の例を表 IV-2-24 に示す．

表 IV-2-23 RI 等の型の基準

RI 等の型	基準
特別型 RI 等	容易に散逸しない固体状の RI 等または RI 等を密封したカプセルであって，以下の基準を満たすもの 1. 外接する直方体の少なくとも 1 辺が 0.5 cm 以上 2. 下記の条件に適合するもの ・衝撃，打撃試験で損壊しないこと． ・加熱試験で溶融または分散しないこと． ・浸漬試験で水中へ 2 kBq を超えて漏洩しないこと．
特別型 RI 等以外のもの	特記事項なし

表 IV-2-24 核種が明らかであり，かつ 1 種類の RI 等の数量の A1 値および A2 値の例

原子番号	RI	特別型 RI 等の数量：A1 値 (TBq)	特別型 RI 等以外のものの数量：A2 値 (TBq)
1	^{3}H	40	40
6	^{14}C	40	3
15	^{32}P	0.5	0.5
15	^{33}P	40	1
53	^{125}I	20	3
53	^{129}I	制限なし	制限なし
53	^{131}I	3	0.7

2）容器運搬時の基準

運搬時に事故を起こさないこと，被曝および汚染防止を図る措置，運搬に関与しない者や車両に対する安全対策等に係る 7 項目の措置が定められている．詳細は省略．

3）規制を受けない運搬

同一管理区域内の運搬，使用施設と廃棄施設間の運搬などの，運搬する時間が極めて短く，かつ障害の恐れがない場合は特別な規制はない．但し，運搬時には線源に応じた安全取扱方法は遵守する．

(3) 事業所外運搬の基準

放射性輸送物の事業所外運搬は，基準に従って表 IV-2-22 のように 8 種類に分類されている．

(4) L 型輸送物

業務従事者が取扱うのは，ほとんどの場合，L 型輸送物または A 型輸送物である．以下では，L 型輸送物の基準について概観する．他の輸送物の基準は省略する．

L 型輸送物の放射能量は，表 IV-2-25 のように物理的性状と RI 等の区分に応じて与えられている．

表 IV-2-25 L 型輸送物の区分と放射能量

物理的性状	RI 等の区分		放射能の量
固体	特別型 RI 等		A1 値の 1,000 分の 1
	特別型 RI 等以外のもの		A2 値の 1,000 分の 1
液体			A2 値の 10,000 分の 1
気体	^{3}H		0.8 TBq
	^{3}H を除く	特別型 RI 等	A1 値の 1,000 分の 1
		特別型 RI 等以外のもの	A2 値の 1,000 分の 1

L 型輸送物とは，以下の 8 項目の技術基準を満たすものである．

- 容易に，かつ，安全に取扱うことができること．
- 温度および内圧の変化，振動などにより，亀裂，破損などの生じる恐れがないこと．
- 表面に不要な突起物がなく表面汚染の除去が容易であること．
- RI と包装材などとが物理的作用または化学反応を生じないこと．
- 弁が誤って操作されないように措置すること．
- 開封時に見やすい位置に「放射性」または「Radioactive」と表示すること．
  - ◆例外：時計その他の機器または装置に含まれる RI 等であって所定の基準を満たす場合は表示を要しない．
- 表面における H_{1cm} 率が 5 μSv/時を超えないこと．
- RI 表面密度が，輸送物表面密度限度を超えないこと．
  輸送物表面密度限度：α 核種 = 0.4 Bq/cm^2，他核種 = 4 Bq/cm^2

▼業務従事者と事業所外運搬
- 通常，業務従事者が事業所外運搬に係わることはない．
- 例外として，放射化した線源を業務従事者自身が事業所間を自家用車で運搬する場合がある．

IV-3
電離放射線障害防止規則

電離則 [16] は，産業において X 線を含めた放射線を使用する労働者の安全を担保するために作られている．IV-1 章で述べたように現在の日本には X 線を使用する学生の安全を担保する法律がない．本章では X 線を使用する学生を念頭において電離則の X 線に関わる項目を中心に解説する．RI に関しては障害防止法に含まれていない項目などを取り上げる．

1 電離則と除染電離則の関係

IV-1 章の図 IV-1-1 に示すように，労働安全衛生法（労安法）および労安法施行令に基づいて，「電離放射線障害防止規則（電離則）」[9, 12, 13, 16] および「東日本大震災により生じた放射性物質により汚染された土壌等を除去するための業務等に係る電離放射線障害防止規則（除染電離則）」[14] が定められている．除染電離則は対象を事故由来放射性物質（事故由来 RI）および事故由来廃棄物等の除染等に係る業務従事者に特化した規則である．図 IV-3-1 に示すように，事故由来 RI および事故由来廃棄物等の除染等の作業を屋外で行う場合は除染電離則の対象となり，作業を屋内で行う場合は電離則の対象となる．除染電離則は規則全体が除染等に関わる内容であるのに対して，電離則では第 4 章第 2 節で除染等を扱っている．以下では，電離則について解説し，除染電離則は扱わない．

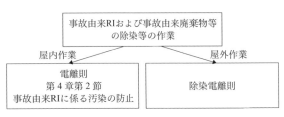

図 IV-3-1 電離則と除染電離則の関係

▼除染電離則はなぜ定められたのか

除染電離則の正式名称は「東日本大震災により生じた放射性物質により汚染された土壌等を除去するための業務等に係る電離放射線障害防止規則」である．2011 年 3 月に発生した東京電力福島第 1 原子力発電所事故に伴う除染，廃棄物収集，運搬等に係る業務従事者の安全を担保するために定められた．

電離則は，業務従事者が屋内の管理区域内で RI を取扱うことを想定して定められている．これに対して，事故による環境汚染は屋外の広範囲に及んでいるばかりでなく放射能濃度分布も不均一であり，一律に管理区域を設定することができない．そのため屋外は通常の RI 管理のように管理区域の出入り管理，空気中濃度管理，排水管理等は不可能である．さらには除染等の作業時には，天候の変化による温度変化への対応，風による粉塵の飛散対策，その他が必須となる．このような屋外の環境

下での除染作業等に従事する業務従事者の外部被曝および内部被曝の対策として，特有の法的な整備が必要であったため除染電離則が定められた．

▼事故由来放射性物質，事故由来廃棄物等とは
- 事故由来放射性物質（事故由来 RI）とは，2011 年 3 月に発生した東京電力福島第 1 原発事故によって放出された RI を言う．
- 事故由来廃棄物等とは，事故由来 RI 濃度が 10,000 Bq/kg を超える除去土壌または事故由来 RI で汚染された廃棄物を言う．詳細は除染電離則［14］参照．

2 電離則の構成

電離則は，電離放射線（放射線）から労働者を保護するための事業者の責務について規定しており，事業者は労働者の放射線被曝をできるだけ少なくするように努力しなければならないとしている．

厚生労働省（厚労省）は，電離則の各条項の趣旨および解釈について労働基準局長通達として都道府県労働局長宛に運用基準を示している．以下では，電離則を主体として，労安法，同施行令，告示，通達の内容を適宜盛り込んである．

電離則は第 1 章 総則，第 2 章 管理区域並びに線量の限度及び測定，第 3 章 外部放射線の防護，第 4 章 汚染の防止（第 1 節 放射性物質（事故由来放射性物質を除く）に係る汚染の防止，第 2 節 事故由来放射性物質に係る汚染の防止），第 4 章の 2 特別な作業の管理，第 5 章 緊急措置，第 6 章 X 線作業主任者及び γ 線透過写真撮影作業主任者，第 6 章の 2 特別の教育，第 7 章 作業環境測定，第 8 章 健康診断，第 9 章 指定緊急作業従事者に係る記録等の提出等，第 10 章 雑則の，全 10 章からなっている．

電離則の内容を整理し，業務従事者に関わりが深い事項を取り上げて解説する．法令の内容は，図 IV-3-2 に示すように(1)安全管理体制，(2)人の安全管理，(3)外部被曝対策，(4)汚染防止対策，(5)施設の管理の 5 項目に整理することができる．

本書では，X 線に関わる事項を中心に扱い，その他の放射線に関わる事項は除く．γ 線透過写真撮影は主に非破壊検査業において行われており，研究・教育ではほとんど行われていないので，γ 線透過写真撮影に関わる事項も省略する．また，(4)の汚染防止対策では，障害防止法には記載されていない事故由来廃棄物等による汚染と関連事項の枠組みについて説明するが，汚染対策の基本は障害防止法で尽くされているので，本章では繰り返さない．作業環境測定のうち空気中濃度の測定については，障害防止法では不十分であるので，簡単に記述する．

X 線装置等の届出の手続きは，電離則には定められていない．労安法および同施行令に記載されているので，本章末で簡単に触れる．

電離則の内容のうち X 線に関する事項は，X 線を扱う学生に準用することができる．

図 IV-3-2 電離則の構成

3 用語

(1) 事業者

労安法では，事業者を「事業を行う者で，労働者を使用する者をいう．」と定義している．事業者は，障害防止法の使用者に当たる．

(2) 放射性物質と放射性同位元素

表 IV-3-1 Th，U，Pu の規制数量

核種	数量（Bq）
Th	3.7×10^6
U	3.7×10^6
Pu	3.7×10^7 (^{243}Pu，^{245}Pu，^{246}Pu は 3.7×10^5)

電離則における放射性物質（RI）は濃度と数量の下限値で定義されており，複数核種に対する扱いも含めて障害防止法における放射性同位元素の定義と同じである．

障害防止法では Th，U，Pu を RI から除いているのに対して，電離則では表 IV-3-1 の数量を超えるとこれらは RI に含まれる．但し，濃度が 74 Bq/g 以下の固体および，数量が 3.7 MBq 以下の密封されたものは RI として扱わない．

(3) 電離放射線

放射線とは，次の粒子線または電磁波を言う．
- α 線，重陽子線および陽子線
- β 線および電子線
- 中性子線
- γ 線および X 線

電離則では，1 MeV 未満の電子線，X 線を放射線に含む．ところが障害防止法ではこれらを放射線に含んでいない．これとは逆に，Ar，Ne 等の重荷電粒子は，障害防止法では放射線に含むが，電離則では含んでいない．

(4) 放射線装置

下記の装置または機器を放射線装置と言う．
- X 線装置
- 荷電粒子を加速する装置
- X 線管もしくはケノトロンのガス抜きまたは X 線の発生を伴うこれらの検査を行う装置
- RI を装備している機器

(5) 放射線業務

電離則では，放射線業務として下記の 5 項目が指定されている．但し，原子炉，核燃料に係る業務および除染電離則に係る業務は除く．
- X 線装置の使用または X 線の発生を伴う当該装置の検査の業務
- サイクロトロン，ベータトロンその他の荷電粒子を加速する装置の使用または放射線の発生を伴う当該装置の検査の業務
- X 線管もしくはケノトロンのガス抜きまたは X 線の発生を伴うこれらの検査の業務

- 省令で定める RI 装備機器の取扱の業務
- RI または RI で汚染された物（RI 等）の取扱の業務

> **♣除染電離則における放射線業務**
> 除染電離則では以下の 4 業務を放射線業務として指定している．
> 1. 土壌等の除染等の業務，2. 廃棄物収集等の業務，3. 特定汚染土壌等の取扱業務，4. 特定線量下の業務

(6) 管理区域

電離則では，下記の 2 項目のいずれかに該当する区域を管理区域としている．管理区域の内容は障害防止法と同じであるが，表現が異なる（IV-2 章 2 節参照）．
- 外部被曝と内部被曝の実効線量の合計が 1.3 mSv/3 月を超える恐れのある区域
- RI の表面密度が密度限度の 1/10 を超える恐れのある区域

4 安全管理体制

安全管理体制は図 IV-3-3 に示すように，労働者の被曝をできるだけ少なくするための事業者の責務と X 線作業主任者の職務からなる．

図 IV-3-3 安全管理体制

4.1 事業者の責務

事業者は，労働者の被曝をできるだけ少なくするように努める．具体的には，事業者は，X 線作業主任者免許所有者から主任者を選任し，管理を行わせる．
- X 線作業主任者は管理区域ごとに 1 名選任する．
- 選任した主任者の氏名と業務内容を見やすい個所に掲示する．
- 装置内のみ管理区域となっており，かつインターロックを備えた装置を使用する場合は，X 線作業主任者を選任しなくてもよい．但し，安全に関する知識を有する者を管理責任者として選任し次の事項を行わせることが望ましい．
  ○ X 線照射中は，腕，手指などが装置内へ入ることができないように常時安全装置等を有効に保持する．
  ○ 故障など異常時に腕，手指などが入らないように必要な措置を講じる．
- ♣医療用 X 線装置は，医師，歯科医師，診療放射線技師が管理し，定格管電圧が 1 MeV 以上の X 線装置は，第 1 種放射線取扱主任者が管理する．

> **♥非密封 RI 施設の管理責任**
> 労安法，電離則には，非密封 RI 施設を管理するための資格についての定めがない．しかしながら，事業者は，非密封 RI 施設を使用するには使用者として障害防止法に基づいて第 1 種放射線取扱主任者を選任し，管理させなければならない．

4.2　X線作業主任者の選任を要する放射線作業

・X線装置の使用またはX線の発生を伴う当該装置の検査の作業
・X線管もしくはケノトロンのガス抜きまたはX線の発生を伴うこれらの検査の作業

4.3　X線作業主任者の職務

・管理区域を標識により明示する．放射線装置室以外で使用する場合は，焦点および被照射体から5m以内に立入禁止区域の標識を明示する．
　♣医療用X線装置では2m以内を立入禁止区域としている．
・照射筒，絞り，濾過板を適切に使用するように措置する．
・間接撮影，透視，透過写真撮影時の措置に規定されている措置を講じる．
・業務従事者の被曝線量ができるだけ少なくなるように照射条件等を調整する．
・警報装置を点検する．
・照射開始前および照射中は，立入禁止区域に労働者が立ち入っていないことを確認する．
・個人被曝線量計が正しく装着されているか点検する．

5　人の安全管理

図 IV-3-4　人の安全管理

人の安全管理は図 IV-3-4 に示すように，教育訓練，健康診断，被曝管理，管理区域，緊急措置の5項目からなる．

5.1　教育訓練

(1) 教育訓練の科目と時間数

X線装置を用いる透過写真撮影の業務に労働者をつかせる時は，当該労働者に特別の教育を，表 IV-3-2 の科目について，所定の時間以上行う．

　◆撮影の業務は，装置の組み立て，フィルムなどの取り付け，取り外し，作業場所での装置の移動などの関係作業一切を含む．但し，装置の運搬にのみ従事する者（運搬用トラックの運転手）は撮影の業務についているとはみなされないので，教育の対象とならない．

(2) 教育に当たっての留意事項

・受講者，科目などを記録し，3年間保存する．
・臨時，アルバイトなどの短期間の雇用者についても教育を行う．
・実技についての教育は定められていないが，実際の操作なども含めて教育することが望ましい．
・科目の全部または一部について十分な知識および技能を有すると認められる者は当該科目を省略できる．

表 IV-3-2 特別の教育の科目，内容，時間

科目	内容	時間
透過写真撮影作業の方法	作業手順，放射線測定，被曝防止法，事故時の措置	1 時間 30 分
X 線装置の構造および取扱の方法	X 線装置の原理，X 線管，高電圧発生器および制御器の構造および機能，装置の操作および点検	1 時間 30 分
放射線の生体に及ぼす影響	放射線の種類および性質，放射線が生体の細胞，組織，器官および全身に与える影響	30 分
関係法令	労安法，同施行令，同規則，電離則中の関係条項	1 時間
計		4 時間 30 分

5.2 健康診断

事業者は健康診断を実施し，労働者は健康診断を受けなければならない．

(1) 健康診断の枠組みと項目

表 IV-3-3 は健康診断の枠組みについて電離則と障害防止法の比較をあらわしている．表 IV-3-4 は，同様に健康診断の項目の比較をあらわしている．

電離則と障害防止法の内容はほぼ同じであるが，部分的に項目および表現が異なる．最も異なるのは健康診断の回数である．電離則では 6 月以内に 1 回，実質的に 2 回/年であるが，障害防止法では 1 年を超えない期間ごとに 1 回，実質的に 1 回/年としている．

(2) 事業者の責務

- 放射線業務に常時従事する労働者で管理区域に立ち入る者に対して，雇入れまたは当該業務に配置換えの際およびその後は 6 月ごとに 1 回，定期に医師による健康診断を行う．
- 健康診断結果（定期のものに限る）の報告書を，遅滞なく，所轄の労働基準監督署長に提出する．

表 IV-3-3 健康診断の枠組み

法令	電離則	障害防止法
責務	事業者	使用者
対象	常時放射線業務に従事する労働者で管理区域に入る者	放射線業務従事者
最初	雇入れまたは配置換えの際	管理区域初回立ち入り前
定期	6 月以内ごとに 1 回	1 年を超えない期間ごとに 1 回
方法	医師による健康診断	問診および検査または検診

表 IV-3-4 健康診断の項目

電離則	障害防止法
被曝歴の有無の調査と評価	問診：被曝歴の有無
被曝歴を有する場合 ①作業の場所，②内容，③期間，④放射線障害の有無，⑤自覚症状の有無，⑥その他放射線の被曝に関する事項	被曝歴を有する者 ①作業の場所，②内容，③期間，④線量，⑤放射線障害の有無，⑥その他放射線被曝の状況
検査の項目	検査または検診の部位および項目
①白血球数および白血球百分率，②赤血球数および血色素量またはヘマトクリット値，③白内障に関して眼，④皮膚	①末梢血液中の血色素量またはヘマトクリット値，赤血球数，白血球数および白血球百分率，②皮膚，③眼，④その他原子力規制委員会が定める部位および項目

- 健康診断の結果に基づいて電離放射線健康診断個人票を作成し，30年間保存する．
- 健康診断の項目に異常の所見があると診断された労働者の健康を保持するために必要な措置について，医師の意見を聴かなければならない．医師からの意見聴取は，健康診断が行われた日から3月以内に行う．聴取した医師の意見を電離放射線健康診断個人票に記載する．
- 健康診断の結果，放射線障害が生じている，その疑いがある，生じる恐れがあると認められる者に対しては，障害，疑い，恐れがなくなるまで，就業の場所または業務の転換，被曝時間の短縮，作業方法の変更などの健康保持に必要な措置を講じる．

(3) 労働者の対応

- 労働者は，事業者が行う健康診断を受けなくてはならない．
- 事業者が指定した医師による健康診断を望まない場合は，他の医師による健康診断を受け，結果を証明する書面を事業者に提出しても良い．

(4) 電離則における省略等

- 雇入れ，配置換えの際は，線源の種類によっては表 IV-3-4 の検査項目の③を省略できる．
- 定期健康診断で医師が不必要と認めるときは，表 IV-3-4 の検査項目のうち①〜④の全部または一部を省略できる．
- 定期健康診断で，前年の実効線量が 5 mSv を超えず，当該健康診断の属する 1 年間の実効線量が 5 mSv を超える恐れがない者は医師が必要と認めないときは省略できる．
- 事業者は健康診断の際に前回の健康診断後に受けた線量を医師に示す．

5.3 被曝管理

1) 被曝管理の対象
- 被曝管理は放射線業務従事者（業務従事者）に対して行う．
  ◆ 管理区域内で放射線業務に従事する労働者を放射線業務従事者と言う．
- 緊急作業に従事する業務従事者・労働者および管理区域に一時的に立ち入る労働者．
  ◆ ここで言う労働者とは業務従事者以外の緊急作業に従事する者を言う．
- 放射線装置を放射線装置室以外の複数の場所で使用する場合は，各場所が管理区域外であっても，管理区域内と同等の被曝の恐れがある場合は管理区域内作業と同様に労働者の被曝管理を行う．

2) 測定部位と期間

外部被曝の測定部位および内部被曝の測定期間等については IV-2 章の図 IV-2-2，表 IV-2-12 および表 IV-2-13 に同じである．

3) 女性の区分

女性の妊娠に関わる状態による区分については表 IV-2-11 参照．

4) 被曝の限度値

被曝の限度値は表 IV-2-14，緊急時の被曝の限度値は表 IV-2-15 に示す値と同じである．

5) 測定結果の確認と記録等
- 1 日の外部被曝線量 H_{1cm} が 1 mSv を超える恐れがある業務従事者については，外部被曝線量を毎日確認する．

- 外部被曝線量および内部被曝線量は所定の方法で測定，算定し，記録を 30 年間保存する．
  - ◆障害防止法では期限がない．
- 測定結果の集計と記録の期間は，表 IV-3-5 に示す通りである（IV-2 章の表 IV-2-13 参照）．
  - ◆被曝管理の数値目標として 5 mSv/3 月および 1.7 mSv/月が使用される．100 mSv/5 年の年平均値 20 mSv/年を 3 カ月（4 半期）ごとに均等に分配すると 5 mSv/3 月になり，1 月に分配すると約 1.7 mSv/月となる．

表 IV-3-5 測定結果の確認と記録の期間

区分		1月ごと	3月ごと	1年ごと	5年ごと
実効線量	男性および女性 3		○	○	○
	女性 A：女性 1 ＋女性 2 [*1]	○	○	○	○
	女性 A のうち 1.7 mSv/月を超えない女性 [*2]		○	○	○
等価線量	組織別		○	○	
	女性 2（妊娠中）[*3]	○			

* 1：1.7 mSv/月を超える恐れのある女性 A（女性 1 ＋女性 2）は原則として 1 月ごとに集計，管理する．
* 2：1.7 mSv/月を超えない女性 A は，5 mSv/3 月を超えないので，3 月ごとに集計，管理する．
* 3：妊娠中の女性の内部被曝線量および腹部等価線量は妊娠中の合計も記録する．

5.4　管理区域の管理

事業者の責務として，下記の事項が定められている．
- 必要のない者を管理区域へ立ち入らせない．
- 管理区域内の見やすい場所に放射線測定器（個人被曝線量計）の装着に関する注意事項，および事故発生時の応急の措置等の障害防止に必要な事項を掲示する．
- 管理区域内においては，外部被曝と内部被曝の実効線量の和を 1 mSv/週以下にする．
- 管理区域の外側であって，同一労働者が常時滞在する場所では，実効線量が公衆の年限度値 1 mSv（総労働時間 2000 時間換算で 0.5 μSv/時）を超えないようにすることが望ましい．
- X 線照射ボックス付きインターロック型の X 線装置等で外部の実効線量が 1.3 mSv/3 月を超えない場合は，装置等の外部に管理区域が存在しないものとみなすことができる．但し，装置内は管理区域になるので，「装置内のみ管理区域」と標識で明示する．このような装置であっても装置を扱う労働者に対しては安全教育を行う．

> **ビームラインは管理区域？**
> 放射線装置の外部に放射線を取り出す場合：放射線が通過する空間の周囲が管理区域になる．ビームが管内を通過する場合は，ビームラインの管壁の外で 1.3 mSv/3 月以下であれば，管の内部のみが管理区域となる．

5.5　緊急措置

事業者は事故が発生した時には，労働者を現場から退避させるなどの措置を取り，所轄の労働基準監督署長に報告し，労働者に医師の診察または処置を受けさせる．さらに被曝線量を記録し，保管する．

事業者は，労働者に退避前に事故の拡大等を防ぐ応急の措置をとらせることを禁止されていないが，応急の措置を強制してはならない．

(1) 退避と応急の措置

事業者は，下記のような事故が発生し，実効線量が 15 mSv を超える恐れがある区域（危険区域）から，直ちに労働者を避難させなければならない．

事故の内容としては次の通りである．
- RI の取扱中に遮蔽物が破損した場合．
- 放射線照射中に遮蔽物が破損し，照射を直ちに停止することが困難な場合．
- 局所排気装置，密閉設備が故障，破損し，その機能を失った場合．
- RI が多量に漏れ，こぼれ，または散逸した場合．
- RI を装備している機器から線源が脱落した場合，もしくは故障により線源を容器に収納できなくなった場合．
- その他，不測の事態が生じた場合．

(2) 危険区域と応急の措置

- 危険区域を標識で明示する．
- 事業者は労働者を危険区域に立ち入らせない．但し，緊急作業に従事する労働者は除く．

(3) 事故に関する報告

事故が発生したときは，速やかに所轄労働基準監督署長に報告する．

(4) 診察等

次の者には速やかに医師の診察または処置を受けさせる．また，下記②から⑤に該当する者がいる場合は，速やかに所轄労働基準監督署長に報告する (III-5 章 2 節参照)．
① 事故発生時に管理区域内にいた者
② 線量限度を超えて被曝した者
③ 放射性物質を誤って吸入，または経口摂取した者
④ 除染しても表面密度限度の 1/10 以下とならなかった者
⑤ 創傷部が汚染された者

表 IV-3-6　事故時の記録項目

① 実効線量
② 眼と皮膚の等価線量
③ 事故が発生した日時および場所
④ 事故の原因および状況
⑤ 放射線による障害の発生状況
⑥ 事業者が取った応急の措置

(5) 事故に関する測定および記録

事故発生時に危険区域にいた労働者，または緊急作業に従事して被曝した労働者の表 IV-3-6 の事項を記録し，5 年間保存する．

6　外部被曝対策

ここでは外部被曝の安全対策の対象として X 線装置のみを考える．

6.1 X線装置

X線装置とは，労安法が定める危険もしくは有害な作業を必要とする機械であって，X線を発生させる装置を言い，付随的にX線発生を伴うものを除く．
- X線を発生させる装置の例：X線回折装置など
- 付随的にX線発生を伴う装置：ベータトロン・サイクロトロンなどの荷電粒子加速装置，電子顕微鏡，マグネトロンなどの真空管

(1) 管電圧と安全装置による分類

X線装置は，管電圧と安全装置によって図IV-3-5のように分類される．

図 IV-3-5　X線装置の分類

- X線装置とは，X線を発生させるすべての装置を言う．管電圧と安全装置に特別な制限はない．
- X線装置は非特定X線装置と特定X線装置に分けることができ，特定X線装置は工業用等のX線装置と医療用の特定X線装置に分かれる．
- ◆非特定X線装置の名称は筆者によるものであり，法令用語ではない．

(2) 使用法による分類

X線装置は，図IV-3-6のように透過撮影または透視に用いられる．使用方法は各々直接法と間接法に分かれる．

(3) 遮蔽による分類

X線装置は，図IV-3-7のように遮蔽の有無によって分けられる．遮蔽設備には照射ボックス，含鉛防護カーテンなどが使用されている．遮蔽設備には，インターロック機能が付加されたものもある．

図 IV-3-6　X線装置の使用法による分類

- 照射ボックス：遮蔽された構造の箱
- 防護カーテン：空港の手荷物検査装置，生産ラインでの物品検査

図 IV-3-7　遮蔽による分類

6.2 特定X線装置および非特定X線装置

特定X線装置とは，波高値による定格管電圧が10 kV以上のX線装置を言う．

使用時には，利用線錘の放射角が，使用目的を達するために必要な角度を超えないようにするための厚労大臣の定める規格をみたした照射筒または絞りを用いる（次小節参照）．但し使用目的が妨げられる場合は，この限りではない．

定格管電圧が10 kV以上であっても特定X線装置から除かれる装置は，次の通りである．
- X線またはX線装置の研究または教育のため，使用のつど組み立てる物．

- 厚労大臣によって医療機器として定められた医療用X線装置および医療用X線装置用X線管．

非特定X線装置は次の通りである．
- 上記の研究または教育のため，使用のつど組み立てるX線装置，研究者が手作りしたり改造したX線装置など．
- 定格管電圧10 kV未満のX線装置．

6.3　工業用等の特定X線装置

工業用等の特定X線装置の構造規格は以下の通りである．
- X線管の焦点から1 mの距離において利用線錐以外の部分のX線の空気カーマ率が，装置の区分に応じて，表IV-3-7の値以下となるように遮蔽する．
  - ♣医療用の特定X線装置の規格は表IV-3-8の通りである．
- コンデンサ式高電圧装置を有するX線装置のX線管の漏洩線量：通電状態にあって，照射時以外のとき，X線装置の接触可能表面から5 cmの距離における空気カーマ率が20 μGy/時以下になるように遮蔽する．
- 照射筒，絞り，濾過板を取り付けることができる構造とする．
- 照射筒壁または絞りを透過したX線の空気カーマ率を，X線管の焦点から1 mの距離において，X線装置の区分に応じ，表IV-3-7の値以下とする．
  - ♣医療用の特定X線装置については，表IV-3-8の値以下とする．
- X線装置には，見やすい個所に，定格出力，型式，製造者名および製造年月日を表示する．

表IV-3-7 工業用等の特定X線装置の，X線管，照射筒，絞りの遮蔽能力

X線装置の区分	空気カーマ率
定格管電圧波高値が200 kV未満	2.6 mGy/時
定格管電圧波高値が200 kV以上	4.3 mGy/時

表IV-3-8 医療用の特定X線装置の，X線管，照射筒，絞りの遮蔽能力

X線装置の区分	位置	空気カーマ率
治療用，管電圧50 kV以下	接触可能表面から5 cm	1.0 mGy/時
治療用，管電圧50 kV超	接触可能表面から5 cm	10 mGy/時
	X線管焦点から1 m	300 mGy/時
口内法撮影用，管電圧125 kV以下	X線管焦点から1 m	250 μGy/時
その他	X線管焦点から1 m	1.0 mGy/時

6.4　非特定X線装置の安全対策

- 非特定X線装置は放射線装置の定義に含まれている荷電粒子加速装置，X線の発生を伴う装置などと同じく放射線装置室内で使用する．
- 電離則では，非特定X線装置のみを対象とした特有の安全対策を定めていない．この点が，特有の安全対策が定められている特定X線装置とは異なる．

6.5 工業用等の特定X線装置の安全対策

工業用等の特定X線装置を使用するときの安全対策は図IV-3-8のように5項目からなる.

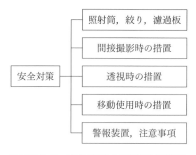

図 IV-3-8 工業用等の特定X線装置の安全対策

(1) 照射筒，絞り，濾過板

1) 照射筒，絞り

工業用等の特定X線装置を使用するときには，照射筒，絞りを用いて利用線錐の放射角が必要な角度を超えないようにする．つまり照射筒，絞りを使って遮蔽し，利用線錐の範囲を限定する．

- スリットやピンホールなどのコリメータは照射筒とみなされる．
- 被照射体の大きさ，形状によって照射筒，絞りが作業を妨げる場合は，これらを使用しなくても良い．

▼例外の例：X線厚さ計
　この装置は，照射筒や絞りを用いなくても十分利用線錐の範囲が限定されているので，照射筒や絞りを付加すると装置の機能が失われる．

2) 濾過板

工業用等の特定X線装置を使用するときには，濾過板を用いる．但し，軟線を使用する作業や労働者が軟線を被曝する恐れがない場合は，濾過板を用いなくて良い．

- 濾過板は不要な低エネルギーX線（軟線）を除くために用いる（III-4章2節コラム参照）．
- 蛍光X線分析のように軟線を利用する場合は濾過板を使用しない．

♣医療用の特定X線装置の濾過板については，[17] 参照．

(2) 間接撮影時の措置

間接撮影時には次の6点に留意する．①②については図IV-3-9参照．

①X線管焦点と受像器間距離において，X線照射野が受像面を超えないようにする．必要以上に利用線錐を広げないようにして，不要に被曝することを避けるためである．

②受像機の1次防護遮蔽体は，受像機を透過したX線量が装置の接触可能表面から10 cmの距離における自由空気中のカーマ（空気カーマ）が1回の照射につき $1.0\,\mu Gy$ 以下になる能力を有することとする．受像機とは蛍光管，蛍光増倍管などを言う．

♣この措置は，医療用の特定X線装置のうち，胸部集検用間接撮影X線装置が対象となる．

③被照射体の周囲には，箱状の遮蔽物を設け，その遮蔽物から10 cmにおける空気カーマが1回の照射で $1.0\,\mu Gy$ 以下

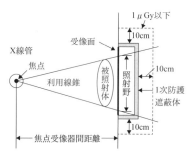

図 IV-3-9 間接撮影時の措置

にする．被照射体からの散乱線を遮蔽する．

♣この措置は，医療用の特定X線装置のうち，胸部集検用間接撮影X線装置が対象となる．

④X線照射ボックス付きインターロック型の特定X線装置の場合は，必ずしも①〜③の措置は必要ない．

▼**X線照射ボックス付きインターロック型の特定X線装置**
- 作業に従事する労働者の身体の全部または一部がその内部に入ることのないように遮蔽されている構造であること．
- ボックスの扉を開くと自動的にX線の発生が止まるか，シャッターが閉じる機能を有すること．
- インターロックを容易に解除できないこと．鍵の扱いに関してはIII-4章参照．
---

⑤移動使用時には，②および③の措置を必要としないが，立入禁止区域を設ける．

⑥撮影時に労働者が1mSv/週以下の場所に退避できる場合は③の措置を要しない．

(3) 透視時の措置

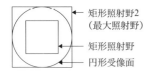

図IV-3-10 円形受像面と矩形照射野との関係

透視には，直接透視と間接透視がある．最近は大量被曝の危険があるため，直接透視は行われていない．本項では間接透視について述べる．

①透視の作業位置で，X線を止める，または絞りを全閉にできる設備を設ける．

②定格電流の2倍以上の電流がX線管に流れた時には，直ちにX線管回路が解放され電流が流れないようにする自動装置（自動遮断装置）を設ける．

♣医療用の特定X線装置の場合：透視時間を積算でき，かつ透視中に一定時間経過後に警告音を発するタイマーを有する場合は，自動遮断装置を設ける必要はない．

③X線管焦点と受像器間距離において，X線照射野が受像面を超えないようにする．

但し受像面が円形で，X線照射野が矩形の場合は，図IV-3-10のように最大照射野は矩形が受像面に外接する大きさとする．

④利用線錐中の受像機を透過した空気カーマ率がX線管焦点から1mの位置で17.4μGy/時以下とする．

♣医療用の特定X線装置の場合は，150μGy/時以下とする．

⑤最大照射野から3cmを超える部分における空気カーマ率がX線管焦点から1mの位置で17.4μGy/時以下とする．

⑥被照射体の周囲には，利用線錐以外のX線，すなわち散乱線を有効に遮蔽する設備を設ける．

⑦X線照射ボックス付きインターロック型の特定X線装置の場合は，必ずしも①〜③の措置は必要ない．

⑧放射線装置室以外の場所で使用する場合は，①〜⑥の措置は困難であるので，次項の移動使用時の措置に従う．

(4) 移動使用時の措置

X線装置を放射線装置室以外の場所で使用するとき（移動使用時）は，図IV-3-11のように立入禁止区域を設け，管電圧に関わらず以下の措置を行う．

- 立入禁止区域：X線管焦点または被照射体から5m以内の場所を立入禁止区域とする．立入禁止区域はX線管焦点または被照射体との距離を離すことによって，X線管からの透過線と散乱線，および被照射体からの散乱線を低減させるために設ける．
  - ♣医療用の特定X線装置の場合の立入禁止区域は，2m以内である．
- 立入禁止区域内に労働者を立ち入らせない．
  例外：実効線量が1mSv/週以下の場所であれば立入禁止区域であっても入ってよい．
- 立入禁止区域を標識で明示する．
- 放射線は労働者が立ち入らない方向へ照射するか，または遮蔽する．つまり，放射線を照射する方向へ労働者を立ち入らせない．
- 150kVを超えるX線装置等に電力が供給されている場合は，自動警報装置を設ける（次項参照）．

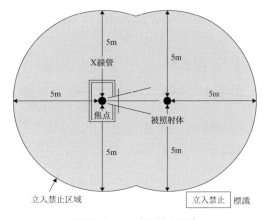

図 IV-3-11 立入禁止区域

(5) 警報装置等，注意事項

1) 警報装置

X線装置を放射線装置室内で使用するとき，下記の場合は自動警報装置で，その旨を関係者に周知させる．但し，X線装置を放射線装置室以外の場所へ移動させて使用する場合，および150kV以下のX線装置を使用する場合を除く．

- X線装置に電力が供給されている場合．
- X線管もしくはケノトロン管のガス抜きまたはX線の発生を伴うこれらの検査を行う装置に電力が供給されている場合．

2) 周知の方法

周知の方法には表IV-3-9に示すように3種類がある．

表 IV-3-9 周知の方法

周知の方法	例	備考
自動警報装置	回転赤色灯，電鈴，ブザー	自動警報装置とは，照射中または通電中は継続して警報を発する装置を言う．警報の方法は指定されていない．
自動でない警報装置	手動によるブザー，表示灯	X線装置を放射線装置室以外の場所で使用する場合，および150kV以下のX線装置を使用する場合は自動でなくても良い．
注意事項等の掲示	以下を記したプレートなど ・測定器の装着に関する注意事項 ・事故発生時の応急の措置 ・RI取扱上の注意事項 ・健康障害の防止に必要な事項	放射線障害の防止に必要な事項を管理区域内の見やすい場所に掲示する．

7 汚染の防止対策

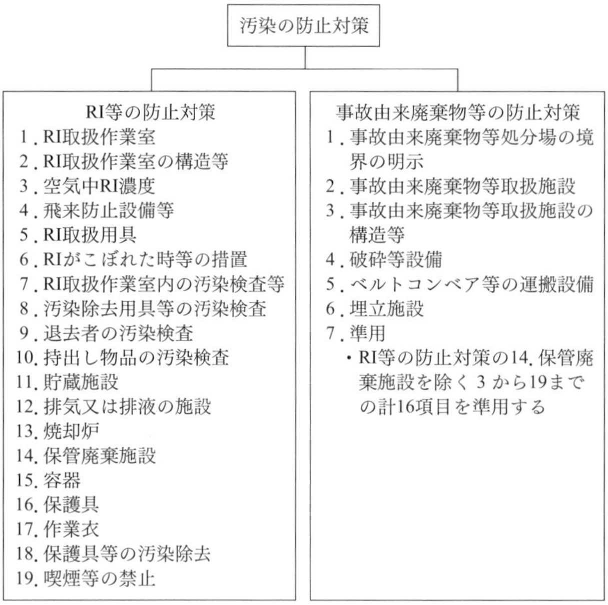

```
              汚染の防止対策
                   │
        ┌──────────┴──────────┐
    RI等の防止対策          事故由来廃棄物等の防止対策
 1. RI取扱作業室          1. 事故由来廃棄物等処分場の境
 2. RI取扱作業室の構造等      界の明示
 3. 空気中RI濃度          2. 事故由来廃棄物等取扱施設
 4. 飛来防止設備等          3. 事故由来廃棄物等取扱施設の
 5. RI取扱用具              構造等
 6. RIがこぼれた時等の措置   4. 破砕等設備
 7. RI取扱作業室内の汚染検査等 5. ベルトコンベア等の運搬設備
 8. 汚染除去用具等の汚染検査  6. 埋立施設
 9. 退去者の汚染検査       7. 準用
10. 持出し物品の汚染検査      ・RI等の防止対策の14. 保管廃
11. 貯蔵施設                棄施設を除く3から19まで
12. 排気又は排液の施設        の計16項目を準用する
13. 焼却炉
14. 保管廃棄施設
15. 容器
16. 保護具
17. 作業衣
18. 保護具等の汚染除去
19. 喫煙等の禁止
```

図 IV-3-12 RI等および事故由来廃棄物等の汚染防止対策の比較

汚染の防止対策は，図 IV-3-12 に示すように，RI等（p. 179）の防止対策と事故由来廃棄物等（p. 183）の防止対策とに分かれる．RI等に対しては19項目の防止対策を取り上げているのに対し，事故由来廃棄物等の防止対策に対してはRI等の防止対策の19項目の内の16項目に加えて事故由来廃棄物等に特有な6項目，計22項目が盛り込まれている．室，施設・設備とあるのは汚染防止のためにこれらを使用することを意味する．

事故由来廃棄物等の処分を行う事業者を処分事業者と言い，事故由来廃棄物等の汚染防止対策は処分事業者に課せられている．処分事業者は極めて特殊な事業者であるので，本節では汚染防止対策の概要を紹介することにとどめ，関連事項の詳細な解説は省略する．

RI等の汚染防止対策は，障害防止法および非密封線源の安全取扱にほぼ同じであるので省略する．障害防止法と電離則では若干異なる点もある．表 IV-3-10 はこれらの事項のいくつかの比較を示している．

No 1. 空気中RI濃度では，電離則の方がより厳しい基準を設けている．

No 2. 人体，作業衣等の表面汚染では，電離則では除染基準を表面密度限度の1/10以下としているのに対して障害防止法では基準値を明記していない．障害防止法では，完全に除染されなければ廃棄しなければならないとの解釈もできる．この場合は，障害防止法の方がより厳しい基準を設けているとみなすこともできる．

No 3. RI取扱用具の使い分けは，障害防止法では特に記載がないが，電離則では明記されている．

No 4. 汚染除去用具等の汚染検査は，電離則には対応が明記されている．障害防止法には特記され

表 IV-3-10 障害防止法と電離則での表現の違い

No	事項	障害防止法	電離則
1	空気中RI濃度	濃度限度を超えない．	濃度限度の1/10以下にする．
2	人体，作業衣等の表面汚染	汚染時は除染または廃棄．	汚染時は，表面密度限度の1/10以下まで除染する．
3	RI取扱用具の使い分け	特記なし．	・RIの取扱に用いる鉗子等の用具にはその旨を表示し，他の用途に使用しない． ・用具を使用しないときは，汚染を容易に除去できる構造及び材料の用具掛け，置台等で保管する．
4	汚染除去用具等の汚染検査	特記なし．	・除染または清掃を行ったときは，使用した用具を検査し，表面密度限度以下でないと労働者に使用させない． ・用具を保管する場合は，その旨を明記した標識を掲げる．

ていないが，No 2 の汚染時に相当するものとし，除染または廃棄すると解釈することもできる．

8 施設の管理

施設の管理では，労働者の被曝線量を限度値以下とするために，施設に求められる線量限度の基準が遮蔽等によって担保されていることが要求される．担保されているかを確認するために作業環境の測定が行われる．

(1) 施設等の線量限度

放射線装置室，RI 取扱作業室，貯蔵施設，保管廃棄施設，事故由来廃棄物等取扱施設は，労働者が立ち入る場所について外部被曝と内部被曝の実効線量の合計を 1 mSv/週以下にしなければならない．
・外部被曝対策として遮蔽壁，防護衝立などの遮蔽物を設ける．
・内部被曝対策として局所排気設備，放射性ガス，蒸気，粉塵の発生源を密閉する設備を設ける．

(2) 放射線装置室

放射線装置は，専用の室（放射線装置室）を設け，その室内に設置する．専用の室とは，放射線装置の使用以外の用途に使用されない室を言う．一室内に複数の放射線装置を設置しても良い．また，X 線装置と γ 線照射装置を併設しても良い．

但し以下の場合は，例外として放射線装置室外でも使用できる．
・装置の外側におけるどの部分でも H_{1cm} 率が 20 μSv/時を超えないように遮蔽された装置を使用する場合（X 線照射ボックス付き X 線装置：図 III-4-19 参照）．
・放射線装置を随時移動させて使用する場合（6.5 小節「工業用等の特定 X 線装置の安全対策」参照）．
・放射線装置を放射線装置室内に設置することが，著しく使用の目的を妨げる，あるいは作業の性質上困難な場合．

放射線装置室の入口に，放射線装置室であることを明記した標識を掲示する．必要のある者以外は立ち入らせない．

(3) 貯蔵施設，排気または排液の施設，保管廃棄施設

これらの施設の基準は，障害防止法の基準内にあり，特記事項もないので，詳細は省略する．

(4) 事故由来廃棄物等に係る施設，設備

これらの施設，設備には下記のものがある．①〜⑤は事故由来廃棄物等に係る施設に特有な施設であるが，⑥〜⑧は前項に同じである．
① 事故由来廃棄物等処分場　　② 事故由来廃棄物等取扱施設
③ 破砕等設備　　　　　　　　④ ベルトコンベア等の運搬設備
⑤ 埋立施設　　　　　　　　　⑥ 貯蔵施設
⑦ 排気または排液の施設　　　⑧ 保管廃棄施設

表 IV-3-11　線量当量率等の測定期間

期間	条件
1回/6月以内	放射線装置を固定使用する場合で，使用方法および遮蔽物の位置が一定している場合
1回/1月以内	放射線装置が固定されていない場合

表 IV-3-12　線量当量率等の記録項目

1	測定日時	6	測定器の種類，型式，性能
2	測定方法		
3	測定箇所	7	測定者の氏名
4	測定条件	8	測定結果に基づいて実施した措置の概要
5	測定結果		

(5) 作業環境の測定

1) 作業環境測定を行うべき作業場
・管理区域内
・RI 取扱作業室
・事故由来廃棄物等取扱施設

2) 線量当量率等の測定
測定は，測定器を用いて外部被曝による線量当量（H_{1cm}，$H_{70\mu m}$）率または線量当量を測定する．
・測定期間：測定期間と条件は表 IV-3-11 の通りである．
・記録：表 IV-3-12 の 8 項目を記録し，5 年間保存する．
・測定対象量
　○ H_{1cm} または H_{1cm} 率を測定する．
　○ $H_{70\mu m}$ が H_{1cm} の 10 倍を超える恐れがある場合は，$H_{70\mu m}$ または $H_{70\mu m}$ 率も測定する．
・測定が著しく困難な場合は計算により被曝線量を算出する．
・結果の周知：周知方法は特に定められていないが，下記の措置が望ましい．
　○測定または計算結果は，見やすい位置に掲示する．
　○測定点，測定日時，測定値等を作業室の平面図等に記入しておく．

3) 放射性物質の濃度の測定
RI 取扱作業室および事故由来廃棄物等取扱施設の空気中濃度が，濃度限度値以下であることを確認するために測定し，記録する．
・測定は 1 月以内ごとに 1 回行う．
・測定は測定器を用いて行う．
・線量当量率等の測定と同じく表 IV-3-12 の 8 項目を記録し，5 年間保存する．

9　手続

下記の届出および罰則については労安法に定められており，電離則には記載されていない．

(1) 届出

放射線装置および放射線装置室を設置，移転，主要構造部を変更しようとする時は，労安法および同施行規則（IV-1 章図 IV-1-1 参照）に従って当該工事の開始 30 日前までに，必要書面を添えて所轄の労働基準監督署長に計画を届け出る．

(2) 罰則

1）労安法の規程に違反した場合は，行為者が罰せられるほか，法人も罰金刑を受ける．
2）6月以下の懲役または50万円以下の罰金の例
・作業主任者を選任し，厚労省令で定める事項を行わせなかった場合．
・放射線による健康障害を防止するために必要な措置を取らなかった場合．
・特別の教育を行わなかった場合．
・作業環境の測定および測定結果の記録を行わなかった場合．
3）50万円以下の罰金の例
・X線装置を未届で使用，または主要部を変更した場合．
・健康診断の結果を記録しなかった場合．

第 V 部

放射線の利用例

　放射線は私どもの日常生活の中に深く入り込んで利用されているが，意識することはほとんどないであろう．放射線の利用には，放射線や放射性同位元素を直接使用する場合もあれば，放射線を利用して作られた材料を部品として，あるいは消費材として使用する場合もある．放射線は幅広く学術研究において利用されており，研究成果の中には産業利用されているものも多い．ここでは，放射線が多様な分野において利用されていることを紹介する．

V-1
放射線利用の概要

　放射線，放射能がどのように利用されているのかを放射線の利用方法，種類，利用対象によって整理した例を図 V-1-1 に示す．

　放射線の利用方法は，大きく放射性同位元素（RI）のトレーサー利用と放射線照射利用に分けることができる．トレーサーは，RI の動きを追跡することによって特定の物質の動きを調べる方法である．照射は放射線と物質の相互作用を利用して物質の性質を調べる，あるいは物質の変化を利用する方法である．

　トレーサー利用は，長年生命科学分野において DNA の塩基配列の決定や農作物の肥料の吸収の分析などの幅広い対象に用いられてきた．近年では高感度の蛍光物質検出手法が開発されたことにより伝統的なトレーサー利用は激減しているが，RI なくしては分析が不可能な対象も多いため，有力な分析ツールとして利用され続けている．一方，医療分野では，ポジトロン核種をトレーサーとする PET は基盤技術として定着し，拡大している．この PET を動植物の機能分析へ応用するなど，新しいトレーサー技術の利用も急速に広がりつつある．このようにトレーサー利用は，分野により消長が激しい．

　放射線照射利用では，放射線と物質との相互作用の結果生じる電離，散乱，電子対生成，核変換，透過などの一次現象に加えて蛍光作用，放射線化学反応，写真作用などの二次現象も利用している．放射線利用の目的に応じて放射線によって起こされる現象を単独であるいは巧みに組み合わせて放射線は利用されている．

　利用例の例示方法にはいろいろ考えられるが，本書では，医療，学術研究，産業，市民生活の 4 つ

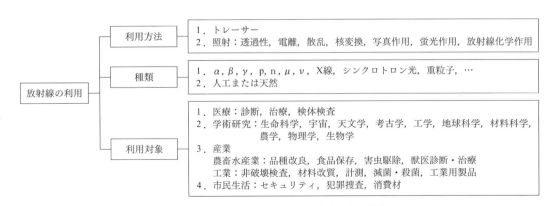

図 V-1-1　放射線の種類，利用方法，利用対象

の分野に分けて例示した．利用には多数の例があるが，その中から一般的に知られている例を中心に最新の利用例も取り上げた．紙数に限りがあるため，残念ながら多くの興味ある例を取り上げることができなかった．関心のある方は，関連書籍を参照願いたい．

医療では，放射線は診断や治療において欠くことができない手段として利用されている．伝統的な診断や治療技術はさらに進歩しつつあるが，最近では，これまでそれぞれ単独で使用されていた技術を組み合わせて，より高機能な装置が開発され，普及しつつある．CTとPETを組み合わせたPET/CTはその典型であろう．このような技術に支えられて放射線は医療においてますます重要な役割を果たしているが，医療被曝の問題を無視することはできない．わが国の国民の医療行為による放射線被曝線量は世界で最も多い．そこで医療における放射線利用を幅広く紹介すると共に，日本における医療被曝の実態を知る上で参考となるデータを少し詳しく示した．

学術分野においては，放射線を用いる伝統的な物質の構造分析やRIを用いる生体内微量物質の検出などは研究の必須の基盤技術となっており，多様な研究成果を支えている．一方，自然の放射線を用いた銀河の観測や火山の透視などの手法はこれまで思いもよらなかったものであり，興味を引かれる．放射線，RIには自然または人工起源のものがあるが，その性質は起源によらず両者ともに同じである．日常生活の中で利用されている放射線はほとんど人工起源のものであるが，地球規模の探査などには自然起源の放射線が利用されている．あまりなじみがない自然起源の放射線の利用に理解を深めてもらうために，学術研究例の中であえて放射線の種類に人工または自然を区別して例示した．

産業利用では農畜水産分野での品種改良，害虫駆除，食品照射などにおいて目覚ましい成果を上げており，我々の食生活を豊かにしてくれている．工業利用では非破壊検査や厚さ計などの検査・計測技術は生産性の向上や品質管理に多大な寄与をしている．また，放射線による材料改質技術は耐熱電線，強化ゴムなどを生み出し，製品の質と機能の向上になくてはならない技術となっている．このように，放射線は産業のインフラとして必須の技術を提供している．

市民生活では，空港などにおいてセキュリティ対策としてX線検査装置が使用されていることはよく知られている．一方，自然放射性物質が含まれる消費材が出回っていることを知る人は少ないのではないだろうか．これらの消費材の機能については不明なことが多いので慎重さが求められる．ここでは，そのことへの注意喚起の意味も込めて取り上げた．

V-2
医　　療

1　医療での利用

(1)　X線検査および治療

1) X線一般撮影

単純X線写真は，頭頸部，胸部，腹部，脊椎，四肢，軟部組織などにおいてその部位の概観像を取得する検査として重要である．なかでも胸部疾患の診断においては重要性が高い．しかし単純写真は繁用されているものの，肺や骨を除けば，臓器を明瞭に描出できないので，有用性には限界がある．

図V-2-1は，右前腕骨の正面像を示している．右橈骨遠位部が骨折している．右尺骨茎状突起にも骨折がある．

図V-2-2は右肺癌の胸部単純写真である．右中肺野に巨大な肺癌が見られる．

図V-2-3は，胃のX線検査写真であり，硫酸バリウムを造影剤として撮影した立位正面充満像(1)でははっきりしないが，腹臥位充満像(2)では胃角部前壁大弯側に進行胃癌が描出されている．

2) X線CT（computed tomography）

CTはコンピュータを用いて合成したX線断層撮影法のことである．X線を発生するX線管球と対向した高感度の検出器が体の周囲を回転してデータを取る．最近ではX線管球と検出器が連続して

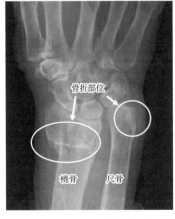

図V-2-1　右前腕骨の正面像

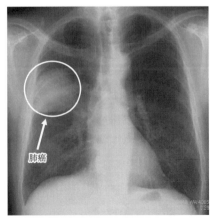

図V-2-2　右肺癌の胸部単純写真

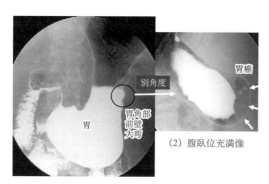
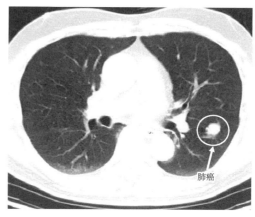

図 V-2-3 胃のX線検査写真

図 V-2-4 肺の胸部CT写真

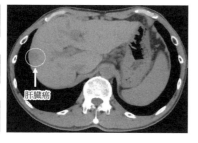
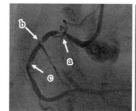
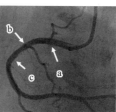

図 V-2-5 肝臓の腹部CT写真

図 V-2-6 右冠動脈造影写真

らせん状に回転してデータを取得する方法（helical scan）を使い，体軸方向に多列式の検出器を使う方法（multidetector-row helical CT；MDCT, multi-slice CT）で撮影される．

図 V-2-4 は，肺を対象にした胸部CT写真である．左肺の○印の部分に癌が描出されている．

図 V-2-5 は，肝臓を対象とした腹部CT写真である．(1)単純CT写真の○印の部分に肝細胞癌が疑われる像が観察される．(2)造影CT写真では(a)動脈相で濃染され，(b)門脈相および(c)平衡相で正常肝実質より濃染されていないので，肝細胞癌と診断できる．

3）IVR（interventional radiology）

血管造影の技術を応用して検査や治療を行う方法である．一般には，鼠径部の大腿動脈や腕の尺骨動脈から血管内にカテーテルを挿入し，目的動脈まで誘導し造影剤を用いて診断したり，塞栓物質などを用いて治療したりする方法である．

図 V-2-6 は，右冠動脈造影写真である．(1)治療前の写真では，矢印の3カ所に狭窄部位が見られ，その内近位部（proximal）のaおよび中間部（middle）のbとcは90％狭窄している．(2)治療後の写真では，ステント留置により狭窄した血管が拡張され，血流が正常に戻っている．

(2) 核医学検査および治療

1）検査

放射性同位元素で標識した薬剤を静脈注射，内服，吸入により体内に入れて，目的臓器に集積した放射性薬剤が放出するγ線を検出器で検出して診断を行う方法である．

① SPECT（single photon emission computed tomography）

検出器を体の周囲を回転させて断層像を撮影する方法である．

図 V-2-7 は，^{123}I-IMP（N-isopropyl-p-^{123}I-iodoamphetamine）を静脈注射したときの頭部の SPECT（横断像）である．(1)は正常像であり，(2)はアルツハイマー型認知症の例である．アルツハイマー型認知症では矢印の両頭頂葉，両側頭葉の血流低下が見られる．通常は脳全体の断層像を見て診断を行うが，ここでは脳全体の断層像（約 30 スライス）のうち 1 スライスのみを表示している．

② PET（positron emission tomography）

PET は陽電子を放出する核種を用いて集積する部位の断層像を撮影する方法である．PET/CT は，PET 装置と X 線 CT 装置が複合された装置を使って同じ体勢で PET と CT 画像の両方を得ることができる検査である．PET に比べ PET/CT の方が解剖学的な構造がよくわかる．なお，PET/CT 画像はカラー画像のみが出力されるが，図 V-2-8 および図 V-2-10 では PET/CT 画像の特徴を示すためにモノクロ画像として提示してある．

図 V-2-8 は肺癌部位の PET 画像と PET/CT 画像を比較したものである．(1)は，^{18}F-FDG（fluorodeoxyglucose）を静脈注射した

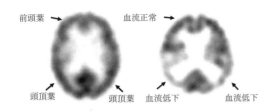

図 V-2-7 頭部の SPECT 画像

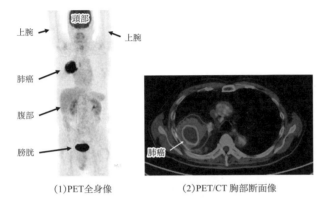

図 V-2-8 全身の PET 画像と PET/CT 画像の比較

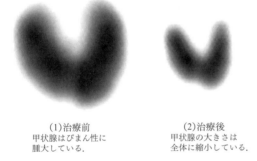

図 V-2-9 バセドウ病の ^{131}I 内用療法

ときの全身の PET 画像，(2)は胸部断面の PET/CT 画像である．右中肺野に巨大な肺癌がある（胸部単純写真（図 V-2-2）と同一症例）．

2）内用療法（内照射治療）

β 線を放出する核種（^{131}I，^{89}Sr，^{90}Y）や α 線を放出する核種（^{223}Ra）を用いて特定の疾患の治療を行う方法である．

① ^{131}I によるバセドウ病治療

甲状腺濾胞上皮に無機ヨードが取り込まれる性質を利用し，^{131}I の β 線によって内部照射治療が可能である．^{131}I を経口投与する．図 V-2-9 はバセドウ病に対する ^{131}I 内用療法の例を示している．(1)は治療前の腫大した甲状腺の SPECT 画像であり，(2)は内用療法後の正常な甲状腺の SPECT 画像である．治療前には甲状腺重量が 500 g 近くあったが，治療後は 100 g 以下になり，採血にて甲状腺機能は正常範囲になったことが確認された．

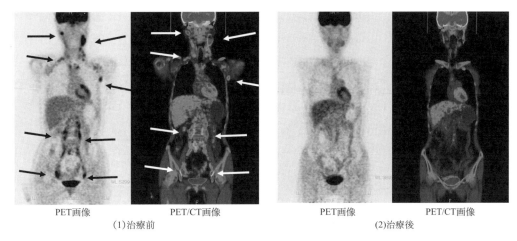

図 V-2-10 悪性リンパ腫の^{90}Y による治療

② ^{131}I による分化型甲状腺癌（全摘後）の治療

分化型甲状腺癌（全摘後）の転移巣の治療やアブレーション（残存甲状腺組織の除去）治療が広く行われている．

③ ^{89}Sr-Cl$_2$（塩化ストロンチウム）による骨転移疼痛緩和治療

ストロンチウムはカルシウム系列なので静脈注射すると骨に選択的に摂取される．癌の骨転移による関節の疼痛緩和治療に有用である．1回の治療で3ヶ月程度効果が持続するので患者に喜ばれることが多い（この例では^{89}Srはβ線放出核種であるので，画像は得られない）．

④ ^{90}Y による悪性リンパ腫治療

CD20抗原陽性のB細胞性リンパ腫に対するモノクローナル抗体（イブリツモマブ）に^{90}Y を標識し選択的に治療する方法である．

図 V-2-10(1)の悪性リンパ腫の治療前の^{18}F-FDG PET, PET/CT 画像では頸部，縦隔，左腋窩，腹部の矢印部分に多数のリンパ節腫大が見られる．(2)^{90}Y ゼヴァリン治療後の^{18}F-FDG PET, PET/CT 画像では，病変は消失している．

⑤ ^{223}Ra による前立腺癌骨転移治療

ホルモン療法が効かない前立腺癌の骨転移に対して，近年行われるようになった．

(3) ^{125}I 密封小線源による前立腺癌治療

β線を放出する^{125}I を前立腺に数十〜100本埋め込んで治療を行う方法である．

図 V-2-11(1)は，前立腺癌の内部に^{125}I シード線源を挿入し，留置した後の前立腺CT画像である．白い楕円内にある白い小さな点一つ一つが^{125}I シードの横断面を示している．(2)は^{125}I シードの形状と寸法を示している．

(4) 重粒子線治療

1) 重粒子線の線量分布の特徴

悪性腫瘍を治療するために各種放射線を外部から照射して治療する方法が盛んに行われている．図V-2-12は，各種放射線の生体内における線量分布を示している．重粒子線や陽子線は，エネルギーに応じてある深さで線量が急に強くなるブラッグピークを形成し，その前後の線量は弱い．ピークの

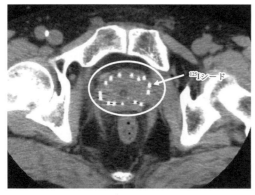
(1) ^{125}Iシード線源を留置した前立腺CT画像

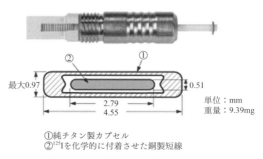
(2) ^{125}Iシード線源

図 V-2-11　^{125}Iシード線源による前立腺癌密封小線源治療

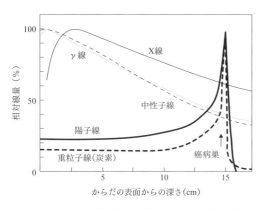

図 V-2-12　各種放射線の生体内での線量分布［1］

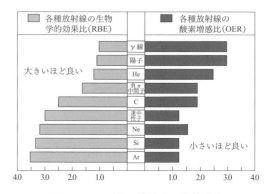

図 V-2-13　重粒子線治療の特徴［1］

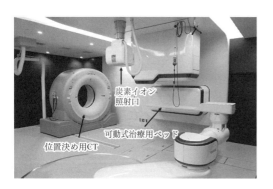

図 V-2-14　重粒子線治療装置の例

神奈川県立がんセンター提供.

部分を癌の患部に合わせることにより，正常組織の障害を少なくし効果的に治療することができる．γ線や速中性子線は身体表面近くで最も強く，深く進むにつれて減弱する．このことは，深部の癌を治療する場合，癌に至るまでに正常組織が障害を受けやすく，また癌より深部の正常組織にまで影響を与えてしまうことを示している．

2）重粒子線の生物学的効果比

図 V-2-13 に示すように重粒子線治療の特徴は生物学的効果比が大きく，酸素増感比が小さいことである．生物学的効果比（RBE）は，放射線の生体に対する作用の程度を示すもので，放射線治療を行う際には，RBE が大きいほど，癌患部の治療効果は大きくなる．酸素増感比（OER）は，癌細胞の放射線に対する感受性の度合いを示すものであり，酸素濃度の低いがんこな癌細胞に対しては，OER が小さいほど，効果的な治療ができる．重粒子線は RBE，OER，線量分布において，他の放射線より優れている．

3）重粒子線治療室の内部

図 V-2-14 は炭素イオン（C$^+$）重粒子線治療室の内部の写真である．位置決め用 CT は癌の部分に

正確に放射線を照射するために照射直前に位置を確認するために用いる．可動式ベッドに横たわることにより，患者は動くことなく CT 撮影と照射を行える．

2　医療被曝

(1) 成人

放射線診断における成人日本人の被曝線量（実測値）を表 V-2-1 に示す．

年々増加する医療被曝に対応するために，原子放射線の影響に関する国連科学委員会（UNSCEAR），国際放射線防護委員会（ICRP），国際原子力機関（IAEA），世界保健機構（WHO）といった国際機関および団体が協力して，エビデンスに基づく医療放射線防護の実現に向けて検討している．その対策のひとつが，防護の最適化のための診断参考レベル（diagnostic reference level：DRL）の策定である．

表 V-2-1　放射線診断での被曝線量（日本人実測値）[2, 3]

検査の種類	実効線量（mSv）
胸部単純撮影	0.06
頭部 CT	0.9
胸部 CT	15
腹部 CT	17
心臓冠動脈 CT	7
心臓冠動脈 IVR	11（カテ治療 43）
上部消化管造影	13（検診 3）

国内では，放射線医療および防護関連学会・機関・大学・職能団体・行政機関などからの参加および関連工業会の協力で，医療被曝研究情報ネットワーク（J-RIME）が組織され，2015 年に実態調査に基づく診断参考レベル（DRLs 2015）が公表されている．

実態調査に基づく診断参考レベルは，一般撮影，マンモグラフィ，CT，核医学等の検査項目ごとにレベルが明記されており，成人，小児も分類されている．

> **医療被曝線量の単位：mGy か mSv か**
> 一般的に被曝線量といえば，実効線量のシーベルト（Sv）で表される．代表的なものが，1 年にヒトが被曝する線量の世界平均が 2.4 mSv といった具合である．医療被曝では，基本的に全身被曝でなく局所被曝であることが普通であり，実効線量で表すことが適切であるかは議論が分かれるところである．近年，策定された医療被曝に関わる診断参考レベルでは，診断装置ごとに測定・評価のしやすい吸収線量（あるいはカーマ）が使用され，その単位はグレイ（Gy）である．

> **診断参考レベルとは**
> ICRP の分類による，職業被曝，公衆被曝，医療被曝のうち，医療被曝は線量限度が設定されていない．これは，線量限度を設定することにより，診断や治療に必要な検査ができなくなり，患者に不利益となることを避けるためである．しかし，現状で，同じ装置，同じ検査でも，医療機関によって患者被曝線量に比較的大きな幅があるため，標準的な被曝線量として，各国の状況に合わせて，被曝線量のレベルを設定するよう ICRP により勧告されている．これを受けて，わが国でも 2015 年 6 月に日本の診断参考レベル（DRLs）が公開された．
> 診断参考レベルにおいて，X 線検査では装置ごと（一般撮影，マンモグラフィ，血管造影・IVR，X 線 CT など）に指標となる吸収線量や空気カーマで，核医学検査ではアイソトープの投与量で，標準的な値が与えられている．

(2) 小児

表 V-2-2 のように，日本の小児診断参考レベルは他国に比べて高い傾向にある．今後，わが国の小児のCT撮影診断参考レベルは，諸外国と同レベルまで低減されることが期待される．

表 V-2-2 小児 CT における他国との診断参考レベルの比較 [4]

CTDIvol.16（mGy）	頭部			胸部			腹部		
	<1歳	1～5歳	6～10歳	<1歳	1～5歳	6～10歳	<1歳	1～5歳	6～10歳
日本 (2015)	38	47	60	11	14	15	11	16	17
IAEA (2012)	29	37.7	46.1	14	16.4	20	21.4	26	24
ドイツ (2006)	33	40	3.5	3.5	5.5	8.5	5	8	13
DLP16（mGy·cm）									
日本 (2015)	500	600	210	210	300	410	220	400	530
ドイツ (2006)	390	520	55	55	110	210	145	255	475
タイ (2012)	400	570	80	80	140	305	220	275	560

❖ CTDI と DLP

CT撮影では，患者の体内および特定の臓器の被曝線量を直接測定することはできない．そこで，人体を模擬したファントムを用いて，その線量を推定する方法が用いられている．

- CT被曝線量指標（CT dose index（CTDI））：
CT撮影では，体をスライスした画像（XY平面画像）を提供する．このときのある特定の位置での線量を推定した値であり，CTDIvol. はその対象部分の体軸方向を加味した値である．
- 体軸方向を加味した CT 被曝線量指標（dose length product（DLP））：
CT撮影では，1回の検査での体軸方向を考慮した容積線量に比例する値である．

(3) 胎児

表 V-2-3 妊娠中の胎児被曝線量（[5]より抜粋）

検査方法	平均線量(mGy)	最大線量(mGy)
一般撮影		
頭部	0.01 以下	0.01 以下
胸部	0.01 以下	0.01 以下
腹部	1.4	4.2
腰椎	1.7	10
骨盤部	1.1	4
CT		
頭部	0.005 以下	0.005 以下
胸部	0.06	0.96
腹部	8	49
腰椎	2.4	8.6
骨盤部	25	79

表 V-2-3 は，ICRP pub. 84 (2000) [5] による妊娠中の胎児被曝線量を示している．一般撮影では胸部X線検査の被曝線量が 0.01 mGy 以下であり，腰椎，骨盤部ではそれぞれ 1.7, 1.1 mGy であった．CT における胎児被曝線量は骨盤部が最も多く 25 mGy であった．

表 I-1-8 のように，現時点では，100 mGy 以下の胎児被曝は，ほとんど問題はないとして良いと考えられている．妊娠をあきらめるかどうかの判断は，感受性の高い 2～25 週での線量 0.1 Gy が目安となるが，線量以外の多くの因子の考慮も必要である．

医療被曝についてさらに深く学びたい場合は，参考文献として文献 [2, 3] や ICRP の刊行物 [5-10] を読まれることをお奨めする．用語集 [11] も役に立つ．

V-3
学術研究

1 放射性同位元素の利用

(1) 生体内物質のイメージング

1) 植物内 RI のイメージング

放射性同位元素（RI）をトレーサーとして植物体内の物質の動きを調べる研究である．東京大学が開発したリアルタイム RI イメージングシステム（real-time radioisotope imaging system：RRIS）では，植物中の RI が放出する放射線を可視光に変換してカメラで撮影することにより，物質の動態を可視化することが可能である（図 V-3-1，[12]）．この方法では，RI が放出した放射線を FOS（fiber optic plate with scintillator）表面のシンチレータ（CsI）により可視光に変換し，それをカメラにより写真撮影する．図 V-3-2 には，RRIS を用いて可視化したリン輸送の時間変化を示す [12]．

2) 植物のポジトロンイメージング

植物ポジトロンイメージング装置（positron emitting tracer imaging system：PETIS）は，人間の医療用に開発された PET（positron emission tomography，ポジトロン断層診断）を植物における物質動態研究に応

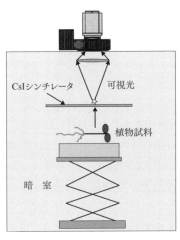

図 V-3-1 リアルタイム RI イメージングシステム（RRIS）[12]

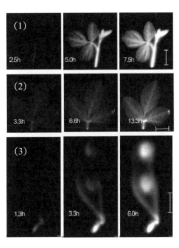

図 V-3-2 RRIS を用いた大豆中の ^{32}P の輸送の可視化（[12] より抜粋）
(1)若い葉の成長点 (2)若い3葉 (3)若い豆．図中のバーは 10 mm を示す．

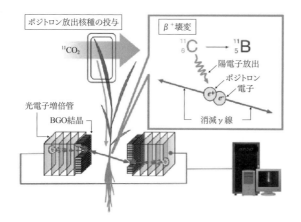

図 V-3-3 PETIS の構造と原理（^{11}C を用いた事例）[13]

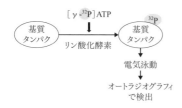

図 V-3-4 ^{32}P 標識 ATP を用いたリン酸化タンパクの検出

用した装置で，日本原子力開発機構により開発された [13]．原理は PET と同じであり，植物に吸収させたポジトロン放出核種から放出されたポジトロンが電子と対消滅したときに放出される消滅 γ 線を，対向配置した 2 次元位置検出型 γ 線検出器で同時に検出し，両検出器への入射位置からポジトロンの消滅位置を求めて，画像化するものである（図 V-3-3）．植物研究に利用できるポジトロン放出核種としては，^{11}C，^{13}N，^{15}O，^{18}F，^{22}Na，^{48}V，^{52}Mn，^{52}Fe，^{62}Zn，^{105}Cd，^{107}Cd などがある．たとえば，イタイイタイ病の原因となったカドミウム（Cd）のイネへの吸収プロセスを明らかにする研究では，^{107}Cd をトレーサーとして用いることにより，その動態を詳細に観察することができる [13]．

(2) 微量物質の検出

1) 生体内物質の代謝研究

生物の主要元素である水素，炭素，リン，イオウについては，入手しやすい RI，^{3}H，^{14}C，^{35}S，^{32}P が存在するため，それらを生体内代謝経路のトレーサーとして用いる研究が盛んにおこなわれてきた．このような RI を人為的に加えた化合物は，RI 標識化合物と呼ばれ，標識アミノ酸や標識ヌクレオチドなどは生体内のタンパク質の代謝研究に用いられている．たとえば ^{32}P で標識した ATP（アデノシン三リン酸）を用いてリン酸化タンパクを検出する方法などが挙げられる（図 V-3-4）．

2) 岡崎フラグメントの検出（DNA 複製機構の研究）

生物の DNA 複製機構について，DNA ポリメラーゼは 5'→3' 方向にヌクレオチドを重合する酵素しか知られておらず，5'→3' 方向に伸長する DNA 鎖（リーディング鎖）の合成は説明できるが，逆向きの 3'→5' 方向に伸長する DNA 鎖（ラギング鎖）の合成がどのように行われるのかはわかっていなかった．以下のような RI を使った実験により，短い 5'→3' 方向に合成された DNA の存在が明らかになり，その仕組みが解明された．

増殖中の大腸菌に ^{3}H 標識のチミジン（DNA 合成反応検出に多く用いられた）を与えて，短時間の培養をする（パルス‐チェイス実験）．その後，大量の非標識のチミジンを加えて，培養を続け，標識された DNA の長さによって，遠心法を用いることで時間ごとに分離する．液体シンチレーションカウンタで ^{3}H を測定することにより A・T・G・C の四つの塩基から構成される DNA のうち標識されたチミジンが短い DNA に入り，この短い DNA が結合して長い DNA（ラギング鎖）が合成されていくことが示された（1968）．この短い DNA が，発見者の名を取って岡崎フラグメントとして命名された（図 V-3-5）．

3) 蛋白質のヨウ素標識による超高感度検出

非標識の蛋白質試料に放射性ヨウ素を反応させ，チロシンのフェノール環，ヒスチジンのイミダ

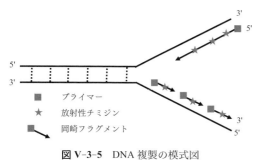

図 V-3-5 DNA 複製の模式図

ほどかれた 2 重鎖 DNA 領域で，プライマーを起点にして，短い 5'→3' への DNA 複製（岡崎フラグメント）が起こる．

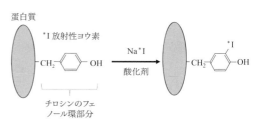

図 V-3-6 チロシン残基のヨウ素標識

蛋白質に含まれるチロシン残基が酸化条件で，ヨウ素化が起こる．

ゾール環，トリプトファンのインドール環に結合させる．具体的には，蛋白質試料に対し放射性ヨウ素（^{131}I あるいは ^{125}I）を酸化剤であるクロラミン T により活性化して，反応を進行させる．ヨウ素化された蛋白質を反応させ，オートウェルγカウンタで測定することで結合した蛋白質の量を求める．抗体と反応させれば，ラジオイムノアッセイ法に用いられる．また，リガンドと反応させれば，受容体の検出も可能になるので，標識された蛋白質の量がわかる（図 V-3-6）．

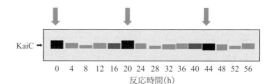

図 V-3-7 KaiC へのリン酸化取り込み状態

KaiC リン酸化リズムを再構成し，4 時間ごとにサンプリングして標識 ATP を加え，SDS ポリアクリルアミド電気泳動で KaiC のリン酸化状態を分離した．標識された蛋白質のオートラジオグラフィのバンドの濃さで，リン酸化取り込み状態を判定した．20〜24 時間周期で，KaiC の濃度が高くなっており，取り込まれたことがわかる．

4）生物時計のしくみの解明

ATP は，生命活動に必須な化学物質である．主要なエネルギー源として用いられたり，蛋白質をリン酸化する際に使われる．生物時計の存在が知られている最も下等な生物であるシアノバクテリアでは，24 時間周期を決める蛋白質として，KaiA，KaiB，KaiC の 3 つが知られている．KaiC はリン酸化・脱リン酸化されるが，その濃度が周期的に変動することで時計の役割をはたしていると考えられている．

非常に小さい KaiC の活性を測定するために，精製した KaiC 蛋白質に [γ-^{32}P] ATP（ATP の 3 つあるリン酸の γ 位が標識されている）を加え，反応させる．反応を止めて，蛋白質を SDS ポリアクリルアミド電気泳動により分離し，その分離されたバンドをオートラジオグラフィにより検出する．その結果，20〜24 時間ごとに KaiC の濃度が高くなっていることが確認され，生物時計に関する KaiC の役割が明らかとなった（図 V-3-7）．

▼RI が微量物質を検出できる理由

μg まで測れる電子天秤で鉄を測る場合を想定する．鉄の原子量は 55.845 であるので，1 モルの鉄は 55.845 g になる．1 モルの鉄の原子数は 6.02×10^{23} 個であるから，1 μg の鉄には 1.08×10^{16} 個の原子が含まれる．電子天秤では 1.08×10^{16} 個の鉄原子の分別ができる．

鉄には放射性核種 ^{59}Fe（β^- 壊変，半減期 44.5 日，1.29 MeV，γ 線放出率 43.2 ％）がある．500 Bq の ^{59}Fe の原子数は 2.8×10^9 個になる．500 Bq の鉄からは γ 線が 1 秒あたり 216 本放出される．これを検出効率 10 ％ の検出器で測定し，1 分あたりの計数値（cpm）に換算すると 1296 cpm になり，十分な値が得られる．放射能測定では 2.8×10^9 個の ^{59}Fe 原子の分別ができる．電子天秤で分別できる原子数との差は約 10^7 個であり，桁違いに高感度で測定できることがわかる．

2 放射線の利用

2.1 X線

(1) 結晶構造解析

X線が電磁波であることを利用して物質の構造解析を行うX線回折と呼ばれる方法がある．図V-3-8に示すように，格子面間隔 d で規則正しく原子面が並んでいる結晶に，X線が角度 θ で入射する場合を考える．互いに隣接する原子面で散乱されたX線の行路差 $2d\sin\theta$ が，X線の波長 λ の整数倍になるときに，2つのX線は干渉し強め合う．したがって，X線の入射角度を変えて散乱X線を測定すると，$2d\sin\theta = n\lambda$（ブラッグ条件，$n = 1, 2, 3,...$）を満たす角度で強いX線ピークが測定されることになる．よって，波長がわかっているX線を使えば，格子面間隔の値を得ることができる．図V-3-9の装置を使って得られたX線回折パターンの例を図V-3-10に示す．

類似の手法として，X線の代わりに電子線や中性子線を用いた方法もあり，結晶だけではなく蛋白質の構造解析などにも用いられている．これらは電子や中性子が波としての性質（物質波）を持っていることを利用している．物質波の波長 λ は電子あるいは中性子の運動量 p と，$\lambda = h/p$ の関係にある（h はプランク定数）．

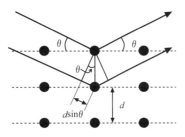

図 V-3-8　X線回折の概念図

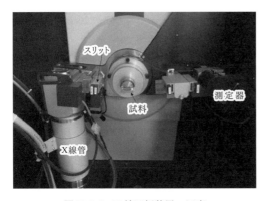

図 V-3-9　X線回折装置の写真

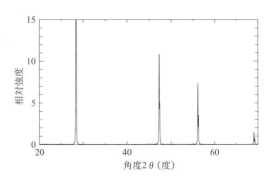

図 V-3-10　ケイ素のX線回折パターンの例

(2) 微量元素の分析

放射線を使ったさまざまな微量元素分析法がある．蛍光X線分析法は，軌道電子の再配列に伴って発生する特性X線を利用する．放射線照射によって軌道電子がたたき出されて空孔が生じると，外側の軌道にある電子がごく短時間の後に空孔に遷移する．その際に特性X線が放出されるが，そのエネルギーは元素固有であるため，X線のエネルギーを測定することで元素同定ができ，強度を調べることで定量分析ができる．原理的には，非破壊で分析できることが特徴である．狭義の蛍光X線分析では，入射放射線に γ 線またはX線を使うことが多い．入射放射線として加速器からの荷電

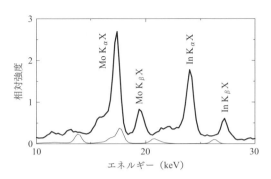

図 V-3-11 蛍光 X 線スペクトルの例

[241]Am の γ 線で酸化インジウムおよび酸化モリブデンの混合粉末を照射したときに，粉末から放出された X 線のエネルギースペクトル（太線）と粉末試料がないときのスペクトル（細線）．

図 V-3-12 X 線回折による飛鳥大仏表面の分析 [14]

粒子を使った手法は PIXE（particle induced X-ray emission），電子線を使った手法は EPMA（electron probe micro analysis）と呼ばれる．図 V-3-11 は γ 線で粉末を照射したときに放出された蛍光 X 線の測定例である．図 V-3-11 から，この粉末にはモリブデン（Mo）とインジウム（In）が含まれていることがわかる．

(3) 文化財の分析

絵画や文化財の組成，構造を非破壊で検査するのに X 線が用いられる．目的に応じて X 線透過撮影法や蛍光 X 線分析法，回折法，場合によっては X 線 CT も用いられる．X 線透過撮影法は，貨幣の金と銀の含有量，仏像などの内部の空洞の有無の検査など，美術工芸品の他，建造物や考古遺物などの調査にも利用されている．成分の分析を通して作成年代や材質の産出地域などが同定できる．X 線を用いる場合は，中性子（後述）と違って放射化しないので，非破壊かつ非放射化で検査できる利点があるが，軽い元素同士間の違いは見分けにくいという難点もある．

図 V-3-12 は，回折装置を移動使用して大仏の表面の分析を行っている様子である．大きな仏像は持ち運べないので，可搬型の X 線回折装置を設置して分析している．

2.2 加速器・シンクロトロン光

加速器は，理学，工学，材料科学，化学，生命科学，農学，医学，薬学，考古学などの幅広い分野で利用されている．たとえば，元素・核種分析，イオン注入，材料改質，新機能性材料の創生，機器の診断，RI の製造などがある．近年は単に加速した粒子を利用するだけでなく，核反応により新たに発生する放射線，たとえば高速電子によるシンクロトロン光，高速陽子による核破砕中性子の利用などがある．また加速ビームの強度も年々増加している．基礎科学の分野では，強力な加速器ビームと長時間安定した標的システム，生成核の高精度な分離装置の開発が，113 番目の元素ニホニウム（Nh）の発見へとつながった．また，これまでは加速イオンは安定同位体に限られていたが，核反応で生成する RI（不安定核）の再加速により，不安定核をビームとして利用できるようになってきている．

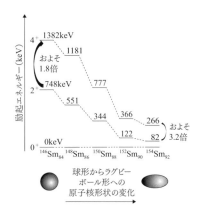

図 V-3-13 サマリウム（Sm）同位体の励起エネルギーと原子核形状の変化

図 V-3-14 ゴッホ「Patch of Grass」（オランダのクレラー・ミュラー美術館所蔵）の表面をシンクロトロン光でスキャンした結果 [15]

(1) 原子核構造の解明

放射線は原子核内から放出されるので，そのエネルギーや強度などを測定することで原子核の性質を調べることができる．たとえば，γ線エネルギーの測定から原子核が持つ内部エネルギー（励起エネルギー）を決めることで，原子核の形状を推定できる．図 V-3-13 は陽子と中性子の数がともに偶数のサマリウム（Sm）同位体の励起エネルギーをまとめたものであるが，中性子数が増えるにつれてエネルギーの比が 1.8 から 3.2 へと大きくなっていることがわかる．これは原子核の形状が球形からラグビーボール状に変化しているためだと解釈されている．

原子核の形を決める実験としては，これ以外にも，加速器を使う手法もある．高速に加速した原子核ビームを標的箔にぶつける実験から，中性子スキン核（中性子がまるで饅頭の皮のように原子核の表層を覆っている核）が見つかるなど，これまでの常識を覆す興味深い結果が出ている．

(2) 絵画の塗料分析

絵画の塗料の分析，たとえば，白色顔料が鉛白（鉛を含む）か貝殻などの炭酸カルシウムが主成分の胡粉かの違いなどが，X 線の透過率から判定することができる．また，赤色塗料の鉄と水銀の違い，清色顔料の銅とケイ素，アルミニウムの違いなども判定できる．それによって，下絵が描かれていることが明らかにされている例は多い．

最近では，例は少ないが高強度のX線源としてシンクロトロン光を用いて塗料の元素分析も行われている．図 V-3-14 は，ゴッホの「Patch of Grass」の表面をシンクロトロン光でスキャンして蛍光 X 線分析した結果，塗料の組成の違いから下に肖像画が描かれていることが判明した例である．

2.3 中性子

中性子は，回折による特に水素を含む生体試料の構造解析や金属材料の内部応力の測定，ラジオグラフィによる金属容器内の水や油などの動態観察，小角散乱法による物質内部の構造解析，中性子反射率測定法による物質表面付近の構造解析，中性子放射化法や即発γ線を用いた元素同定など，その物理的特性を生かした各種の利用がなされてきた．これらの測定に用いる中性子の発生源としては，永らく実験用原子炉が用いられてきたが，近年では大型加速器と核破砕反応を用いた大強度パルス中性子源が各国で建設され，稼働しつつある．

中性子は上述の例のように，多様な使い方がなされており，基礎研究から製品開発まで広く利用されるに至っている．

(1) 微量元素の放射化分析

物質に熱中性子を照射すると，それに含まれる同位元素が主に(n, γ)反応（中性子捕獲反応）によってRIに変換される．変換する割合（中性子捕獲断面積）が精度良く調べられている反応を利用し，生成したRIの放射能強度を高精度で測定すれば，含まれている同位元素の量を決定することができる．放射能測定の感度は高いので，微量（数mg以下程度）の試料で分析できる．はやぶさ宇宙探査機が持ち帰った小惑星イトカワの微粒子もこの手法で成分が同定された．この手法を利用して，ナポレオンの毛髪から，通常の13倍のヒ素（As）が検出された（図V-3-15）という研究結果も *Nature* 誌に掲載された．

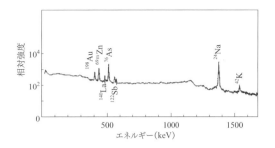

図 V-3-15 毛髪の放射化分析 [16]

半導体検出器で得られたγ線スペクトル．

(2) 植物の中性子線イメージング

中性子線は，水素やホウ素のような軽い元素に吸収されやすい性質をもつ．この特徴を利用した中性子線イメージングは，試料における中性子線の透過度の違いから情報を得る技術である．たとえば，植物中の水分の分布を見ることができる[17]．

図V-3-16は，中性子線イメージングでヒノキの断面を観察した画像である．樹皮近傍が白くなっており水分含有量が多いことがわかる[18]．

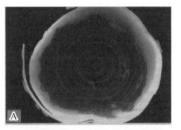

図 V-3-16 中性子線イメージングによるヒノキ断面 [18]

樹皮近傍の水分含有量が多い．

(3) 加速器中性子による日本刀の分析

比較的最近開発された，回折現象を応用したパルス中性子透過法について紹介する．試料透過前の中性子の強度$I_0(\lambda)$と透過後のそれ$I(\lambda)$を時間分解が可能な2次元のイメージング検出器で測定を行う．時間分解能を有する検出器で測定しているので，飛行時間法により各中性子の波長を同定することが可能である．

図V-3-17にパルス中性子透過法によるα鉄の測定例を示す．多結晶体であるα鉄からは，その回折指数に応じたブラッグエッジが多数現れる．この測定結果のうち，エッジ出現波長からは結晶格子面間隔を，その形状から集合組織の配向性や結晶子サイズに関する情報を，エッジパターンからはその結晶構造や結晶相に関する情報を得ることができる．さらには，2次元のイメージング検出器を用いていることにより，試料の部位ごとのこれらの物性の

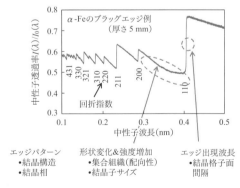

図 V-3-17 パルス中性子透過法の測定によるα鉄の測定例

違いを観察することが可能となる．その利用例の一つとして，日本刀の部位ごとの物性を詳細に観察することにより，その製法や生産地，生産年代に関する情報を得る試みが挙げられる．

パルス中性子透過法の詳細については文献を参照されたい [19]．

3 自然放射性同位元素および自然放射線の利用

3.1 自然放射性同位元素

(1) 古文書の年代測定

炭素の同位体のうち，放射性同位体^{14}C（半減期5730年）は大気中で宇宙線による^{14}N(n, p)^{14}C 反応によって定常的に作られ，一方その半減期で減衰するため，^{14}C の量は大よそある一定値となり，地球環境中での^{14}C と安定同位体^{12}C の比（^{14}C/^{12}C）は，ほぼ一定である．植物は光合成によってCO_2を取り込み，動物は植物を食べることによってC を体内に取り込むので，いずれも生命活動が続くかぎり，^{14}C/^{12}C の値は大気中のそれとほぼ同じであると考えて良い．生命活動が終わると新たな^{14}C が取り込まれなくなるため，体内の^{14}C はその半減期で減衰し，その結果，^{14}C/^{12}C の値は，その環境の値よりも小さくなる．このことを利用して，生命体の生命活動が終了した（生命活動をしていた）年代を決めることができる．

^{14}C は，タンデトロンと呼ばれる加速器を用いて質量分析され^{14}C/^{12}C として，精度良く決められる（^{14}C の壊変に伴う β 線を液体シンチレーションカウンタで測定する方法は，いまではほとんど使われない）．

図 V-3-18 は，平安末期から鎌倉初期に書写されたと推定される「十一面観音法」である．書状は鎌倉初期特有の法性寺流と呼ばれる書風で書かれており，鎌倉時代のものと推定されていた．この史料について，^{14}C 年代測定を行ったところ，AD1166〜1262 年頃に相当し，書風から推定されていた平安末期から鎌倉初期という年代を裏付ける結果となった [20]．

図 V-3-18 年代を測定した「十一面観音法」[20]

(2) ラドンを利用した大気環境研究

天然の放射性核種であるラドン（^{222}Rn）は希ガスであり化学変化せず，水にもほとんど溶解しないことと，発生源が地表面であり大気汚染物質や温暖化ガスの発生位置と類似しているため，それらの動きを追跡するためのトレーサーとして用いる研究が行われている．大気汚染物質は，大気中での輸送・拡散に加えて，日射，温度，水分等に依存する化学変化，粒子化，さらに地表面への沈着といっ

た複雑な振る舞いをする．これに対し，ラドンの測定から輸送・拡散を解析し，大気汚染物質固有の振る舞いを切り分けて理解するための研究が進められている．図 V-3-19 に日本の西端に位置する波照間島で国立環境研究所と名古屋大学の共同で行われたラドンと温暖化ガスであるメタンの測定結果の例を示す［21］．濃度のピークは大陸側から風が吹いたことにより生じたものであり全体としてよく似た変

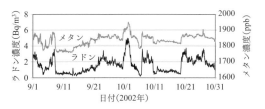

図 V-3-19 波照間島でのラドンおよびメタンの大気中濃度測定結果の例［21］

動をしているが，それぞれのピークの大きさには発生源・消失源の違いに起因する差がある．その差がメタンの振る舞いを知るための重要な情報となる．

また，ラドンが壊変して生じる壊変生成物の一部は降水により大気から除去される．この除去過程には大気汚染物質の除去過程と共通性があり，地上で観測される降水中のラドン壊変生成物濃度や環境 γ 線線量率の変動から，大気中物質の湿性除去過程を理解するための研究も行われている．

これらの研究では，ラドンの半減期が 3.82 日であり適当な時間で消失することや，壊変生成物の半減期が数 10 分で降水現象と同程度の時間スケールを持つことと，放射線を計測することにより化学物質とは桁違いの高感度で定量評価できるといった放射性物質の持つ特徴が生かされている．

3.2 自然放射線

(1) 銀河中心の X 線観測

ブラックホールや中性子星などの重い天体にガスが引き寄せられる際，重力エネルギーによってガスあるいはプラズマが加熱される．高熱プラズマ内の荷電粒子は高エネルギーの電磁波を発生させるが，この電磁波を観測することで宇宙の姿を明らかにすることを目指しているのが，X 線天文学あるいは γ 線天文学と呼ばれている分野である．X 線または γ 線を測定することで，可視光では観測することができない宇宙の高温状態あるいはブラックホール周辺の物質移動などを調べることができる．宇宙からの電磁波は大気によって吸収されるため，人工衛星や気球を使って高高度で観測を行うのが普通である．一例として，X 線天文衛星「あすか」に搭載された X 線 CCD カメラで撮影された銀河中心付近の画像を図 V-3-20 に示す［22］．なお，観測天文学の分野では，エネルギーが 100 keV 程度以下の電磁波を X 線，それ以上の電磁波を γ 線と呼ぶことが多い．

(2) μ 粒子による火山の透視（μ 粒子ラジオグラフィ）

宇宙空間から地球に降り注いでいる 1 次宇宙線（高エネルギーの陽子やヘリウム）が，空気中の酸素や窒素と衝突することで μ 粒子が生成される．ここで，μ 粒子とは $+e$ または $-e$ の電荷を持ち（e は電気素量），質量は電子の 207 倍，寿命は 2.2 μs の粒子であるが，この μ 粒子を使って検査体の透過画像を得る方法がある．健康診断でおなじみのレントゲン写真と同じ考え方に基づくラジオグラフィと呼ばれる技術であるが，μ 粒子は X 線よりも格段に透過能力が高いため，厚い検査体内部を調べることができるという特徴がある．これまでに火山，ピラミッド，原子炉などの透過画像が撮影されている．一例として，図 V-3-21 に有珠山の溶岩ドーム（昭和新山）の μ 粒子透過写真を示す［23］．

透過画像の撮像には原子核写真乾板が使われている．古くから原子核・素粒子実験に使われてきた

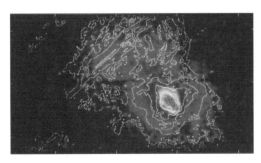

図 V-3-20 X線天文衛星「あすか」が撮影した銀河中心のX線像 [22]

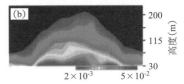

図 V-3-21 （a）有珠山の写真と（b）μ粒子透過画像 [23]

測定器具で，一種の写真フィルムと考えれば良い．μ粒子が乾板を透過するとその痕跡が残るため，その後，現像処理を施すことでμ粒子の飛跡を知ることができる．

宇宙線量と気候変動の相関

地球温暖化と言う言葉が登場して久しいが，このコラムでは，雲の形成が宇宙からの放射線（宇宙線）と相関して地球の平均気温を上下している話を紹介する．

デンマークのSvensmarkらは低層雲の被覆率と宇宙線の相対量の変化がきわめてよく一致していることを見出し（図 V-3-22），宇宙線が低層雲を生成していることを示唆した [24]．その後，上空の空気成分であるわずかな量のオゾン・SO_2・水蒸気に紫外線とγ線を照射したところ，雲の形成核になり得る50 nmよりも大きい水滴が安定して生成してくることを見出し，宇宙線が雲を形成しうることを示した [25]．放射線による硫酸のイオン化が小さなエアロゾルの凝集を促して大きな凝集核に成長したものと考えられている．

地球に降り注ぐ宇宙線の主体は銀河からのプロトンで，その約4割は太陽磁場の影響で進路が変化する．したがって，太陽磁場の変化が低層雲の割合をコントロールしていることになる．低層雲の割合が2%変化するだけで0.4℃平均気温が変化するため，地球の平均気温を大きく左右しうる．地球の気象変動に関しての詳細は成書にまとめられているので，こちらを参照されたい [26]．

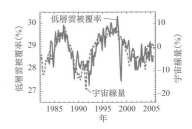

図 V-3-22 気象衛星観測による低層雲の年平均雲量と地上観測による宇宙線量の比較（[24]を一部改変）

宇宙線量（右軸）は2005年を基準としている．

V-4

産　業

1　農畜水産業

　放射線は，農畜水産業においてさまざまな現場で利用されている．本節では，その事例をいくつか紹介する．

(1)　品種改良

　農業の長い歴史の中で，人類は高収量，高品質の農作物を得るために，さまざまな品種改良を行ってきた．従来の品種改良が，自然の突然変異で生まれた優良品種を系統的に選抜する方法で行われてきたのに対し，近年では放射線を用いて人工的に突然変異を起こさせる手法が取り入れられている．国際的には IAEA と FAO の共同研究部門が突然変異品種のデータベース（mutant variety database：MVD）を公開しており（2016年7月時点で3234種，[27]），それらの品種の多くがγ線あるいは X 線，イオンビームなどの放射線によって生み出された突然変異種である．作物としては，イネが最も多く，花き，大麦，小麦の品種が続く．日本では，1960年に国立研究開発法人農業生物資源研放射線育種場において生み出された「ゴールド二十世紀」が，放射線による突然変異種の実用化に成功した第1号である．これは，従来の品種「二十世紀」がもっていた黒斑病に罹りやすいという弱点を解消するために，放

図 V-4-1　(a) 突然変異体二十世紀（ゴールド二十世紀），(b) 原品種二十世紀 [28]

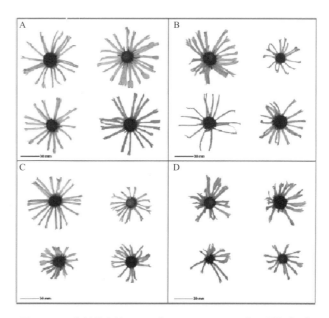

図 V-4-2　放射線育種による花き Henry Eilers の花の形状 [30]
(A) 通常タイプ　(B) 5 Gy 照射　(C) 10 Gy 照射　(D) 20 Gy 照射．

射線照射によって生み出された耐病性突然変異体のナシである（図 V-4-1）[28]．その他，日本においてこれまでに放射線によって改良された品種は数百種以上といわれている．花きでは，花の色を改良するだけでなく [29]，花の形状も放射線照射によって変化させている（図 V-4-2）[30]．

（2） 食品照射

放射線の生物に対する作用を利用して，農産物に放射線を照射し，発芽防止，殺菌，殺虫などを行っている [31]．細胞分裂が盛んな成長部位における放射線の DNA 損傷作用は，ジャガイモやニンニクなどの発芽防止に利用されている．ジャガイモの場合，60～150 Gy が発芽防止に必要な線量とされている．日本では 1974 年にジャガイモへの照射がおこなわれて以降，^{60}Co の γ 線照射によるジャガイモの発芽防止だけが許可されており，芽止めジャガイモとして，年間約 4500 トンも処理され出荷されている（図 V-4-3）．一方，諸外国では，ニンニクやタマネギなどへの照射も行われている．日本では食品に対する放射線照射の規制が厳しいため，ニンニクの芽止めには農薬が使用されてきたが，農薬の発癌性が問題となり，食品照射への規制緩和を望む声もあがっている．

諸外国において放射線の殺菌効果が利用されている食品は，香辛料や乾燥野菜である．また，肉類や生鮮魚介類，それらの加工品への照射も行われている．このような食品照射は，非加熱であるため，本来の新鮮な状態を維持したまま，どのような形状のものに対しても，内部まで均一に殺菌でき，残留毒性や環境汚染のリスクがある農薬を使わないというメリットがある一方で，コストや放射線による栄養素の損失などが懸念されている．このような照射食品の健全性評価については，他の専門書を参照されたい [33]．

図 V-4-3 北海道士幌町農協のコバルト照射センター [32]

（3） 害虫駆除

放射線照射を害虫駆除にもちいた事例では，沖縄・奄美の南西諸島のウリミバエを 1993 年に根絶した成功例がある [34]．まず，駆除したい害虫を人工的に増殖し，そのサナギに放射線照射することにより，不妊化した成虫を生み出し，

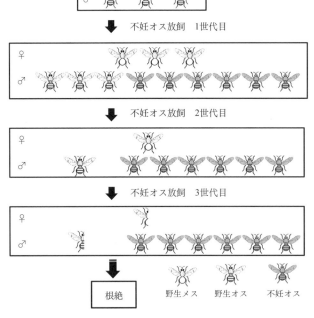

図 V-4-4 不妊オス放飼による根絶のプロセス：野生個体数の変化（[34] より作成）

それらを野外に放すことにより，自然界での次世代の正常虫の数を減少させる．さらに不妊虫の放虫を続けることにより，対象とする害虫を根絶することができる（図 V-4-4）．従来法である殺虫剤の散布に対して，この方法がもつ利点は，環境を汚染しないこと，および対象とする害虫のみに効果があり，他の昆虫への影響がないことである．

この方法は IAEA の協力により，アフリカにおいて人に「眠り病」，家畜動物に「ナガナ病」の深刻な被害をもたらす寄生虫「トリパノソーマ」を媒介するツェツェバエの対策に適用され，タンザニアのザンジバル島において絶滅の成果をもたらした [35]．

(4) 動物の PET 診断

人間の健康管理や治療に放射線が利用されるのと同様に，家畜やペットへの利用も進んでいる [36]（図 V-4-5）．原理は人間の医療と同じであるが，動物は人間のように自覚症状を訴えることができないため，動物の病気の早期診断と治療に放射線の利用は非常に有効である．しかしながら，動物を対象に PET 診断を行うことのできる施設は，日本ではまだ少ないのが現状である．

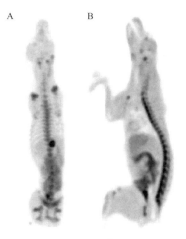

図 V-4-5 350MBq の ^{18}F-FBAU を投与した犬の PET 画像 [36]
(A) 投影 (B) 矢状面.

2 工業

2.1 検査・計測

(1) 非破壊検査

さまざまな工業製品や建造物などの検査対象の内部の状態を X 線あるいは γ 線の透過性を利用し透視により検査する方法で，検査物を分解・切断することなく構造体内部の空隙やひびなどの欠陥の有無を検査できることから広範囲に利用されている．発電所や化学プラントなどの配管，橋梁や建築物の鉄骨，航空機や鉄道車両などの繰り返しの荷重や摩耗にさらされる部材の検査では不可欠の技術となっている．

原理は，図 V-4-6 に示すように線源とフィルムで検査物を挟むように配置して撮像し，線源からの X 線（γ 線）の透過性が摩耗や欠陥の部分で異なることにより生じる透過画像の陰影により欠陥の有無を判断するものである．検査物の材質および肉厚に応じて線源が使い分けられ，厚いほど透過性の高エネルギーの放射線が用いられる．最も一般的な線源は ^{192}Ir であり，広い肉厚範囲で用いられる．他には厚物材用として ^{60}Co，薄物材用として ^{169}Yb などが線源として用いられる．

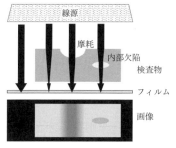

図 V-4-6 放射線の透過性の違いを利用した非破壊検査の原理

図 V-4-7　γ線を利用したレベル計の線源および検出器の配置

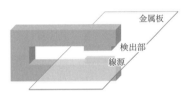

図 V-4-8　金属圧延工程で用いられる厚さ計の模式図

(2) 液面計・レベル計

金属などの不透明な容器内の液面位置を放射線の透過性の変化により検出する装置で，内容物が高温・高圧あるいは腐食性があるなどの理由で他の方法では測れない場合に，容器の外部から非接触で測定できる長所を持つ．液面計の線源と検出器の配置の模式図を図 V-4-7 に示す．コリメートされた線源と検出器を互いに向かい合うように水平に配置する方式（図中のA）は，液面が測定線（図中の破線）に達したときに計数率がステップ状に変化することを利用して，内容物がタンク容量の上限や下限などの設定値に達したかどうかを判定する．一方，線源と検出器をタンクを斜めに横切るように配置する方式（図中のB）では，測定線が内容物を通過する長さが液面の上昇・下降によって連続的に増加・減少することによる計数率の変化を利用し，液面の高さを連続的に測定することができる．

透過力が高い線源（^{60}Co など）が用いられるのが一般的であり，検出器はシンチレーション検出器や GM 計数管が用いられる．また原理上，タンクの内容物は液体である必要はなく，フロート式や静電容量式などの他の方式では測定困難な粉体あるいは粒子も計測可能である．この場合はより一般的な名称としてレベル計と呼ばれる．

(3) 厚さ計

厚さ計は，被検査物を挟んで対向するように配置された線源と検出器を用い，放射線が被検査物中を透過する際の減弱の大きさから厚さを測定する装置である（図 V-4-8）．β線（線源：^{147}Pm，^{90}Sr など）の利用により数 μm から数 mm の厚さの紙，フィルム，プラスチック板，ゴム板などの測定が可能であり，γ線（線源：^{241}Am，^{137}Cs など）を用いることで数 mm から数 m の厚さの金属板やパイプなどを測定することも可能である．放射線を利用した厚さ計は，製紙，製鉄，化学工業などの広い産業分野で製品の品質保証のために不可欠な技術となっている．

2.2　材料改質

高分子の放射線架橋は耐熱性・耐久性の求められる自動車用・電子機器類電線の被覆樹脂の架橋に用いられる．放射線架橋の長所は，架橋剤を入れる必要がない，架橋速度が速い，架橋材料にあまり制約がないことなどが挙げられる．以下に，電子線架橋の実用化例を紹介する．

(1) 耐熱・耐久電線

電子線で樹脂を架橋させた電線は，テレビやパソコンなどの電気・電子機器用，自動車のワイヤーハーネスとして用いられている．たとえば，ポリ塩化ビニルは電子線でしか架橋できないが，電気絶縁性，難燃性，高強度耐摩耗性，可塑剤の配合によって柔軟性を自在に制御できるなどの優れた特徴のために，自動車のワイヤーハーネスに多く用いられている．

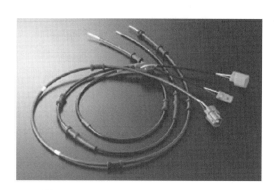

図 V-4-9 ABS センサー用ケーブル [37]

図 V-4-10 放射線架橋で作られたラジアルタイヤ [38]

自動車のアンチロックブレーキ（ABS）センサー用のケーブルは，車輪の回転速度を検出するセンサーからの電気信号をエンジンコントロールユニット（engine control unit：ECU）に伝送するためのものであるが，タイヤハウス内という着水・着氷・振動などのきわめて厳しい環境に配線されるため，非常に高い耐久性が求められる．電子線照射による架橋で信頼性を高めたポリウレタン樹脂を外被に適用したケーブルが開発されて実用化された（図 V-4-9）．

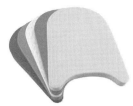

図 V-4-11 発砲ポリオレフィンで作られたバスマット（左）と水泳用ビート板（右）[39, 40]

(2) ゴムの架橋

国内のタイヤメーカーの多くは，タイヤのゴム強度を上げるために電子線架橋を用いており，ラジアルタイヤの約9割に放射線架橋が使用されている（図 V-4-10）．天然ゴムラテックス製造にも放射線架橋が用いられている．

(3) 発泡ポリオレフィン

発泡ポリオレフィンは国内発の技術で，自動車のフロントパネル，薬瓶の内蓋，風呂のマット，水泳のビート板などに応用されている（図 V-4-11）．ポリオレフィンに予め高温で炭酸ガスや窒素ガスを放出する発泡物質（アゾジカルボンアミドなど）を添加してフィルム状に形成する．これを室温程度で放射線を照射してポリオレフィンを架橋して加熱すると，発泡物質からガスが出て発泡体を形成する．発泡物質の添加，放射線架橋，発泡処理を別々にできるので，種々の性能の発泡体が製造できることが特徴である．

(4) 熱収縮チューブ

放射線架橋した高分子シート（チューブ）を融点以上にして伸張した状態から急冷すると結晶化して伸張した形が維持されるが，これに熱をかけて融点以上にすると弛緩する．この性質を利用して，被覆部材にぴったりと密着させ，機械的強度，耐熱特性，耐薬品性，耐衝撃性，耐湿性などを向上させて過酷な環境条件から部材を保護する目的で使用されている（図 V-4-12）．

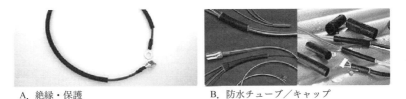

A. 絶縁・保護　　　　　　B. 防水チューブ／キャップ

図 V-4-12　熱収縮チューブとその用途（[41] を一部改変）

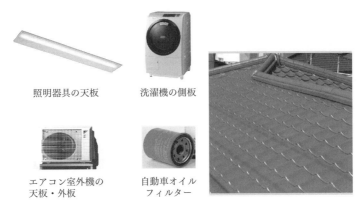

図 V-4-13　キュアリングで作られるプレコート鋼板の適用事例（左）とセメント瓦（右）（[42] を改変）

（5）グラフト重合

グラフト重合は既に高分子化した材料（基材）に活性種を生成させ，そこを開始点として別のモノマーを重合させる．放射線（主に電子線）を基材に照射するとラジカルが生成する．そのラジカルが消滅しないうちにモノマーを導入してグラフト重合を進行させる．ポリエチレン基材を放射線照射してアクリル酸をグラフト重合してできた膜は電池用の隔膜に使われており，国産のボタン電池は 100% 放射線グラフト重合法で製造されている．このほかにも空気浄化用フィルターや海中ウラン捕集用イオン交換膜なども放射線グラフト重合によって製造されている．

（6）硬化

硬化（キュアリング）は低分子量の液状溶剤を放射線によって重合（あるいは架橋）させ，乾燥・硬化するもので，塗装（プレコート鋼板，セメント瓦，石膏タイル，木材やパーティクルボード），印刷（ポリプロピレンシートの枚葉印刷，包装紙，飲料用紙容器等の印刷），ラミネート加工（接着加工），擦り傷に強いフロアシートなどの実用例がある（図 V-4-13）．

2.3　工業用製品

（1）タングステン溶接電極棒

日常生活で多く目にするものではないが，工業用製品の中には放射性物質を含むものがある．電気溶接の一種である TIG（tungsten inert gas）溶接に使うタングステン溶接電極棒には，アーク放電特性

を向上させる目的で酸化トリウムを2％程度添加したトリタンと呼ばれる製品がある（図 V-4-14）．製品自体の線量は低いが，製造時のトリウムの取扱に関する規制が厳しくなってきているため，酸化セリウムや酸化ランタンを添加した溶接棒（セリタンやランタン）が主流になりつつある．

(2) 船底塗料

船の底に水生生物が付着して水流抵抗が増すことを防ぐための船底塗料に，モナザイトなどの NORM（naturally occurring radioactive material）鉱石（II-3 章参照）を含む添加剤を混ぜ込むことがある．メーカーなどによると，放射線によって水がイオン化されるため，船底表面に薄い電離層が作られ，結果として生物や汚れの付着が抑制されるとのことである．

図 V-4-14 タングステン溶接電極棒

V-5
市民生活

1 セキュリティ

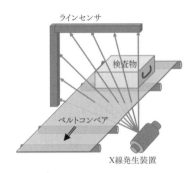

図 V-5-1 手荷物 X 線検査装置の模式図

危険物持込みを防止するために,空港の保安検査場や重要な建物の入り口で行われる手荷物検査では,X 線の透過性を利用した検査装置が用いられる(図 V-5-1).発生器からの X 線を面状にコリメートしてベルトコンベアで移動する被検査物に照射し,透過 X 線をラインセンサで検出して移動速度と組み合わせて 2 次元画像として再構築する.得られる情報は,透過率に対応した濃淡の画像である.原理的には内容物の材質の情報は得られず,透過率の低い物品(金属など)が重なっている場合には内容物の識別が困難な場合がある.

このような従来型の透視技術に加え,最近の X 線の後方散乱を併用する方式では,軽元素によるコンプトン散乱による後方散乱線は金属などの元素からの後方散乱線より強いことを利用し,軽元素を主成分とするプラスチックなどの有機物を識別できる.

2 消費材

(1) 意図的に放射性物質を含有させている消費材など

意図的に放射性物質を含有させている一般消費材の代表例を表 V-5-1 にまとめる.この表の作成にあたっては,文献[43-46]およびそれらにおける引用文献,ならびに各商品のメーカーまたは販売店のウェブサイトの情報を参考にした.これらの商品の中には本当に効果があるのか疑問を持たれているものもあるので,利用にあたっては注意が必要である.なお,モナザイト(モナズ石)とは希土類元素を主成分とするリン酸塩鉱物,バストネサイト(バストネス石)は同じく希土類を主成分とする炭酸塩鉱物で,いずれも ^{232}Th や ^{238}U を含んでいる.また,北投石は玉川温泉などで見られる温泉共沈物の一種であり,主成分であるバリウムとともにラジウムが共沈するため $^{226, 228}$Ra を含んでいる.

表 V-5-1 意図的に放射性物質を含有させている一般消費材の例

商品	使用されている代表的核種など	特徴など
イオン化式煙感知器	^{241}Am	煙によるα線遮蔽効果を利用．最近は作られていない
グローランプ（グロー式点灯管）	^{147}Pm, ^{63}Ni, ^{85}Kr	蛍光灯を安定的に素早く点灯させるために，β線の電離作用を利用．最近は放射性物資を使わない点灯管や，点灯管そのものが不要な蛍光灯が主流
自発光型夜光塗料	^{3}H, ^{147}Pm, ^{226}Ra	発光材を刺激するために，すなわち発光材にエネルギーを付与するために放射線を利用．かつては時計の文字盤などによく使われたが，現在は刺激剤を必要としない蓄光型がほとんど
マントル	硝酸トリウム	熱エネルギーを強い白色光に変換するために使用．最近はトリウムを含まないものがほとんど
人工温泉の素，岩盤浴用の石	モナザイトなど	放射線ホルミシス効果による温浴効果を謳っている
衣料品（肌着，靴下，腹巻など）	モナザイトなど	放射線ホルミシス効果あるいはマイナスイオンによる健康増進作用を謳っている
寝具（布団，枕）		
装飾品（ブレスレット，ネックレスなど）	北投石，モナザイトなど	
壁紙，マイナスイオンシート	モナザイトなど	マイナスイオンによる森林浴効果を謳っている
靴の中敷き	モナザイトなどを使用していると思われるが，詳細は不明	マイナスイオンによる抗菌・防臭効果あるいは放射線ホルミシス効果を謳っている
化粧品，石けん		放射線ホルミシス効果によるアンチエイジング作用を謳っている
研磨剤	バストネサイト	光学ガラスやハードディスク用のガラスディスクなどの研磨に使用
自動車マフラー触媒	モナザイトなど	有害物質の発生抑制や燃費向上効果を謳っている

(2) ランタン用マントル

キャンプなどで照明器具として使われているガスまたはオイル式ランタン用のマントルに，硝酸トリウムを含ませているものがある．図 V-5-2(a) に示すように，マントルは編み目状の発光材であり，ランタン内部のバーナーチューブ（ガスまたはガソリンの燃焼部）にかぶせて，空焼きしてから使用する．マントルは熱エネルギーを光に変える役割を果た

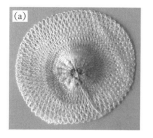
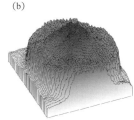

図 V-5-2 マントル
(a) マントルの写真．(b) イメージングプレートで測定したマントルからの放射線の強度分布．

すが，硝酸トリウムを空焼きすることで生じる酸化トリウムは，熱せられると強い白色光を発することが知られている．このため，ランタンあるいは白熱ガス灯の発光体として利用されてきた．しかし，最近市販されているマントルは硝酸トリウムを含まないものがほとんどである．図 V-5-2(b) に，イメージングプレートで測定したマントルからの放射線強度分布を示す．このマントルの場合，中央付

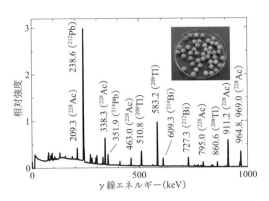

図 V-5-3 ラジウム温浴用セラミックボール（挿入図）から放出されたγ線エネルギー分布

近が特に強い放射能を帯びていることがわかる．NaI シンチレーション式サーベイメータを使い，密着位置で線量を測定したところ，およそ 1.0 μSv/時だった．

(3) 健康増進商品

放射性物質を添加したさまざまな健康増進グッズが市販されている．放射線ホルミシス効果（微弱な放射線は生体に適度な活性を与えるという考え方）を狙っていると思われるが，健康への有効性は必ずしも明らかではない．代表的なものに，人工温泉の素，ブレスレット，布団，肌着などがある．一例として，ラジウム温浴用として市販されているセラミックボールの写真とγ線測定結果を図 V-5-3 に示す．トリウム系列およびウラン系列の放射性核種が含まれていることがわかる．100 g の試料の密着位置での線量は 2.7 μSv/時程度だった．

これらの製品の多くは，ウラン系列またはトリウム系列に代表される自然起源の放射性物質（naturally occurring radioactive material：NORM）を含んでいる．健康増進商品に限らないが，NORM による被曝リスクを低減するために，文部科学省は 2009 年 6 月に「ウランまたはトリウムを含む原材料，製品等の安全確保に関するガイドライン」[44] をまとめ，製造業者に自主的な管理を求めている．

参考文献

第Ⅰ部
［1］西澤邦秀／飯田孝夫編：放射線安全取扱の基礎［第三版増訂版］．名古屋大学出版会（2013）
［2］窪田宜夫：新版　放射線生物学．医療科学社（2015）
［3］欧州放射線リスク委員会（ECRR）編，山内知也監訳：放射線被ばくによる健康影響とリスク評価．明石書店（2011）
［4］ICRP Publ. 41, Nonstochastic Effects of Ionizing Radiation. Ann. ICRP 14 (3), Elsevier Science (1984)
［5］ICRP Publ. 103, The 2007 Recommendations of the International Commission on Radiological Protection. Ann. ICRP 37 (2-4), Elsevier Science (2007)
［6］日本アイソトープ協会ICRP勧告翻訳検討委員会：国際放射線防護委員会の2007年勧告．日本アイソトープ協会（2012）
［7］ICRP Publ. 60, 1990 Recommendations of the International Commission on Radiological Protection. Ann. ICRP 21 (1-3), Elsevier Science (1990)
［8］日本アイソトープ協会ICRP勧告翻訳検討委員会：国際放射線防護委員会の1990年勧告．日本アイソトープ協会（2006）
［9］ICRP Publ. 118, ICRP Statement on Tissue Reactions/Early and Late Effects of Radiation in Normal Tissues and Organs, Threshold Doses for Tissue Reactions in a Radiation Protection Context. Ann. ICRP 41 (1/2), Elsevier Science (2012)
［10］原子力安全委員会：健康管理検討委員会報告（2000）
［11］草間朋子／甲斐倫明／伴信彦：放射線健康科学．杏林書院（1995）
［12］E. L. Travis : Medical Radiology (2nd. Ed.). Year Book Medical Publishers (1989)
［13］原子力百科事典ATOMICA　http://www.rist.or.jp/atomica/（2017年3月1日）
［14］中尾いさむ編：放射線事故の緊急医療．ソフトサイエンス社（1986）
［15］環境省：放射線による健康影響等に関する統一的な基礎資料，平成26年度版（平成27年12月22日）
［16］D. L. Preston et al. : Effect of recent changes in atomic bomb survivor dosimetry on cancer mortality risk estimates. *Radiat. Res.*, 162, 377 (2004)
［17］D. Williams : Radiation carcinogenesis : lessons from Chernobyl. *Oncogene*, 27, S9 (2009)
［18］UNSCEAR（国連科学委員会）: 2000 Report : sources and effects of ionizing radiation. United Nations (2000)
［19］ICRP publ. 119, Compendium of Dose Coefficients based on ICRP Publication 60. Ann. ICRP 41 (s), Elsevier Science (2012)
［20］放射線影響研究所用語集　http://www.rerf.jp/glossary/index.html（2017年3月1日）
［21］放射線影響研究所HP　http://www.rerf.or.jp/（2017年3月1日）
［22］原子力安全委員会ウラン加工工場臨界事故調査委員会：ウラン加工工場臨界事故調査委員会報告（平成11年12月24日）
［23］環境研ミニ百科第60号　http://www.ies.or.jp/publicity_j/mini_hyakka/60/mini60.html（2017年3月1日）
［24］原子力災害対策本部：原子力安全に関するIAEA閣僚会議に対する日本国政府の報告書―東京電力福島原子力発電所の事故について―，Ⅶ．放射線被ばくの状況（平成23年6月）
［25］D. J. Brenner et al. : Cancer risks attributable to low doses of ionizing radiation : assessing what we really know. *Proc. Natl. Acad. Sci*. USA, 100, 13761 (2003)
［26］K. Leuraud et al. : Ionising radiation and risk of death from leukaemia and lymphoma in radiation-monitored workers (INWORKS) : an international cohort study. *Lancet Hematol.*, 2, e276 (2015)
［27］D. Richardson et al. : Risk of cancer from occupational exposure to ionising radiation : retrospective cohort study of workers in France, the United Kingdom, and the United States (INWORKS). *British Med*. J., 351, h5359 (2015)
［28］M. Löbrich et al. : In vivo formation and repair of DNA double-strand breaks after computed tomography examinations. *Proc. Natl. Acad. Sci. USA*, 102, 8984 (2005)
［29］T. Jiang et al. : Dose-effect relationship of dicentric and ring chromosomes in lymphocytes of individuals living in the high background radiation areas in China. *J. Radiat. Res.*, suppl.41, S63 (2000)
［30］Z. Tao et al. : Cancer mortality in the high background radiation areas of Yangjiang, China during the period between 1979 and 1995. *J. Radiat. Res.*, suppl.41, S31 (2000)
［31］J. F. Ward : DNA damage produced by ionizing radiation in mammalian cells : identities, mechanisms of formation, and reparability. *Prog. Nucl. Acid. Res. Mol. Biol.*, 35, 95 (1988)
［32］青山喬／丹羽太貫編著：放射線基礎医学［改訂第12版］．金芳堂（2013）
［33］大西武雄監修：放射線医科学．学会出版センター（2007）
［34］獣医放射線学教育研究会編：放射線生物学．近代出版（2015）

第Ⅱ部
［1］B. Povh/C. Scholz/K. Rith/F. Zetsche 著，柴田利明訳：素粒子・原子核物理入門．シュプリンガーフェアラーク（1997）
［2］M. Asai et al. : Neutron one-quasiparticle states in $^{251}Fm_{151}$ populated via the α decay of ^{255}No. *Phys. Rev. C*, 83, 014315 (2011)
［3］Glenn F. Knoll 著，神野郁夫他訳：放射線計測ハンドブック［第4版］．オーム社（2013）
［4］菅原努監修：放射線基礎医学［第11版］．金芳堂（2008）
［5］中村尚司：放射線物理と加速器安全の工学［第2版］．地人書館（2001）
［6］山崎文夫責任編集：実験物理学講座26放射線．共立出版（1977）
［7］電子科学研究所：エックス線作業主任者講習会テキスト（2002）
［8］日本作業環境測定協会編：作業環境測定ガイドブック2電離放射線関係［第3版］（2017）
［9］原子力安全研究協会：生活環境放射線（2011）

[10] UNSCEAR（国連科学委員会）：2008 Report：sources and effects of ionizing radiation. United Nations（2008）
[11] I部［18］に同じ
[12] 放射線医学総合研究所：旧「放射線安全研究成果情報データベース」（2016年7月30日）
[13] 古川雅英：地球の放射線環境．放射線, 29 (2), 51 (2003)
[14] I部［24］に同じ
[15] 日本土壌肥料学会：原発事故・津波関連情報 (1)～(7) http://jssspn.jp/info/nuclear/index.html (2016年11月1日)
[16] 西澤邦秀／実吉敬二：福島第一原発事故によって汚染された土壌中の放射性物質の除去に関する中間報告．日本放射線安全管理学会誌, 10 (2), 152 (2011)
[17] 西澤邦秀：個人住宅を対象とするホットスポット発見／除染マニュアル．日本放射線安全管理学会誌, 11 (1), 92 (2012)
[18] 日本放射線安全管理学会 HP http://www.jrsm.jp/ (2016年11月1日)
[19] 今中哲二：チェルノブイリと福島．科学, 86 (3), 252 (2016)
[20] 経済産業省原子力安全・保安院：News Release, 放射性物質放出量データの一部誤りについて（平成23年10月20日）
[21] 文科省原子力災害対策支援本部：放射性物質分布報告書（平成24年3月）
[22] 平成23年3月11日に発生した東北地方太平洋沖地震に伴う原子力発電所の事故により放出された放射性物質による環境汚染への対処に関する特別措置法（平成23年8月30日法律第110号，最終改正平成27年5月20日法律第22号）
[23] 東日本大震災により生じた放射性物質により汚染された土壌等を除染するための業務等に係る電離放射線障害防止規則（平成23年12月22日厚生労働省令第152号，最終改正平成27年8月31日厚生労働省令第134号）
[24] 東日本大震災により生じた放射性物質により汚染された土壌等の除染等のための業務等に係る職員の放射線障害の防止（平成23年12月28日人事院規則10-13，最終改正平成24年6月29日人事院規則10-13-1）
[25] 環境省：除染関係ガイドライン，第1版（平成23年12月）；第2版（平成28年9月追補）
[26] 福島県災害対策本部 原子力班・生活環境部除染対策課：放射線・除染 講習会テキスト（平成24年3月）
[27] 環境省除染情報サイト HP http://josen.env.go.jp/ (2016年11月1日)
[28] 厚生労働省：国民栄養の現状―平成14年国民栄養調査結果―, 平成16年5月 http://www0.nih.go.jp/eiken/chosa/kokumin_eiyou/ (2016年11月1日)
[29] 厚生労働省薬事・食品衛生審議会食品衛生分科会：放射性物質対策部会報告について（平成24年2月23日）
[30] 厚生労働大臣が定める放射性物質（平成24年3月15日厚生労働省告示第129号）
[31] 食品中の放射性物質に係る基準値の設定に関するＱ＆Ａについて（平成24年7月5日厚生労働省医薬食品局食品安全部基準審査課長・監視安全課長通知，食安基発0705第1号／食安監発0705第1号）
[32] I部［7］に同じ
[33] I部［8］に同じ
[34] I部［5］に同じ
[35] I部［6］に同じ
[36] ICRP Publ. 26, Recommendations of the International Commission on Radiological Protection (1977)
[37] 日本アイソトープ協会編：アイソトープ手帳［第11版］(2011)

第Ⅲ部
[1] I部［1］に同じ
[2] 日本アイソトープ協会：放射線安全管理の実際［第3版］(2013)
[3] 日本アイソトープ協会：放射線管理実務マニュアル［第3版］(2015)
[4] 日本アイソトープ協会：放射線・アイソトープを使う前に―教育訓練テキスト―(2005)
[5] 放射性同位元素等による放射線障害の防止に関する法律（昭和32年6月10日法律第167号，最終改正平成26年6月13日法律第69号）
[6] 日本アイソトープ協会：放射線障害の防止に関する法令 概説と要点［改訂10版］(2014)
[7] 日本工業規格 JIS Z 4821-1：2002；4821-2：2002 (2002)
[8] IAEA：Safety Standards for protecting people and the environment, Safety Guide No.RS-G-1.9 http://www-pub.iaea.org/MTCD/publications/PDF/Pub1227_web.pdf (2017年4月5日)
[9] 日本アイソトープ協会カタログ http://www.jrias.or.jp/products/cat2/index.html (2017年4月5日)
[10] 西澤邦秀編：詳解テキスト医療放射線法令［第2版］．名古屋大学出版会 (2015)
[11] 大阪府立大学放射線研究センター，日本国内における研究用ガンマ線照射施設一覧 http://www.riast.osakafu-u.ac.jp/Facility/Co-60/Radiation-Facility.htm (2017年4月5日)
[12] 日本アイソトープ協会 HP https://jrias.or.jp (2016年11月1日)
[13] 木村嘉孝責任編集：実験物理学シリーズ7 高エネルギー加速器．共立出版 (2008)
[14] 亀井亨／木原元央：加速器科学．丸善 (1993)
[15] 日本化学会編：実験化学講座14 核・放射線．丸善 (1992)
[16] 平尾泰男／小寺正俊／上坪宏道／更田豊治郎：加速器工学ハンドブック．日本原子力産業会議 (2000)
[17] 光量子科学技術推進会議編：実用シンクロトロン放射光．日刊工業新聞社 (1997)
[18] Ⅱ部［7］に同じ
[19] Ⅱ部［4］に同じ
[20] Ⅱ部［6］に同じ
[21] 日本非破壊検査協会：エックス線作業主任者用テキスト (2002)

第Ⅳ部
[1] Ⅲ部［5］に同じ
[2] I部［7］に同じ
[3] I部［5］に同じ
[4] I部［1］に同じ

［5］日本アイソトープ協会：アイソトープ法令集 I　放射線障害防止法関係法令（2014）
［6］III 部［6］に同じ
［7］III 部［3］に同じ
［8］日本アイソトープ協会：アイソトープ法令集 III　労働安全衛生・輸送・その他関係法令（2013）
［9］労働安全衛生法（昭和 47 年 6 月 8 日法律第 57 号，最終改正平成 27 年 5 月 7 日法律第 17 号）
［10］日本アイソトープ協会：アイソトープ法令集 II　医療放射線防護関係法令（2015）
［11］航空機による放射性物質等の輸送基準を定める告示（平成 13 年 6 月 26 日国土交通省告示第 1094 号）
［12］中央労働災害防止協会編：電離放射線障害防止規則の解説［第 5 版］（2014）
［13］労働安全衛生法施行令（昭和 47 年 8 月 19 日政令第 318 号，最終改正平成 28 年 11 月 2 日政令第 343 号）
［14］II 部［23］に同じ
［15］II 部［24］に同じ
［16］電離放射線障害防止規則（昭和 47 年 9 月 30 日労働省令第 41 号，最終改正平成 27 年 8 月 31 日厚生労働省令第 134 号）
［17］III 部［10］に同じ

第 V 部

［1］放射線医学総合研究所 HP　http://www.nirs.qst.go.jp（2017 年 3 月 1 日）
［2］青山隆彦ほか：診断 X 線検査による乳幼児，小児，成人の被ばく線量—X 線単純撮影の場合—．Jpn. J. Health Phys., 47 (2), 130 (2012)
［3］青山隆彦ほか：診断 X 線検査による乳幼児，小児，成人の被ばく線量—X 線 CT の場合—．Jpn. J. Health Phys., 47 (4), 270 (2012)
［4］医療被ばく研究情報ネットワーク（J-RIME）：最新の国内実態調査結果にもとづく診断参考レベルの設定（2015）
［5］ICRP Publ. 84, Pregnancy and Medical Radiation. Ann. ICRP 30 (1), Elsevier Science (2000)
［6］I 部［4］に同じ
［7］I 部［7］に同じ
［8］I 部［5］に同じ
［9］I 部［9］に同じ
［10］I 部［19］に同じ
［11］I 部［20］に同じ
［12］S. Kanno et al. : Real-time imaging of radioisotope labeled compounds in a living plant. J. Radioanal. Nucl. Chem., 272 (3), 565 (2007)
［13］藤巻秀：RI を利用した植物の元素動態のライブイメージング．化学と生物，52 (9), 583 (2014)
［14］東京文化財研究所 HP　http://www.tobunken.go.jp/materials/katudo/233148.htm（2017 年 3 月 1 日）
［15］オランダ クレラー・ミュラー美術館，ゴッホ筆「Patch of Grass」　http://krollermuller.nl/en/vincent-van-gogh-patch-of-grass-1（2017 年 3 月 1 日）
［16］岩﨑民子：知っていますか？放射線の利用．丸善（2004）
［17］中西友子：中性子線の利用．林徹編，食品・農業分野の放射線利用，205，幸書房（2008）
［18］T. M. Nakanishi et al. : Nondestructive water imaging by neutron beam analysis in living plants. J. Plant Physiol., 151, 442 (1997)
［19］K. Iwase et al. : Bragg-edge transmission imaging of strain and microstructure using a pulsed neutron source. Nucl. Instru. and Meth. in Phys. Res. A, 605, 1 (2009)
［20］名古屋大学宇宙地球環境研究所年代測定研究部タンデトロン年代測定グループ HP　http://www.nendai.nagoya-u.ac.jp/research/tandetron/komonjo.html（2017 年 3 月 1 日）
［21］Y. Tohjima et al. : Analysis and presentation of in situ atmospheric methane measurements from Cape Ochi-ishi and Hateruma Island. J. Geophys. Res., 107, 4148 (2002)
［22］宇宙航空研究開発機構 HP　http://jda.jaxa.jp/result.php?lang=j&id=1c156d2eab84197f37f161f66ca5d0d7（2017 年 3 月 1 日）
［23］H.K.M. Tanaka et al. : Muon radiography and deformation analysis of the lava dome formed by the 1944 eruption of Usu, Hokkaido. Proc. Jpn. Acad. Ser. B, 84, 107 (2008)
［24］H. Svensmark : Cosmoclimatology : a new theory emerges. Astron. Geophys., 48, 18 (2007)
［25］H. Svensmark et al. : Response of cloud condensation nuclei (> 50 nm) to changes in ion-nucleation. Phys. Lett. A, 377, 2343 (2013)
［26］深井有：地球はもう温暖化していない—科学と政治の大転換へ—．平凡社（2015）
［27］Mutant Variety Database　https://mvd.iaea.org/（2017 年 3 月 1 日）
［28］真田哲朗ほか：ニホンナシの黒斑病耐病性突然変異．放射線育種場テクニカルニュース，No.29（1986）
［29］永冨成紀：キクの緩照射と花器培養による花色変異 6 系統の育成．放射線育種場テクニカルニュース，No.43（1993）
［30］K. M. Oates et al. : Induced variation in tetraploid Rudbeckia subtomentosa 'Henry Eilers' regenerated from gamma-irradiated callus. Hortscience 48, 831 (2013)
［31］小林泰彦ほか：食品照射—放射線による食品や農作物の殺菌・殺虫・芽止め技術—．放射線化学，88, 18 (2009)
［32］士幌町農業協同組合 HP　http://www.ja-shihoro.or.jp/agri/processed/field.html（2017 年 3 月 1 日）
［33］伊藤均：照射食品の健全性．林徹編，食品・農業分野の放射線利用，11，幸書房（2008）
［34］伊藤嘉昭編：不妊虫放飼法—侵入害虫根絶の技術—．海游社（2008）
［35］IAEA HP, Expert group confirms : tsetse fly eradicated on Zanzibar. https://www.iaea.org/newscenter/pressreleases/expert-group-confirms-tsetse-fly-eradicated-zanzibar（2017 年 3 月 1 日）
［36］S. Nimmagadda et al. : Biodistribution, PET, and radiation dosimetry estimates of HSV-tk gene expression imaging agent 1-(2'-deoxy-2'-18F-fluoro-β-D-arabinofuranosyl)-5-iodouracil in normal dogs. J. Nucl. Med., 48, 655 (2007)
［37］早味宏：電線・ケーブル，熱収縮チューブ製造のための放射線架橋プロセス．放射線化学，100, 68 (2015)
［38］ミシュランタイヤ HP　http://www.michelin.co.jp/JP/ja/homepage.html（2017 年 3 月 1 日）
［39］CAINZ HP　http://www.cainz.com/jp/index.html（2017 年 3 月 1 日）
［40］三立 HP　http://www.sanritsu-w.com/index.html（2017 年 3 月 1 日）
［41］住友電工 SUMITUBE HP　http://www.sumitube.com/（2017 年 3 月 1 日）

[42] ナカヤマ彩工 HP　http://www.nakayama-saiko.com/（2017 年 3 月 1 日）
[43] 放射線医学総合研究所，自然起源放射性物資（NORM）データベース　http://www.nirs.qst.go.jp/db/anzendb/NORMDB/index.php（2017 年 3 月 1 日）
[44] 文部科学省：ウラン又はトリウムを含む原材料，製品用の安全確保に関するガイドライン（2009 年 6 月）
[45] 古田悦子：NORM 最前線　主任者のための基礎知識——一般消費財としての NORM—．Isotope News, 10, 69 (2009)
[46] 古田定昭：NORM 最前線　主任者のための基礎知識—NORM を含む物質の工業利用の現状—．Isotope News, 12, 51 (2009)

索　引

英数字

1 cm 線量当量　69, 74, 98, 99, 167
　　—率　167
1/10 価層　152
2 次荷電粒子　34
2 次電子　54
70 μm 線量当量　20, 69, 98, 167
　　—率　167
A 型輸送物　181
BGO　65
Bq（ベクレル）　46
^{60}Co γ 線照射施設　119, 120
^{134}Cs　84, 85
^{137}Cs　84, 85
　　—血液照射装置　119
D 値　109
DIS　72
DNA 一本鎖切断　36
　　—の修復　37
DNA 損傷　8, 25, 30, 33, 35, 42
DNA 二重らせん　36
DNA 二本鎖切断　36, 40
　　—の修復　38
EPMA　215
G 値　57
GM 管式サーベイメータ　73, 131
GM 計数管　64, 131
Gy（グレイ）　93
GyEq（グレイイクイバレント）　27
^{125}I 密封小線源　207
^{131}I　21, 85, 130, 206
IAEA　109, 209
ICRP　6, 20, 32, 89, 162, 209
　　—1990 年勧告　162
　　—2007 年勧告　162
ICRU　98
IVR　205
J-RIME　209
L 型輸送物　114, 181
LET　11, 34, 53, 60
LiCAF　75
LNT 仮説　8, 90
NaI（Tl）シンチレーション検出器　65, 131
NORM　79, 227
OER　208
PET　56, 202, 206, 211, 223
PET/CT　206
PETIS　211
PIXE　215
RALS　118
RBE　11, 27, 35, 208
RI　→放射性同位元素
　　—装備機器　112, 166

SPECT　206
^{90}Sr　85
Sv（シーベルト）　94
UNSCEAR　20, 209
W 値　67
WHO　209
X 線 CT　204
X 線一般撮影　204
X 線回折　214
X 線源　111
X 線作業主任者　154, 185
X 線照射ボックス付き X 線装置　154, 156, 194
X 線（発生）装置　148, 184, 191
X 線装置室　155
ZnS シンチレーション式サーベイメータ　74

ア 行

アクセル蛋白質　42
アクチニウム系列　81
厚さ計　117, 224
アニオン重合　61
アポトーシス　40
α 壊変　47
α 線　46
α 線源　112, 115, 128
アンジュレータ　146
安全管理責任者　114
遺伝子突然変異　25
遺伝的影響　6, 25, 31
　　—のリスク　26
移動使用　194
ε 値　67
イメージングプレート　68
医療被曝　92, 168, 203, 209
　　—研究情報ネットワーク　→ J-RIME
医療法　118, 119, 163
インターロック　140, 179, 185, 189, 191
ウィグラ　146
ウラン系列　81
運転記録　156
運搬　179
運搬物　179
永続平衡　52
エージング　155
疫学（調査）　20, 30, 42
液体シンチレーションカウンタ　66, 131
液面計　224
エフェクター蛋白質　39
遠隔操作式後充填装置　→ RALS
塩基除去修復　37
塩基損傷　35, 41
　　—の修復　37

塩基の遊離　35
応急の措置　190
オージェ効果　49
岡崎フラグメント　212
汚染検査　130, 159, 160, 173
汚染検査室　122
汚染の拡散　125

カ 行

カーマ　93
海上保安官　174
介入　91, 92
回復　1, 10, 11, 12, 13, 14, 15, 16, 17, 18, 25
外部被曝　128, 167, 188, 197
　　—線量　107
　　—の測定　172
　　—防護の 3 原則　107, 128
壊変定数　51
壊変法則　51
壊変様式　47
化学線量計　69
架橋　35
架橋結合　61
核医学検査　205
核医学治療　205
核異性体　47
核異性体転移（IT）　49
核種　47
確定的影響　6, 7, 23, 90
核破砕反応　56
核反応　53
確率的影響　6, 7, 20, 23, 90
下限数量　108, 166, 175, 176
火災　157
過剰絶対リスク　23, 24
過剰相対リスク　22, 28, 30
加速器　139
カチオン　58
カチオン重合　61
活性酸素　8, 34
荷電粒子　46
過渡平衡　52
家風　106
環境汚染　84
環境放射線　82
環境放射能　79
干渉性散乱　54
乾性沈着　84
間接撮影　186, 193
間接作用　8, 33
間接法　131, 191
γ 線　46
γ 遷移　49
γ 線源　111, 113, 115

γ線透過写真撮影　118, 183
管理区域　107, 117, 119, 121, 122, 125, 155, 168, 182, 185, 186, 189
　　装置内のみ—　185
　　—入退室　107, 121, 125, 126, 159
　　第1種—　142
　　第2種—　142
管理責任者　154, 185
帰還困難区域　87
奇形　24
危険区域　190
危険時　157, 174
規制除外　91
規制免除　91
記帳　170
軌道電子捕獲（EC）　48, 49
吸収係数　151
吸収線量　34, 93
急性全身被曝　13
急性被曝　9, 11, 29
急性放射線障害　1
急性放射線症候群　12
教育訓練　107, 140, 170, 186
業務従事者　→放射線業務従事者
許可　175, 176
局所被曝　9
居住区域　107, 122
距離　107, 129
記録　121, 138, 170, 171, 174, 186, 188, 189, 190, 198
緊急作業　173, 174
緊急時　157, 158
緊急措置　186, 189
緊急連絡網　158
空乏層　67
クエンチング　66
グラフト重合　61, 226
グローブボックス　123, 129
経気道摂取　107, 129
蛍光X線　54
蛍光X線分析法　214
蛍光ガラス　68
　　—線量計　71
経口摂取　107, 129
警察官　174
計算法　133
経皮摂取　107, 130
警報装置　156, 186, 195
血液検査　14, 171
結合エネルギー　50
結晶構造解析　214
健康診断　107, 140, 171, 186
原子核質量　50
原子番号　47
減弱曲線　151
原子力規制委員会　117, 163, 174, 175
原子力基本法　163
限度値　168, 171, 188
原爆被爆者　21, 26, 28, 42
高LET放射線　11, 35, 60
行為　91, 92
硬化（キュアリング）　61, 226

光化学反応　57
抗酸化物質　34
公衆被曝　92, 103
校正用線源　112, 116
高線量　30
高線量率　10, 108
光電効果　54
光電子増倍管　65
後方散乱　153
コールドラン　127
個人被曝線量測定器　68, 69, 107, 186
固着性汚染　134
国家標準　116
コッククロフト・ウォルトン型加速器　139
コンプトン効果　54, 58
コンプトン電子　55

サ　行

サイクロトロン　140
細胞死　7, 39, 40, 42
細胞周期　39
　　—チェックポイント　39, 42
作業環境測定　198
鎖切断　35
酸素増感比　→OER
残留放射能　141
ジェミネート再結合　58
時間　107, 129
しきい値　6, 7, 11
事業者　184
事業所外運搬　179
事業所内運搬　179
事故時　157, 190
事故由来RI　182
事故由来廃棄物等　196
地震　157
施設検査　175
施設内運搬　124
自然放射性物質　203
自然放射線　203
実効線量　92, 95, 167, 172
　　—限度　173, 176
湿性沈着　84
実用量　92, 97
質量吸収係数　151
質量欠損　50
質量数　47
自動警報装置　140, 195
自発核分裂　50
絞り　186, 193
姉妹染色分体　38
写真乳剤　69
遮蔽　107, 128
集計　174
集団線量　97
重篤度　7
修復　9, 30, 37
修復ミス　41
絨毛　17
重粒子線治療　207

腫瘍免疫　44
障害防止法　118, 119, 157, 162, 165
消化管障害　12
消化器系　17
使用者　167, 168
照射施設　119
照射線量　93
照射筒　186, 193
照射雰囲気依存性　62
照射ボックス　191
小線源　108
小腸粘膜　17
小頭症　24
小児甲状腺癌　1, 21, 22
使用場所の一時的変更届　117
省略　170, 186, 188
除去酵素　34
職業被曝　92, 103
食品照射　222
食品中Csの基準濃度　87
食物連鎖　21
除染　86, 134, 160
除染人事院規則　86, 164
除染電離則　86, 164, 182
除染特別地域　87
シンクロサイクロトロン　140
シンクロトロン　140
シンクロトロン光　46, 144
身体的影響　6
診断参考レベル　209
シンチレーション式サーベイメータ　74
森林除染　87
スーパーオキシド　60
スクリーニング　77
スパー　57
スペクトル　48
精子　15, 25
生殖細胞　9, 31
生殖腺　15, 25
　　女性—　16, 25
　　男性—　15, 25
精神発達遅滞　24
成長障害　24
制動X線　115, 128, 148, 150
制動放射線　46, 54, 144
生物学的効果比　→RBE
赤血球　14
セリウム活性化臭化ランタン　65
セリウム線量計　69
線エネルギー付与　→LET
腺窩細胞　17
線吸収係数　151
センサー蛋白質　39
線質　11
線質依存性　62
線質効果　11
染色体異常　8, 41
染色体突然変異　25
全身被曝　9
線スペクトル　48
前方散乱　153
線量　167

索 引

線量・線量率効果係数　10
線量限度　101, 173, 197
線量拘束値　104
線量率効果　10, 25
早期影響　7
造血器　13
　—障害　12
相対リスク　22
相同組換え　38
即発γ線　56
組織加重係数　27, 96
損傷　30

タ 行

体外計測法　133
胎児　23
胎児被曝　23, 24, 173, 210
大線源　108
体内汚染　121, 129, 136
　—検査　130, 133
体内摂取の3経路　107
ダイナミトロン型加速器　140
退避　189
代理者　169
多段階発癌　43
立入禁止区域　155, 186, 195
脱毛　19
担体　123
タンデトロン　218
タンデム型加速器　140
断面積　53
チェルノブイリ　1, 21, 85
知能指数の低下　24
チャコールマスク　129, 135
中枢神経系　12
中性子回折　56
中性子線源　113
中性子捕獲γ線　56
中性子捕獲反応　56
長期慢性被曝　29
直接作用　8, 33
直接法　131, 191
直線仮説　8
貯蔵室　122, 179
貯蔵箱　179
通報　174
低 LET 放射線　11, 35
定期確認　175
定期検査　175
低線量　30
低線量被曝　1, 28
低線量率　10, 30, 108
デュエヌ・フントの法則　150
テルル化カドミウム　67
電子対生成　54, 56
電子ポケット線量計　71
電離作用　63
電離則　166, 182
電離箱　64
電離箱式サーベイメータ　73
電離放射線　184

同位元素　47
同位体　47
東海村核燃料施設事故　1, 27
透過撮影　186, 191
等価線量　28, 92, 94, 167, 172
　—限度　173
透視　186, 191, 194
特性 X 線　49, 54, 150
特定 X 線装置　191
　医療用の—　191
　工業用等の—　191, 192
特定許可使用者　175
突然変異　7, 8, 41, 221
届出　174, 175, 176, 198
届出密封小線源　108, 115
トムソン散乱　54
ドラフトチェンバー　123, 127, 129, 135
トリウム系列　81
トレーサー　202

ナ 行

内部転換（IC）　49
内部転換係数　49
内部被曝　129, 188, 197
　—線量　107
　—の測定　173
内用療法　206
日本工業規格　109
ニュートリノ　47, 48
熱蛍光（TL）　68
　—線量計（TLD）　70
熱中性子　56
熱電子　149
ネプツニウム系列　81
年摂取限度（ALI）　100
年代測定　218
濃度限度　100, 168, 198

ハ 行

バイオアッセイ法　77, 133
廃棄作業室　122
廃棄物　136
バイスタンダー効果　31
薄窓型サーベイメータ　74
白内障　7
　後嚢下—　17
　放射線—　17
発癌　1, 7
　自然—　42
　放射線—　33, 42
白血球　13
白血病　21, 29
（放射線）発生装置　165, 167, 179
罰則　198
半価層（HVL）　152
半減期　51
　生物学的—　78
　物理的—　78
反跳電子　55
半導体検出器　66

高純度 Ge—　67
晩発影響　1, 7
非荷電粒子　46
光刺激蛍光（OSL）　68, 70
　—線量計　70
飛跡　34
非相同末端結合　38
飛程　54
ヒドロキシラジカル　34
避難　159, 174, 190
非破壊検査　117, 223
被曝管理　107, 171, 186
被曝線量　
皮膚　18
皮膚検査　171
皮膚紅斑　19
非放射性廃棄物　136
比放射能　123
非密封線源　111, 121, 176, 178
標識　122, 174, 186, 189, 197
標識（放射化学）　123
　—化合物　123, 212
　—薬　130
表示付 ECD　112, 113
表示付特定認証機器　108, 166
表示付認証機器　108, 112, 166
標準線源　116
表面汚染　134
　—検査　130
ビルドアップ　152
比例計数管　64
広島・長崎　1, 20, 26, 28
品種改良　221
ファントム（人体模型）　76
フィルムバッジ　72
フェーディング（潜像退行）　68
フォールアウト　81
福島第1原子力発電所事故　27, 84
複製ミス　25
フッ化バリウム　65
不妊　7
　一時的—　15
　永久—　15
プライマリー収量　58
ブラッグ曲線　54, 207
フリッケ線量計　69
プルーム　84
ブレーキ蛋白質　42
β壊変　48
β線　46
β線源　110, 112
防護マスク　135
防護量　92, 94
放射化学的純度　123
放射化物　142
　—保管設備　142
放射性 Cs の規格基準　88
放射性汚染物　165
放射性核種純度　123
放射性同位元素（RI）　47, 165, 166, 184
放射性廃棄物　136
放射性物質　184

放射性薬剤　205
放射性輸送物　179
放射性ヨウ素　21, 130
放射線　46, 166, 183
放射線化学収率　57
放射線化学反応　57
放射線架橋　61
放射線加重係数　94, 95
放射線感受性　7, 9, 11, 22, 41
放射線業務　184
放射線業務従事者（業務従事者）　107, 118, 159, 167, 183
放射線効果　123
放射線施設　167, 176
放射線重合　61
放射線宿酔　12
放射線障害　162
放射線障害予防規程　106, 168, 169
放射線照射　202
放射線装置　184
放射線装置室　155, 197
放射線取扱主任者　106, 118, 169
放射線の利用方法　202
放射線分解　61
放射能強度　46
放射能濃度　123
放射平衡　52
防塵マスク　129
飽和係数　53
ホールボディカウンタ　76
保管　179

保管廃棄室　122
保管廃棄設備　142
ホットスポット　85

マ 行

前処理　127
マスク　129
窓　110
慢性被曝　9, 11
密度限度　100, 181, 168, 185
密封小線源　110
密封線源　108, 176, 178
　——の廃棄　111
密封大線源　108, 119
密封中線源　108, 117
名目確率係数　103
眼の水晶体　16, 167
免疫　44
モーズリーの法則　151
モニタリング　97, 98

ヤ 行

誘導放射能　53
遊離性汚染　134
ヨウ化セシウム　65
幼児期被曝　24
陽電子　48, 206
陽電子線源　111
陽電子断層撮影　→ PET

預託実効線量　22, 97
預託線量　96
預託等価線量　97
予防対策　106

ラ 行

ライナック　140
ラジオフォトルミネッセンス（RPL）　68
ラジカル　8, 57
卵子　25
リスク評価　20
リニアック　140
硫化亜鉛　65
リンパ球　14
励起作用　63
励起分子　57
レーリー散乱　54
レベル計　117, 224
レムカウンタ　75
連続X線　46, 150, 152
レントゲン　162
漏洩線　153
老化様増殖停止　40
労働安全衛生法　163, 182
労働基準監督署長　118, 187, 189, 198
濾過板　152, 186, 193
炉規法　163

執筆者一覧 （執筆順，＊印は編者）

＊西　澤　邦　秀（名古屋大学名誉教授，はじめに，序章，II-3 章 3，III-1 章，III-2 章 2，III-5 章，第 IV 部，V-1 章）

伊　藤　茂　樹（熊本大学大学院生命科学研究部教授，I-1 章 1〜5，V-2 章 2）

松　田　尚　樹（長崎大学原爆後障害医療研究所教授，I-1 章 6）

山　内　基　弘（長崎大学原爆後障害医療研究所助教，I-2 章）

＊柴　田　理　尋（名古屋大学アイソトープ総合センター教授，II-1 章 1〜6，II-2 章 1〜3，II-3 章 2，III-2 章 1，III-3 章，III-4 章，V-3 章 2・3）

熊　谷　　　純（名古屋大学未来材料・システム研究所准教授，II-1 章 7，V-3 章 3，V-4 章 2）

山　澤　弘　実（名古屋大学大学院工学研究科教授，II-2 章 4，II-3 章 1，V-3 章 3，V-4 章 2，V-5 章 1）

森　泉　　　純（名古屋大学大学院工学研究科准教授，II-4 章）

小　山　修　司（名古屋大学脳とこころの研究センター准教授，III-2 章 1，V-2 章 2）

瓜　谷　　　章（名古屋大学大学院工学研究科教授，III-3 章 1，V-3 章 2）

加　藤　克　彦（名古屋大学大学院医学系研究科教授，V-2 章 1）

竹　中　千　里（名古屋大学大学院生命農学研究科教授，V-3 章 1・2，V-4 章 1）

本　間　道　夫（名古屋大学大学院理学研究科教授，V-3 章 1）

小　島　康　明（名古屋大学アイソトープ総合センター准教授，V-3 章 2・3，V-4 章 2，V-5 章 2）

放射線と安全につきあう

2017 年 5 月 25 日　初版第 1 刷発行

定価はカバーに表示しています

編　者　西　澤　邦　秀
　　　　柴　田　理　尋

発行者　金　山　弥　平

発行所　一般財団法人　名古屋大学出版会
〒 464-0814　名古屋市千種区不老町 1 名古屋大学構内
電話（052）781-5027 ／ FAX（052）781-0697

© Kunihide NISHIZAWA, et al., 2017　　　Printed in Japan
印刷・製本　亜細亜印刷㈱　　　ISBN978-4-8158-0875-4
乱丁・落丁はお取替えいたします。

JCOPY 〈出版者著作権管理機構　委託出版物〉
本書の全部または一部を無断で複製（コピーを含む）することは、著作権法上での例外を除き、禁じられています。本書からの複製を希望される場合は、そのつど事前に出版者著作権管理機構（Tel：03-3513-6969，FAX：03-3513-6979，e-mail：info@jcopy.or.jp）の許諾を受けてください。

西澤邦秀編
詳解テキスト 医療放射線法令[第2版]

B5判・220頁・本体4,600円

医療放射線法令の全体像を理解するために,医療法施行規則第4章の内容を,関連通知も含めて体系的に整理.図表や写真を豊富に用いて視覚的・直感的に把握できる本書は,診療放射線技師をめざす学生だけでなく,医療放射線実務のための参考書としても必携.初版刊行後に出された通知などを盛り込んだ,待望の最新版.

島本佳寿広編
新版 基礎からの臨床医学
—放射線診療に携わる人のために—

B5判・284頁・本体3,700円

臨床現場で必要な事項について,初歩から最先端の話題まで取り上げ,わかりやすく述べた好評テキストの最新版.最新の臨床画像を多数掲載し,医療被曝の章や復習問題を加えるなど,更なる充実を図った.診療放射線技師はじめコ・メディカルの基礎教育はもちろん,国家試験対策に最適.

佐藤憲昭/三宅和正著
磁性と超伝導の物理
—重い電子系の理解のために—

A5判・400頁・本体5,700円

超伝導状態は磁性不純物で容易に壊されることから,磁性と超伝導は一見相容れないが,ある種の物質では両者が共存し,相関すらしている.本書は,このメカニズムを理解するために,磁性と超伝導を統一的に把握.レアアースをはじめとするf電子系物質に,実験・理論双方から迫る.

杉山直監修
物理学ミニマ

A5判・276頁・本体2,700円

物理系学科の大学生がマスターすべき必須知識を,力学,電磁気学から実験物理まで全分野にわたりコンパクトに凝縮! 事項の単なる羅列ではなく,それらをつなぐ論理も平易に解説しており,物理学体系を一望できる.大学院生の学び直しにも,大学院入試のための参考書にも最適.

ヘリガ・カーオ著 岡本拓司監訳
20世紀物理学史[上]
—理論・実験・社会—

菊判・308頁・本体3,600円

栄光と失敗,論理と閃きのダイナミクスとしての「物理学の世紀」.量子力学と相対論という二大革命に始まり,社会と関わりながら大展開を遂げる100年を一望する,待望の書.上巻では世紀前半に主張された数々の知られざる異説を紹介しつつ,変革の前史と進展を扱う.

ヘリガ・カーオ著 岡本拓司監訳
20世紀物理学史[下]
—理論・実験・社会—

菊判・338頁・本体3,600円

わずか1世紀の間に,物理学は現代の科学技術にとって不可欠となるまでに発展した.華々しくも苦難に満ちた展開を,確かな筆致で全領域にわたりバランスよく記述.下巻では,第二次大戦を経て,軍事や産業への応用を深めながら,ビッグ・サイエンスに至るまでを扱う.

黒田光太郎/戸田山和久/伊勢田哲治編
誇り高い技術者になろう[第2版]
—工学倫理ノススメ—

A5判・284頁・本体2,800円

プロとして責任ある仕事をするために,何に配慮し,日々の仕事の中でどう行動すべきか,明快な指針を提示.ミクロからマクロまで具体的事例をもとに倫理的判断力を働かせるスキルを高める.公益通報者保護法や福島第一原発事故など最新の情報も盛り込んだ待望の新版.